René CHAMPLY
Ingénieur-Mécanicien

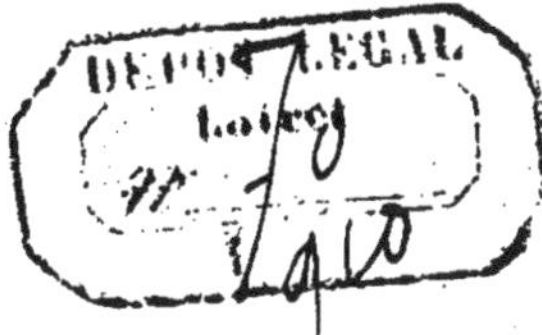

L'Electricité à la Campagne

Exposé des moyens simples et pratiques pour installer et entretenir soi-même sonneries, téléphones, paratonnerres, dynamos, éclairage et moteurs électriques, avec quantité de recettes et procédés spéciaux aux ouvriers monteurs électriciens.

PARIS
LIBRAIRIE GÉNÉRALE SCIENTIFIQUE & INDUSTRIELLE
H. DESFORGES
29, Quai des Grands-Augustins, 29

1910

L'Electricité à la Campagne

OUVRAGES DE RENÉ CHAMPLY

En vente à la même Librairie

Conseils aux Chauffeurs en panne .... **1 fr.**

Le Moteur d'Automobiles à la portée de tous **7 50**

Guide Pratique du Chauffeur d'Automobiles .... **4 »**

Etude sur l'emploi des courroies dans les Voitures Automobiles .... **4 »**

Les Bateaux Automobiles à Pétrole .... **3 »**

Manuel de Pratique Mécanique .... **3 »**

Comment on devient Tourneur sur Métaux **3 50**

La Force Motrice et l'Eau à la Campagne **7 50**

Recettes et Procédés utiles aux Chauffeurs et aux Mécaniciens **2 50**

René CHAMPLY
Ingénieur-Mécanicien

L'Électricité à la Campagne

Exposé des moyens simples et pratiques
pour installer et entretenir soi-même sonneries, téléphones,
paratonnerres, dynamos, éclairage et moteurs électriques,
avec quantité de recettes et procédés spéciaux aux ouvriers
monteurs électriciens.

« Le moteur électrique est
le véritable moteur agricole. »

PARIS
LIBRAIRIE GÉNÉRALE SCIENTIFIQUE & INDUSTRIELLE
H. DESFORGES
29, Quai des Grands-Augustins, 29

1910

Fig. 1. — Pompe centrifuge électrique de M. Dumont pour élévations d'eau à 100 mètres de hauteur.

PRÉFACE

Dans mon livre *La Force Motrice et l'Eau à la Campagne*, j'ai réuni les documents et donné les conseils nécessaires pour l'utilisation des forces naturelles de l'eau et du vent et pour l'installation des moteurs à gaz ou à hydrocarbures, en vue du puisement de l'eau nécessaire à la culture du sol et à l'alimentation.

Mais, le moteur existant en vue de ce but principal, est susceptible de fournir économiquement l'électricité pour l'éclairage de la ferme, de la villa ou du château ; cette électricité servira aussi à faire mouvoir, dans toutes les parties du domaine, les machines agricoles telles que pompes, machines à battre ou à vanner les grains, écrémeuses, barattes, coupe-racines, hache-paille, scieries à bois, machine à percer, meule à aiguiser, et même à labourer et herser la terre.

Toute cette utilisation de la force du moteur mécanique sera obtenue par l'emploi de moteurs électriques infiniment simples et pratiques.

Je crois donc faire une œuvre utile de vulgarisation en écrivant ce livre de conseils usuels et précis, limités aux cas très simples où le mécanicien de campagne et le propriétaire lui-même peuvent exécuter une installation électrique sans l'aide de spécialistes.

René CHAMPLY

Fig. 2. — Foulage et pressurage des fruits par moteur électrique transportable sur chariot.

Fig. 3. — Blanchissage du linge avec le moteur électrique ci-dessus.

(Clichés de la Société Oerlikon à Zurich.)

L'Électricité à la Campagne

PREMIÈRE PARTIE

Notions pratiques sur l'Electricité et les Appareils Electriques

CHAPITRE PREMIER

L'ÉLECTRICITÉ ET SES ORIGINES

Les savants modernes n'ont pu jusqu'à présent discerner la nature exacte de l'électricité.

La théorie d'un *fluide* électrique, se transportant d'un bout à l'autre des conducteurs, ayant été abandonnée, on suppose que les phénomènes électriques sont dus à un mouvement vibratoire très rapide des molécules des corps dans lesquels le courant électrique circule, ou encore à une vibration particulière de l'*éther*, fluide impondérable qui serait contenu dans tout l'univers et dans tous les corps. Ce ne sont là que de simples hypothèses et la vérité est que nous ignorons totalement la nature du fluide électrique; mais, en revanche, nous savons parfaitement le produire dans de bonnes conditions de rendement économique ; nous pouvons le canaliser, le transporter à de longues distances et l'utiliser à notre gré pour l'éclairage, le chauffage et la force motrice.

Si l'on ne considère la question qu'à ce point de vue pratique, il faut reconnaître que l'industrie électrique a fait en quelques années des progrès rapides et définitifs.

Il y a deux manières pratiques de produire le courant électrique :

1° A l'aide de *piles*, dans lesquelles se passent une série de réactions chimiques;

2° Par les machines électro-magnétiques ou *dynamos*, qui transforment directement l'énergie mécanique en énergie électrique.

Quelle que soit la manière dont l'électricité est obtenue, elle se transporte instantanément, par des *fils conducteurs*, aux points où l'on en a besoin et s'y transforme à notre gré en lumière, en chaleur ou en travail mécanique, restituant ainsi l'énergie qui l'a engendrée.

Enfin, les *accumulateurs électriques* sont des appareils susceptibles d'absorber une certaine quantité d'énergie électrique et de la restituer quand on le désire par suite des réactions chimiques qu'ils subissent ; ce sont donc des appareils précieux pour constituer la réserve d'électricité dont on a besoin pendant les périodes de temps où les machines génératrices sont arrêtées.

Dans la pratique, pour choisir une source convenable d'électricité, il faut d'abord considérer le prix de revient du courant électrique.

Or les piles électriques fournissent ce courant à un prix environ cent fois plus élevé que le prix du courant donné par une bonne dynamo et un bon moteur mécanique.

Les piles électriques ne sont donc employées que dans les cas où l'on a besoin de courants très faibles et de peu de durée, par exemple pour les sonneries électriques, la télégraphie et le téléphone ; il est illusoire de songer à les adopter pour un éclairage continu et de grande importance, pas plus que pour la production de la force motrice économique.

Les dynamos et les moteurs électriques, au contraire, ont fait absolument leurs preuves et donnent des résultats aussi pratiques et aussi économiques que possible ; c'est pour cela que l'éclairage et la traction électriques font des progrès de jour en jour plus rapides et ne tarderont pas à remplacer tous les autres systèmes.

On trouvera plus loin une étude comparative des prix de revient du courant électrique selon son mode de production. On trouvera les théories des piles, des dynamos et des accumulateurs électriques dans les traités de physique élé-

Fig. 4. — Le moteur électrique dans une fromagerie à Oberaach (Suisse).

mentaire et dans nombre de livres de vulgarisation scientifique ; nous nous bornerons donc à les résumer très succinctement. Auparavant, nous allons étudier comment se comporte le courant électrique dans un fil conducteur, et comment on peut mesurer pratiquement l'importance du fluide électrique circulant dans un conducteur.

CHAPITRE II

PHÉNOMÈNES PRODUITS PAR LE COURANT ÉLECTRIQUE

Les deux sources d'électricité que nous considérerons ici, les piles et les dynamos, ont toujours deux *pôles* représentés par deux bornes métalliques auxquelles s'attachent les deux extrémités du fil conducteur ou *circuit.* L'un de ces pôles est appelé *pôle positif* et se désigne par le signe + ; l'autre est appelé *pôle négatif* et se désigne par le signe —; le courant électrique part du pôle positif et retourne au pôle négatif, c'est ce qu'on nomme le *sens du courant.* Nous verrons plus loin comment on peut distinguer l'un de l'autre ces deux pôles et quelles sont les circonstances dans lesquelles cette distinction est utile à faire.

Si nous considérons une source électrique S et ses deux bornes de prise de courant P et N et que nous attachions deux bouts de fil de cuivre distincts à chaque borne, le courant électrique fourni par la source S ne se manifestera en rien. Mais si nous réunissons ces deux fils de cuivre en un point quelconque A du circuit par un fil très fin, nous verrons ce fil fin s'échauffer, rougir, devenir lumineux, puis fondre en brûlant avec éclat : Le courant électrique, *qui ne manifeste pas sa présence dans un circuit ouvert, se révèle dès que le circuit est fermé,* c'est-à-dire dès que le courant a la possibilité de se rendre par un chemin quelconque du pôle positif au pôle négatif de la source qui l'a produit. Dans l'expérience ci-dessus, il s'est révélé par production de chaleur et de lumière.

Si, au lieu de réunir les conducteurs P et N par un fil, nous les approchons l'un contre l'autre et les séparons aussitôt, nous verrons se produire une forte étincelle qui nous indiquera que le courant a pu passer par le circuit momentanément fermé. Cette expérience, sans danger avec une source électrique faible, comme une pile, ne serait pas sans inconvénients avec une source électrique énergique comme une dynamo, car le passage du courant produirait un échauffement tellement

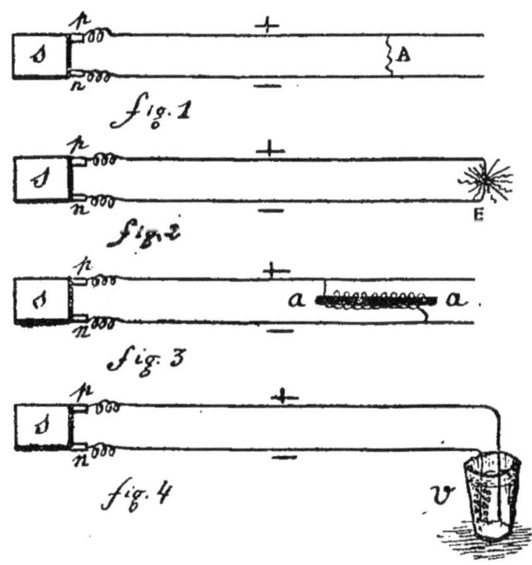

Fig. 5. — Divers effets par lesquels se manifeste le courant électrique :
1. Court-circuit, production de chaleur.
2. Etincelle, production de lumière.
3. Aimantation, production de force motrice.
4. Décomposition de l'eau, action chimique.

rapide des conducteurs que ceux-ci seraient sans doute fondus presque instantanément. Nous aurions ainsi produit ce qu'on appelle un *court-circuit*, susceptible d'apporter de graves perturbations dans notre appareillage par suite de l'échauffement instantané des fils conducteurs.

Si, maintenant, nous enroulons autour d'un barreau de fer un très long fil très fin et dont toutes les spirales seront isolées les unes des autres et que nous réunissions les deux extrémités de ce long fil fin aux deux conducteurs P et N, nous constaterons que le barreau de fer sera transformé en un puissant aimant; si nous détachons les fils de cet *électro-aimant* des conducteurs P et N, l'aimantation du barreau de fer cessera. Nous aurons ici obtenu une transformation de l'électricité en force mécanique.

Enfin, si nous plongeons les deux extrémités des fils P et N dans un verre d'eau salée, sans que les bouts de ces fils se touchent, nous verrons que sur le fil P se formera un dépôt noir

Fig. 6. — Pompe centrifuge avec moteur électrique transportables sur chariot, pour usages agricoles et industriels.

d'oxyde de cuivre, tandis que sur le fil N il se dégagera une infinité de petites bulles de gaz. Ce gaz est de l'hydrogène; il provient de la décomposition de l'eau par le passage du courant électrique et nous aurons donc produit ici un phénomène électrochimique. Remarquons que cette petite expérience nous permet de reconnaître instantanément la nature des pôles d'un circuit électrique : le fil positif s'oxyde et le fil négatif se couvre de bulles d'hydrogène lorsque l'on fait la décomposition électrique de l'eau.

En résumé, le courant électrique se manifeste, *dans un*

circuit fermé, par des phénomènes calorifiques, lumineux, mécaniques ou électro-chimiques.

L'intensité de ces phénomènes est en proportion directe avec la force électrique du courant ; les courants électriques de grande puissance nécessitent donc dans leur usage certaines précautions que nous étudierons plus loin.

CHAPITRE III

MESURE DE LA PUISSANCE D'UN COURANT ÉLECTRIQUE

On ne peut mieux comparer, pour en effectuer la mesure, un courant électrique traversant un fil métallique, qu'à un courant d'eau circulant dans un tuyau.

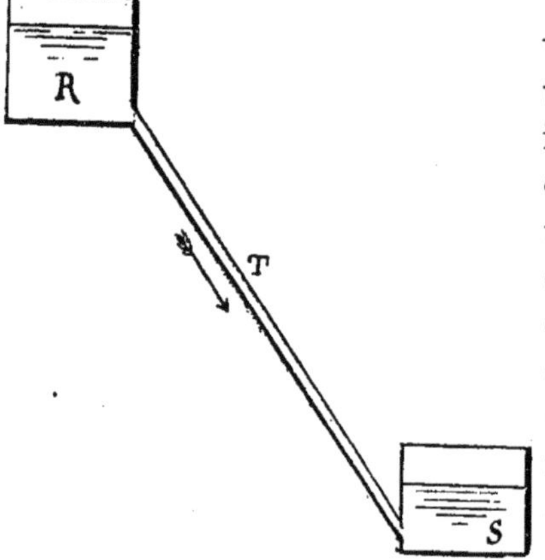

Fig. 7. — Le courant électrique peut se comparer, au point de vue de la mesure, à un flux d'eau dans un tuyau.

Si l'on suppose un réservoir élevé R réuni par un tuyau à un autre réservoir inférieur S, on voit que l'eau circule dans le tuyau T avec une certaine vitesse et que cette vitesse dépend de la différence de hauteur entre S et R. D'un autre côté, la quantité d'eau qui passe du réservoir R dans le réservoir S est d'autant plus grande que le tuyau T est plus gros. La différence de niveau entre R et S représente la pression de l'eau.

Dans le cas du courant électrique, cette pression s'appellera *différence de potentiel*, ce qui veut dire différence de pression électrique entre la borne positive et la borne négative de la source d'électricité.

La grosseur du tuyau T représente la largeur de la veine liquide s'écoulant d'un vase à l'autre ; dans le cas du courant électrique, cette épaisseur du flux électrique s'appellera *l'intensité* du courant.

Enfin la quantité totale d'eau qui s'écoule par le tube T peut s'évaluer en multipliant la section du tube par la vitesse d'écoulement de l'eau ; de même la *quantité* d'électricité qui passe dans un conducteur métallique sera donnée par le produit de la *différence de potentiel* par *l'intensité* du courant.

Si nous imaginons maintenant une pompe puisant l'eau du réservoir S pour la remonter dans le réservoir R, nous concevons que le travail mécanique nécessaire à la marche de cette pompe a pour but d'entretenir constamment la marche du courant d'eau dans le tuyau T. De même la dynamo exigera un travail mécanique pour entretenir la différence de potentiel entre ses deux bornes et par suite la continuité du courant dans le circuit extérieur ; dans la pile, ce travail mécanique sera remplacé par l'action chimique.

Il reste à remarquer que l'eau éprouve une certaine résistance à circuler dans le tuyau T : c'est ce qu'on appelle, en hydraulique, la *perte de charge ;* de même le courant électrique rencontre une certaine résistance à son passage dans le fil métallique.

Cette résistance dépend de la nature du métal qui forme le conducteur, de la grosseur et aussi de la longueur du conducteur.

Nous aurons donc à considérer et à mesurer, dans le calcul d'un courant électrique :

1° La *différence de potentiel*, appelée aussi *force électro-motrice* ou *tension ;*

2° *L'intensité du courant ;*

3° La *quantité totale* du flux électrique circulant dans le circuit ;

4° *La résistance du conducteur* et des divers appareils de la ligne.

Pour mesurer et comparer entre eux les courants électriques, il a fallu imaginer des *unités de mesure* spéciales et appropriées à la nature de l'électricité à mesurer. On a donc créé l'*Ohm* ou *unité de résistance*, qui est égale à la résistance électrique d'une colonne de mercure de 106 centimètres de longueur et d'un millimètre carré de section à la température de zéro degré centigrade.

L'*Ampère* ou *unité d'intensité* correspond au flux électrique capable de décomposer 92 millionnièmes de gramme d'eau en une seconde.

Le *Volt* ou unité de *force électro-motrice* est la tension de courant nécessaire pour maintenir un courant d'un *ampère* dans un circuit d'un *ohm* de résistance.

Pour donner à nos lecteurs une idée pratique de ces unités, nous dirons qu'un élément de pile Leclanché, ordinairement employées pour les sonneries d'appartement, fournit un courant d'*un volt et demi* ; une lampe à incandescence de 50 bougies, de bonne construction, dépense environ *un ampère* sous une tension de 110 volts ; enfin un fil de cuivre rouge, de un millimètre carré de section et de 60 mètres de longueur, a une résistance d'environ *un ohm.*

La quantité d'électricité qui circule dans un conducteur s'exprime en *Watts*, un watt étant le produit d'un volt par un ampère. Par exemple, un courant de 220 volts et de 15 ampères donnera 3300 watts.

La théorie électro-mécanique a déterminé le rapport exact qui existe entre une quantité d'électricité et une quantité d'énergie mécanique : *Le cheval-vapeur* de 75 kilogrammètres équivaut *théoriquement* à 736 *watts*. Avec ce coefficient de 736 il est donc facile de calculer combien il faut de chevaux-vapeur pour produire une quantité donnée d'électricité, et, inversement, combien une quantité donnée d'électricité produira de chevaux-vapeur.

Mais, dans la pratique, il faut tenir compte du rendement et de la résistance des machines, de la résistance des transmissions et des conducteurs électriques ; aussi ne compte-t-on généralement que 600 watts produits pour un cheval-vapeur consommé dans une bonne installation et même 500 watts seulement si l'on veut conserver quelque marge ; c'est ainsi qu'on estimera que pour produire 3000 watts il faut 5 1/2 à 6 chevaux-vapeur.

De même, dans la transformation de l'énergie électrique en énergie mécanique, on devra compter qu'il faut entre 850 et 950 watts pour produire un cheval-vapeur. Avec les petits moteurs électriques de 1/4 à 1 cheval, il faudra même compter 1000 watts par cheval.

Fig. 8. — Appareils de mesure de la Compagnie F. A. C.

Nous verrons plus loin comment on utilise pratiquement ces données, quelque peu abstraites, pour le calcul d'établissement d'une distribution électrique.

Appareils de mesure usuels. — Les appareils de mesure usités dans la pratique sont le voltmètre et l'ampèremètre. Le ohmmètre n'est employé que dans la vérification des lignes électriques et dans des travaux industriels. Le wattmètre est usité pour apprécier les consommations électriques sur les secteurs publics, c'est une combinaison du voltmètre et de l'ampèremètre.

Je crois suffisant de donner un aperçu de la constitution du voltmètre et de l'ampèremètre qui sont en réalité les seuls instruments de mesure usités dans les installations ordinaires.

Les constructeurs reposent sur les principes suivants la fabrication de ces appareils :

1° Attraction d'une palette de fer doux par un aimant créé par le passage du courant ;

2° Oscillation d'une petite bobine traversée par le courant, entre les pôles d'un aimant ;

3° Echauffement et par suite dilatation d'un fil métallique traversé par le courant à mesurer.

Je ne cite ici que les procédés usités dans les appareils de mesure dont nous nous servons tous les jours, laissant de côté d'autres inventions employées seulement dans l'industrie ou les laboratoires.

Quand il s'agit de mesurer la force électro-motrice ou *voltage* du courant, on opère sur une très faible portion de ce courant, sur une *dérivation* de quelques millièmes d'ampères ; la résistance du circuit extérieur est alors considérée comme négligeable à côté de celle de l'appareil de mesure qui est composé d'un fil très long et très fin (quelques centièmes de millimètre de diamètre et souvent plusieurs kilomètres de longueur). L'appareil enregistre ainsi la rapidité du courant qui le traverse sans avoir égard à la quantité totale du courant qui passe dans le circuit extérieur.

S'il s'agit, au contraire, de mesurer l'intensité du courant, il est nécessaire que tout ce courant traverse l'appareil de mesure, dont la résistance est alors très faible, négligeable, vis-à-vis de celle du circuit extérieur. Le fil de l'ampèremètre est d'une grosseur proportionnée au courant qui doit le traverser, égale au moins au fil du circuit extérieur ; il est très court, quelques mètres seulement. En ce cas la rapidité du courant n'influe pas sur l'aiguille, mais seulement la quantité d'électricité qui traverse l'appareil.

On comprend que, quoique ces deux appareils : voltmètre et ampèremètre, reposent sur le même principe, ils donnent bien chacun des indications relatives aux espèces qu'ils sont chargés de mesurer, en raison de la manière toute différente dont le courant électrique les traverse et du rapport de leur résistance propre avec celle du circuit extérieur.

Le courant électrique admis dans l'appareil de mesure agit alors sur la palette de fer doux ou sur la petite bobine ou sur le fil dilatable dont j'ai parlé : la modification d'état subie par ces organes fait mouvoir, sur un cadran divisé, une aiguille qui indique le nombre de volts ou d'ampères.

Les graduations sont faites au moyen de comparaisons avec des appareils de précision appelés *étalons*.

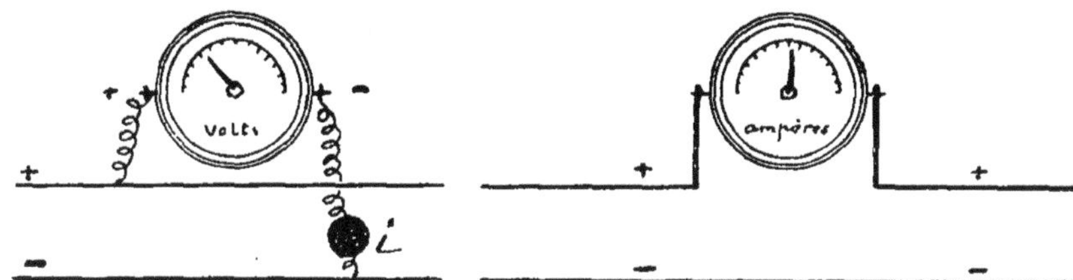

Fig. 9. — Connexions du voltmètre avec interrupteur *i*.

Fig. 10. — Connexions de l'ampèremètre.

Tels sont, en principe, les appareils de mesure électrique. On fait ces appareils depuis quelques dixièmes d'unité jusqu'à plusieurs milliers de volts ou d'ampères. On ne doit jamais se servir, pour mesurer un courant électrique, d'un appareil supposé trop faible, car il serait détérioré infailliblement et immédiatement.

Les deux schémas ci-dessus montrent le montage du voltmètre et de l'ampèremètre (1).

En raison de la grande résistance qu'il offre au passage du courant, le voltmètre s'échauffe et ne doit pas en général rester en circuit ; à cet effet, on intercale sur la dérivation qui le dessert, un petit bouton interrupteur sur lequel on appuie pour connaître au moment même la force électromotrice du courant. Certains voltmètres construits avec des soins spéciaux peuvent cependant rester en circuit, c'est le cas des bons appareils.

L'ampèremètre, au contraire, fait constamment partie du circuit.

Loi de Ohm. — La loi fondamentale qui régit la marche

(1) Le voltmètre est relié aux deux fils de la ligne, c'est-à-dire qu'il est monté en *dérivation* ; l'ampèremètre, au contraire, est traversé par le courant d'un seul des fils de la ligne, il est monté *en tension* sur le circuit et la quantité totale du flux électrique y passe.

des courants électriques dans les fils conducteurs s'exprime ainsi :

L'intensité d'un courant électrique est proportionnelle à la force électro-motrice et inversement proportionnelle à la résistance du circuit.

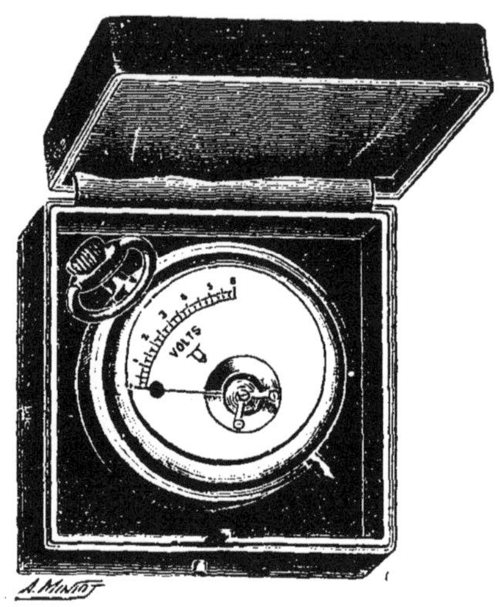

Fig. 11. — Petit voltmètre pour la mesure des petites forces électromotrices, par exemple pour les accumulateurs d'allumage et les éléments d'une batterie, pris individuellement.

Ceci se traduit par la formule de Ohm :

$$I = \frac{E}{R}$$

qui sert de base à tous les calculs électriques.

Maintenant que nous savons comment se comporte le courant électrique dans ses diverses manifestations, et que nous connaissons la manière d'en apprécier la puissance, nous allons étudier les procédés employés pour le produire et pour l'utiliser dans les besoins domestiques usuels.

CHAPITRE IV

LES PILES ÉLECTRIQUES

Ainsi que nous l'avons dit précédemment, les piles électriques fournissent le courant à un prix fort élevé, de 5 à 10 francs par cheval-heure (736 watts), aussi, dans la pratique, leur emploi est-il limité aux sonneries électriques, aux téléphones et quelquefois à l'allumage des moteurs à gaz ; ce dernier cas est de moins en moins fréquent depuis que les magnétos d'allumage sont construites à des prix abordables.

Nous ne parlerons dans ce livre que des piles au *chlorhydrate d'ammoniaque* ou *sel ammoniac* dont le prototype est la pile Leclanché, et des piles au bichromate de potasse. Les piles au sel ammoniac sont les seules employées dans l'équipement des sonneries et des téléphones domestiques à cause de leur constance, de leur longue durée et de la facilité de leur entretien ; celles au bichromate sont employées pour les allumoirs et pour l'allumage de quelques moteurs.

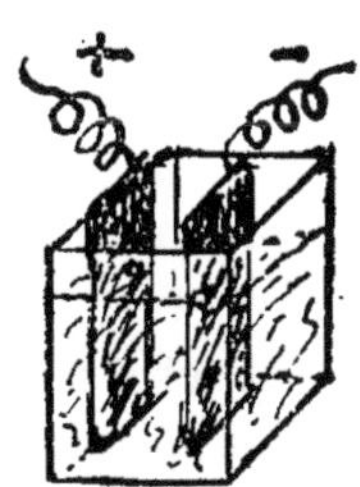

Fig. 12. — Schéma de la composition d'une pile électrique élémentaire.

On sait qu'en principe une pile électrique se compose d'un vase en verre ou en grès vernissé, rempli aux trois quarts d'eau acidulée ou chargé d'un sel déterminé, dans lequel plongent une lame de zinc et une lame de cuivre ou de charbon de cornue (1).

(1) Le charbon de cornue est une sorte de coke très compact que l'on trouve dans les cornues où se fait la distillation de la houille pour la fabrication du gaz d'éclairage ; il est bon conducteur de l'électricité et ne subit pas l'action des acides.

Le zinc constitue l'*électrode négative* et le cuivre ou charbon l'*électrode positive*. Dans la pile, le courant prend naissance sur l'électrode négative, par suite de l'action chimique qui dissout peu à peu le zinc dans l'eau acidulée ; il se dirige vers l'électrode positive à la surface de laquelle il entraîne des bulles de gaz hydrogène provenant de la décomposition de l'eau. Dans le circuit extérieur, le courant se dirige de l'électrode positive à l'électrode négative.

Les bulles d'hydrogène qui viennent se coller à la surface de l'électrode positive ne tarderaient pas à arrêter le passage du courant si l'on ne prenait pas la précaution de les éliminer au fur et à mesure qu'elles se forment ; dans ce but, on entoure l'électrode positive d'un produit chimique susceptible d'absorber l'hydrogène et d'empêcher le phénomène ci-dessus que l'on nomme la *polarisation* de la pile. Dans les piles au chlorhydrate d'ammoniaque, le *dépolarisant* employé est un mélange de *charbon de cornue* concassé en petits morceaux et de *bioxyde de manganèse*. Ce mélange est comprimé autour de l'électrode positive (formée aussi d'une lame de charbon de cornue) et maintenu dans un vase en terre poreuse ou bien dans un sac en toile fortement serré par des ligatures.

Fig. 13. — Pile Leclanché au chlorhydrate d'ammoniaque pour sonneries et téléphonie domestique.

Les piles au chlorhydrate d'ammoniaque se composent donc d'un vase en verre dans lequel plonge un bâton ou bien une lame de zinc, formant l'électrode négative, et le vase poreux ou le sac contenant la lame de charbon qui constitue l'électrode positive.

ni des sels des piles, c'est pourquoi on l'emploie pour constituer l'*électrode* positive de ces piles.

Le charbon de cornue sert aussi à fabriquer les charbons des lampes à arc électrique et les *balais* des dynamos.

Le liquide de la pile est préparé en faisant dissoudre 200 grammes de sel ammoniac dans un litre d'eau ; le vase en verre est rempli aux trois quarts de sa hauteur avec cette solution dont la durée est de six mois à un an, suivant les périodes de service imposées à la pile. Si, pendant ce temps, l'eau s'évapore par suite de la chaleur et de la sécheresse de l'air, il suffit de remettre un peu d'eau dans le vase en verre pour rétablir le niveau primitif ; quand la pile ne donne plus de courant, on vide la solution, on nettoie soigneusement en les grattant le zinc et le vase poreux, et l'on remonte la pile avec une solution neuve. Quand s zincs sont usés, on les mplace par des neufs ; quant au dépolarisant et à la lame de charbon *positive*, ils durent de 2 à 7 ans selon le travail fourni par la pile, ensuite il faut les remplacer par des neufs.

Fig. 14. — Pile au sel ammoniac à grande intensité, pour téléphonie.

Les piles dites *piles sèches* sont des piles constituées comme celles ci-dessus, mais dans lesquelles la solution de sel ammoniac est absorbée par une pâte formée soit de papier buvard, soit de toute autre matière poreuse non attaquable par le sel ammoniac. Ces piles sont formées d'une boîte en zinc verni extérieurement à la gomme laque ; c'est cette boîte en zinc qui constitue l'électrode négative.

Au centre de la boîte en zinc repose, sur un petit bloc de bois, le sac en toile contenant le dépolarisant et la lame de charbon, et dans l'espace libre est tassée la matière poreuse imbibée de solution saturée de sel ammoniac. La fermeture est faite par du goudron à cacheter les bouteilles coulé à chaud.

Quand ces piles sont usées, elles doivent être entièrement remplacées par des neuves.

L'emploi des piles à liquide est plus économique pour les usages domestiques dont nous nous occupons exclusivement ici.

Fig. 15. — Batterie de 4 piles sèches réunies dans une boîte et accouplées en tension.

Les piles au bichromate de potasse ou de soude se construisent à un seul liquide ou à deux liquides : dans ces piles c'est une dissolution saturée de bichromate de potasse ou de soude qui sert de *dépolarisant.*

Les piles à un seul liquide sont constituées par une lame de zinc bien amalgamé (1) placée entre deux plaques de charbon de cornue ; le liquide contenu dans un vase en verre ou en grès se prépare ainsi :

Solution saturée de bichromate de potasse ou de soude (sel coûtant environ 1 fr. 25 le kilogramme) .... 9 litres
Acide sulfurique commercial 1

(1) *Zinc amalgamé.* — Pour amalgamer une plaque de zinc, trempez-la quelques secondes dans l'eau acidulée à 10 0/0 d'acide sulfurique, afin de la nettoyer ; puis frottez-la sur tous ses côtés avec une petite brosse trempée dans du mercure métallique.

On peut encore amalgamer le zinc en le faisant tremper dans une solution concentrée d'azotate de mercure additionnée de son volume d'acide chlorhydrique (*esprit de sel*).

Mais il est préférable d'employer pour les piles du zinc amalgamé *dans la masse*, c'est-à-dire fondu avec 3 à 4 pour cent de son poids de mercure métallique : ce dernier est ajouté dans la masse de zinc fondu qui est alors brassé fortement et coulé aussitôt dans les moules ; la grenaille de zinc amalgamé se prépare de cette manière. On peut utiliser pour cela des déchets de vieux zinc qui ne coûtent guère plus de 50 centimes le kilog.

Quand on ne se sert pas de la pile, le zinc doit être retiré du liquide.

Les piles à deux liquides se composent d'un vase en verre ou en grès dans le milieu duquel on place un vase en terre poreuse.

L'électrode négative est formée par une lame de zinc ou encore par de la grenaille de zinc fortement amalgamée, trempant dans de l'eau acidulée à 10 0/0 en poids d'acide sulfu-

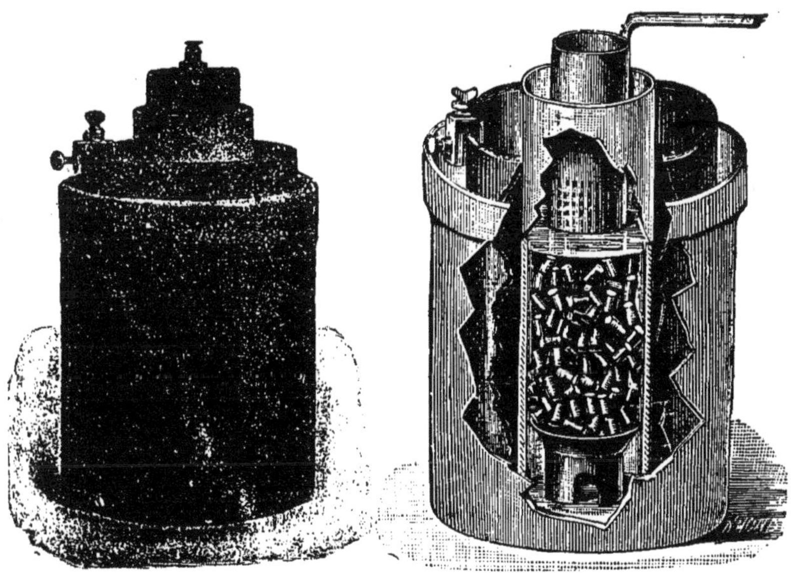

Fig. 16. — Pile au bichromate à lame de zinc circulaire.

Fig. 17. — Pile au bichromate à grenaille de zinc.

rique du commerce; l'électrode positive est une plaque ou un cylindre de charbon de cornue trempant dans la solution bichromate-acide sulfurique indiquée plus haut.

Pour maintenir l'amalgamation du zinc, on dépose, dans le fond du vase qui le contient, un peu de mercure liquide au-dessus duquel le zinc est soutenu sur un isolateur quelconque.

Les piles au bichromate donnent un courant plus intense que celles au sel ammoniac, mais elles s'usent très rapidement. Quand le liquide dépolarisant, qui est d'abord rouge, est devenu verdâtre, il est épuisé et doit être remplacé par de la solution neuve.

Très employées autrefois pour l'allumage des moteurs à explosions, ces piles sont maintenant remplacées par des magnétos d'allumage.

On peut se servir de trois éléments de piles au bichromate pour recharger un accumulateur d'allumage de deux éléments (4 volts).

Couplage des piles. — La marche des divers appareils, sonneries ou téléphones, nécessite généralement plusieurs *éléments* de piles ; le nombre de ces piles dépend de la force des appareils et de la longueur du circuit ou de la distance entre les postes transmetteur et récepteur des signaux ou de la voix.

L'accouplement des éléments de piles se fait en *tension*, c'est-à-dire en réunissant entre eux les pôles de nom différent : *zinc réuni à charbon*, au moyen d'un fil de cuivre d'environ 3/4 de millimètre de diamètre, comme le montre la figure ci-dessous :

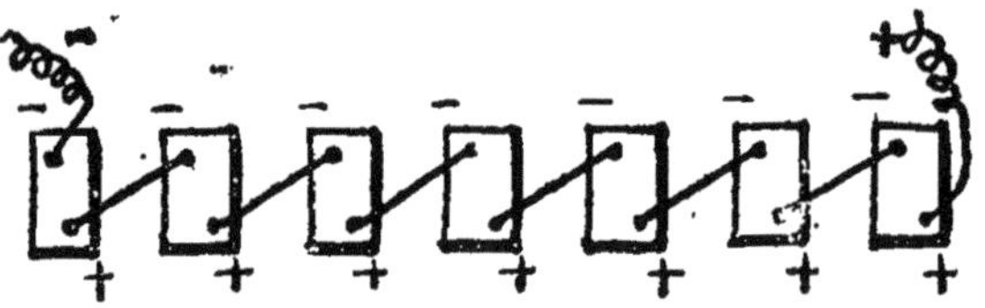

Fig. 18. — Couplage en tension des éléments de piles ou accumulateurs.

Il reste libre à chaque extrémité de la *batterie* de piles ainsi formée, un fil négatif (zinc) et un fil positif (charbon) auxquels seront attachés les fils du circuit extérieur.

Nous indiquerons, quand nous parlerons du montage des sonneries et des téléphones, le nombre d'*éléments* dont on doit composer chaque *batterie*, selon la nature des appareils à actionner et selon la longueur du circuit extérieur.

Précautions à apporter au montage des piles. — Avoir soin de bien serrer les fils sur les bornes des charbons.

Ces bornes en cuivre doivent être bien propres, et le métal à nu. Les fils doivent être *soudés* sur les lames de zinc. Après serrage des bornes positives, on les enduira de vaseline épaisse pour en empêcher l'oxydation. Les zincs ne doivent jamais toucher la lame de charbon dans un même vase de pile (ceci est très important).

Placer les batteries de piles dans un endroit frais et à l'ombre, pour éviter l'évaporation rapide de l'eau. Les piles placées sur une planche dans une cuisine sont mal placées, car la chaleur qui y règne fait évaporer l'eau et favorise la formation de dépôts salins contre les parois des vases et sur les contacts ; on nomme ces dépôts salins des *sels grimpants*, ils sont très nuisibles à la bonne conservation des piles et il faut les enlever s'ils se forment accidentellement.

Il est commode de placer une batterie de piles dans une boîte en bois qui permette de garantir les vases en verre des chocs, et aussi de transporter la batterie entière sur une table au grand jour, pour le nettoyage et le remontage des éléments.

Prix des piles au sel ammoniac et de leurs rechanges

Pile Leclanché, selon grandeur........	1 fr. 10 à 4 fr. »
Pile à sac	2 fr. 50 à 5 fr. 50
Pile sèche, l'élément	2 fr. 50
Chlorhydrate d'ammoniaque, le kilog..	1 fr. 25
Vases poreux garnis, de rechange, de ..	0 fr. 50 à 3 fr.
Bâtons de zinc pour piles Leclanché, selon grandeur, de................	0 fr. 20 à 1 fr.
Lames de zinc pour piles à sac	1 fr. 20

CHAPITRE V

LES DYNAMOS

La *dynamo* est une machine qui transforme directement l'énergie mécanique en électricité et qui transforme de même l'électricité en travail mécanique.

La dynamo est donc une machine *réversible*, c'est-à-dire une machine à deux fins pouvant servir aussi bien comme *génératrice* d'électricité que comme *moteur* électrique.

L'industrie moderne construit des dynamos à courants continus ou alternatifs, à haute ou à basse tension. Dans la pratique des petites installations électriques à la campagne que nous étudions ici, nous ne considérons que les *dynamos à courant continu*, c'est-à-dire susceptibles de produire un courant électrique tout à fait analogue à celui engendré par une pile électrique : ce courant a toujours le même sens, il peut donner l'éclairage et la force motrice et servir directement à la charge des accumulateurs, charge qui est impossible avec le courant alternatif dont le sens change périodiquement plus de 50 fois par seconde ; c'est pourquoi nous adopterons pour la généralité des petites installations la dynamo à courant continu.

Principe de la dynamo. — En l'année 1830, le physicien Faraday découvrit que, si l'on met en présence un aimant A et une bobine de fil isolé dont les deux extrémités sont réunies par deux fils de cuivre à un galvanomètre très sensible G, il se forme dans la bobine B un courant électrique très bref dont on constate facilement l'existence par les variations de l'aiguille. Ce courant électrique a reçu le nom de *courant d'induction* ou *courant induit.*

Le courant d'induction se produit toutes les fois qu'on éloigne ou qu'on rapproche la bobine C de l'aimant A, mais il ne se manifeste pas si les deux appareils sont immobiles l'un par rapport à l'autre.

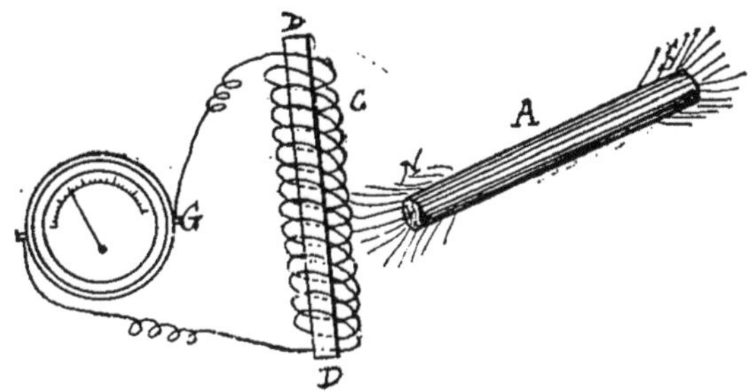

Fig. 19. — Démonstration de la production des courants induits par l'action d'un aimant sur un fil enroulé autour d'un noyau de fer.

Si l'on remplace l'aimant A par un électro-aimant tel que nous l'avons décrit au chapitre II, et que nous placions dans l'intérieur de la bobine un morceau de fer D, nous constaterons que les courants induits auront une puissance beaucoup plus grande que dans l'expérience précédente. C'est ici un véritable phénomène de transformation du mouvement mécanique en énergie électrique.

C'est sur ces faits qu'est basée la construction des dynamos et des moteurs électriques. Entre les branches d'un électro-aimant, on fait tourner un axe en fer sur lesquels sont disposés des bobinages de fil long et fin ; ces bobinages sont alors le siège de courants induits, puisqu'ils s'éloignent et se rapprochent successivement des *pôles* de l'aimant, et ces courants sont d'autant plus puissants que la rotation est plus rapide. Il suffit alors de recueillir ces courants au fur et à mesure qu'ils se forment et de les utiliser au lieu et place des piles électriques.

L'électro-aimant de la dynamo a recu le nom d'*inducteur* et l'axe avec ses bobinages de fil le nom d'*induit.*

Nous n'avons pas eu ici l'intention de faire une théorie très scientifique de la dynamo, mais seulement de faire comprendre à des lecteurs, peu initiés aux choses de la physique ou de la mécanique, comment la transformation de l'énergie mécanique en énergie électrique est possible au moyen de la dynamo. Il nous suffira maintenant d'ajouter que les courants électriques, qui existent dans l'électro-aimant, et ceux qui se forment à chaque instant dans l'armature tournante, s'attirent ou se repoussent selon qu'ils sont de sens contraire ou de même sens ; l'électro-aimant d'une dynamo et les divers enroulements de l'induit de cette dynamo agissent donc vis-à-vis les uns des autres par une série d'attractions et de répulsions qui constituent autant de forces s'ajoutant les unes aux autres pendant la rotation de la machine : il s'ensuit qu'une dynamo exige une certaine force mécanique pour produire un courant électrique qui est en rapport direct avec l'importance de cette force mécanique ; il s'ensuit aussi qu'une dynamo dans laquelle on enverra un courant électrique deviendra le siège d'une série de phénomènes d'aimantation engendrant des forces mécaniques : ceci est l'explication simplifiée du moteur électrique.

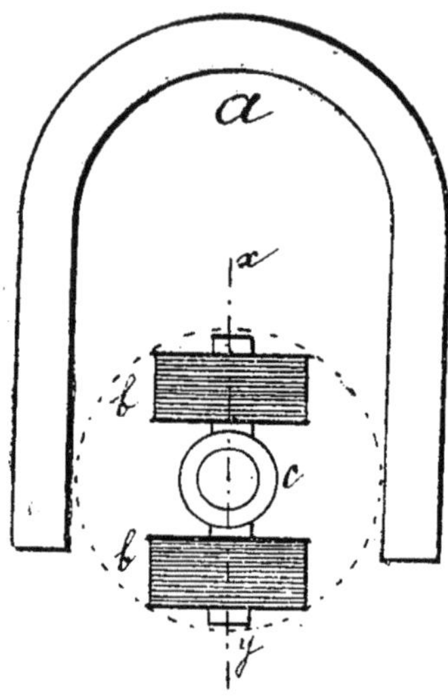

Fig. 20. — Constitution élémentaire d'une dynamo par un électro-aimant *a* et une série de bobinages *bb* tournant autour d'un axe *c*.

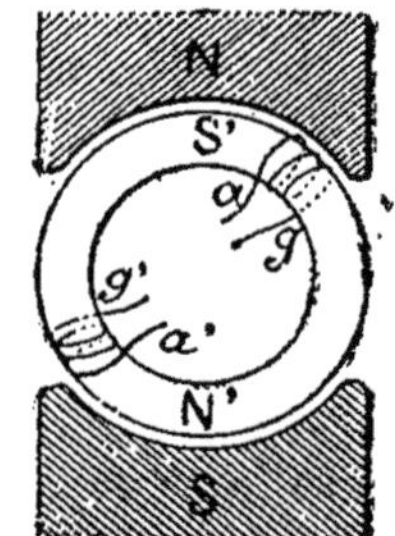

Fig. 21. — Manière dont les bobinages de l'induit sont disposés pour tourner entre les pôles N et S de l'électro-aimant inducteur.

Tout ce qui précède montre que la dynamo, formée d'un électro-aimant fixe et d'une série d'enroulements ou *bobinages* tournants est susceptible de donner :

1° Un courant électrique si on la fait tourner par une force mécanique ;

2° Une force mécanique si on fait passer dans ses enroulements de fils un courant électrique.

Nous allons voir maintenant comment, dans la pratique, on réalise les divers phénomènes exposés ci-dessus et nous allons retrouver ici tous les éléments de la dynamo théorique que nous venons d'étudier.

Construction de la dynamo ou moteur électrique. — Une dynamo moderne se compose d'une sorte de carcasse en acier coulé, de forme ronde ou carrée, à l'intérieur de laquelle on remarque deux bossages. Cette carcasse d'acier coulé est

Fig. 22. — Dynamo ouverte, bobinages inducteurs visibles.

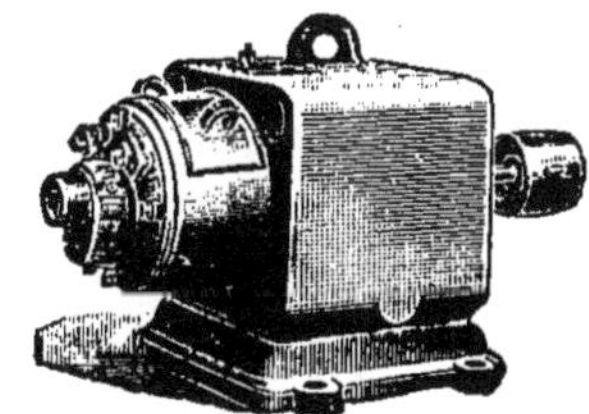

Fig. 23. — Dynamo cuirassée, tous les bobinages sont enfermés dans la carcasse en acier coulé.

l'âme de l'électro-aimant inducteur, et les bossages N et S (fig. 21) en sont les pôles. Sur ces deux bossages on place deux grosses bobines de fil; c'est là le fil inducteur dans lequel passe le courant qui *excite* l'électro-aimant, dont la force d'attraction augmente d'autant plus que le courant d'excitation est plus fort. Il faut remarquer de suite, que la carcasse de la dynamo étant en acier, cet acier est susceptible de conserver une aimantation permanente ; nous avons donc ici un aimant permanent qui se transformera en électro-aimant dès qu'un courant électrique passera dans les bobinages inducteurs enroulés sur les pôles N et S.

Les deux bobinages sont réunis entre eux par une extrémité de leurs fils, il reste donc deux extrémités de fil libres, ce sont les deux *fils d'excitation.*

Tel est l'ensemble de l'inducteur dans une dynamo à deux pôles ; il y a des dynamos à 4 pôles et d'autres multipolaires, dans lesquelles, au lieu d'y avoir seulement deux bobinages inducteurs, il y en a quatre ou davantage, auxquels les explications ci-dessus sont applicables.

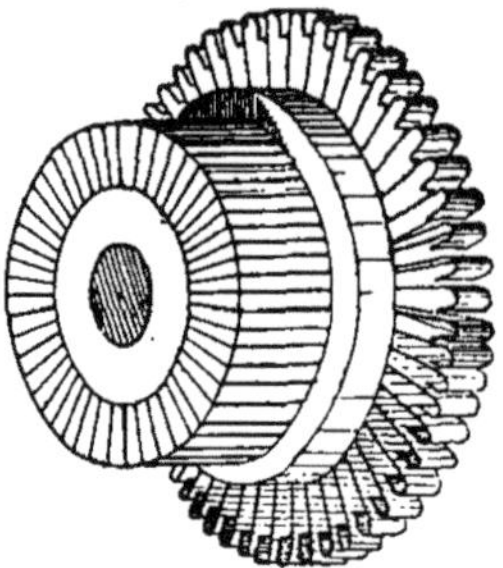

Fig. 24. — Collecteur d'une dynamo à courant continu.

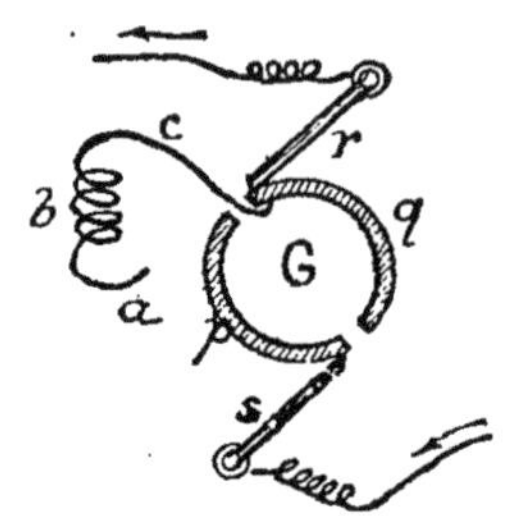

Fig. 25. — Comment les balais *r* et *s* recueillent le courant sur les lames *p* et *q* du collecteur.

L'induit, ou armature rotative, est composé d'un arbre en acier supporté par deux paliers graisseurs, sur lequel est calée une armature en fer portant les enroulements de fil isolé, dans lesquels se produiront les courants induits. Cet ensemble tourne, *sans aucun frottement* (1), entre les pôles de l'électro-aimant inducteur, et les extrémités des fils des bobinages de l'induit sont réunies convenablement à une série de blocs de cuivre rouge disposés tout autour de l'axe de l'induit et formant le *collecteur*. Ces blocs de cuivre rouge sont séparés les uns des autres par des lamelles isolantes de *mica* et l'ensemble est tourné bien rond et parfaitement poli. C'est sur ce collecteur que les *balais frotteurs* recueillent les courants induits ; ces balais frotteurs sont généralement de petits blocs de charbon fixés à une monture à ressorts appelée *porte-balais* et c'est à ces porte-balais que s'attachent les fils du circuit extérieur.

(1) Beaucoup de gens se figurent que la dynamo produit l'électricité grâce à un frottement analogue à celui nécessaire dans les *machines électriques statiques*. Ceci est une erreur absolue. Il n'y a *aucun frottement* entre l'induit et l'inducteur d'une dynamo et il faut qu'il n'y en ait aucun sous peine de mettre immédiatement la dynamo hors d'usage.

Entre l'induit et l'inducteur, il y a un petit espace vide appelé *entrefer* : cet espace doit être toujours absolument libre et dégagé soigneusement des poussières ou petits corps étrangers qui pourraient y tomber par accident.

Pour nous résumer, une dynamo ou moteur électrique se compose donc :

1° d'une carcasse en acier coulé ;
2° de bobinages inducteurs ;
3° de deux paliers graisseurs ;
4° d'un axe en acier avec armature en fer et bobinages induits ;
5° du collecteur en cuivre fixé sur l'axe ci-dessus ;
6° du porte-balais et des balais en charbon.

Nous allons voir maintenant comment fonctionne cette

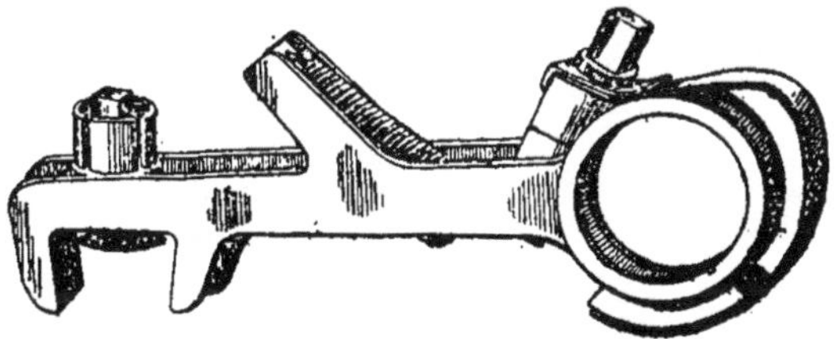

Fig. 26. — Porte-balais de M. Bouillet.

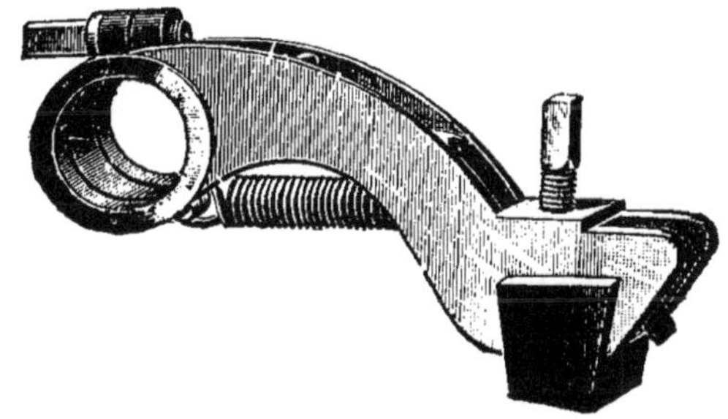

Fig. 27. — Porte-balais avec le bloc de charbon qui frotte sur les lames du collecteur.

machine dont la construction est, on le voit, extrêmement simple.

Fonctionnement de la dynamo (1). — Si nous faisons tour-

(1) A l'appui de la comparaison que nous avons faite entre le courant électrique et l'eau sous pression dans un tuyau, nous citerons le parallèle que fait M. L. Dumont entre le fonctionnement des pompes centrifuges et celui des dynamos génératrices :

« Nous attirons l'attention des électriciens sur l'analogie qui existe entre les « pompes centrifuges et les dynamos génératrices : le débit de la pompe peut être

ner l'induit de la dynamo construite comme il vient d'être dit, nous verrons qu'il se produit, dans les bobinages de cet induit, un courant électrique dû à la présence des aimants permanents formés par la carcasse en acier de la machine.

Au moyen de deux fils conducteurs nous allons envoyer ce courant induit dans les bobinages qui sont autour des pôles de la *carcasse d'acier ;* nous aurons ainsi, au moyen des deux fils *d'excitation*, la facilité d'augmenter la puissance de l'aimant d'autant plus que le courant sera plus fort dans

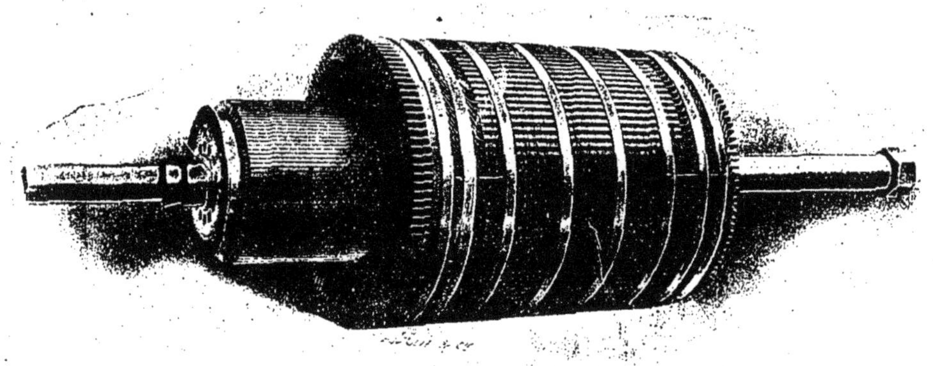

Fig. 28. — L'induit d'une dynamo (arbre, enroulements de fil et collecteur.)

les bobinages de l'induit. Le courant induit augmentera donc ainsi de puissance au fur et à mesure que la vitesse de rotation de la machine s'accélérera : c'est l'excitation automatiquement réalisée de la dynamo.

« assimilé à l'intensité du courant, la hauteur d'élévation au voltage et la perte « de charge dans les conduites d'eau à la résistance extérieure du circuit, en y « comprenant la résistance des lignes. Tandis qu'une dynamo est généralement « construite pour donner un voltage constant et un débit variable, la pompe est « au contraire, construite pour donner un débit constant à des hauteurs variables. « D'où il suit que le nombre de tours d'une pompe doit pouvoir varier dans des « limites assez étendues, alors qu'une dynamo fonctionne toujours à la même vi- « tesse pour un même voltage.

« L'analogie se poursuit dans le fonctionnement à circuit ouvert ou fermé et « encore dans la conjugaison de pompes ou de dynamos : deux ou plusieurs « pompes peuvent être couplées en *série* ou en *tension* comme des dynamos ou des « piles.

« Il n'est pas jusqu'aux vitesses qui, par un hasard assez heureux, se rappro- « chent beaucoup dans les deux appareils et permettent l'accouplement direct « d'un moteur électrique et d'une pompe centrifuge dans tous les cas de la pra- « tique. »

Si nous ne faisons passer dans l'inducteur *qu'une partie* du courant produit par l'induit, nous aurons *l'excitation shunt* ou *excitation en dérivation ;* si nous faisons passer par l'in-

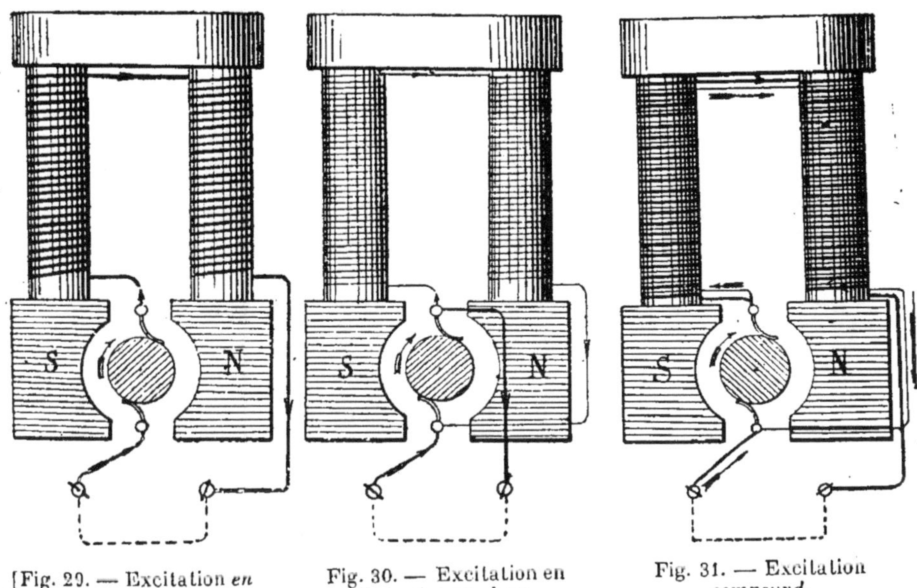

Fig. 29. — Excitation *en série.*

Fig. 30. — Excitation en *dérivation* ou *shunt.*

Fig. 31. — Excitation *compound.*

ducteur la *totalité* du courant produit par l'induit, nous aurons *l'excitation en série ;* enfin si nous entourons l'inducteur de deux bobinages en *sens inverse*, dans lesquels passeront une excitation en série et une excitation en dérivation, nous aurons l'excitation *compound*, c'est-à-dire composée, dont nous verrons plus tard l'intérêt dans certains cas particuliers.

Rhéostat d'excitation. — Dès maintenant, il apparaît qu'il est nécessaire de pouvoir régler facilement la tension et la puissance du courant qui passe dans les bobinages inducteurs, puisque c'est de ce courant d'excitation que dépend le courant de la ligne extérieure.

A cet effet, on interpose sur l'un des fils d'excitation une résistance variable à volonté, qui a reçu le nom de *rhéostat d'excitation* ou *rhéostat de champ magnétique*. Ce rhéostat est formé d'un certain nombre de spirales de *ferro-nickel* ou bien de *maillechort* dont on fait varier le nombre et, par suite, la résistance, par un balai frottant sur des *plots* en cuivre auxquels elles sont reliées. On peut ainsi, par interposition d'une résistance dans le circuit d'excitation, faire varier le *voltage* de la dynamo dans de grandes limites, par exemple de 120 à 180 volts, tout en ne changeant rien à la vitesse de rotation de l'induit ; on peut aussi, si la vitesse de l'induit varie, par suite de perturbations à la machine motrice, rectifier le voltage de la ligne par la manœuvre du rhéostat de champ magnétique qui change la valeur de l'excitation et, par suite, la force du champ magnétique dans lequel tourne l'induit.

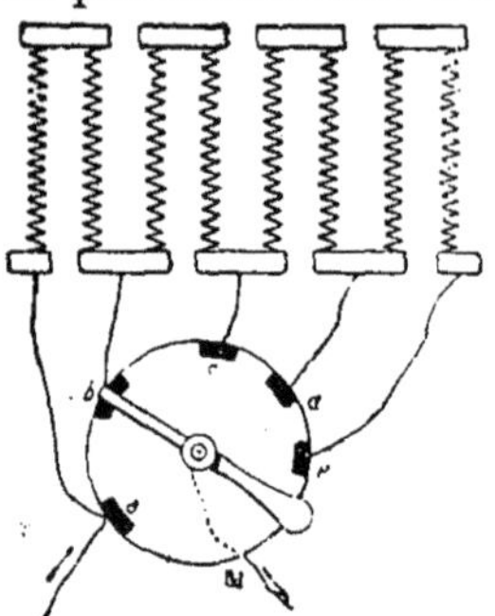

Fig. 32. — Schéma d'un rhéostat d'excitation : le courant arrive par la manette centrale et sort par le dernier plot en bas à gauche de la figure.

Enfin, dans le démarrage des moteurs électriques, le rhéostat permet d'envoyer *progressivement* le courant électrique dans les bobinages de l'inducteur et de l'induit, de façon que la vitesse de rotation du moteur s'augmente peu à peu, au fur et à mesure que le courant admis devient plus intense.

Le rhéostat d'excitation ou de démarrage est donc absolument nécessaire au bon réglage d'une dynamo génératrice et à la bonne marche d'un moteur électrique.

Dans ce qui va suivre, nous ne donnerons que les indications précises de montage et d'entretien relatives aux dynamos et moteurs électriques excités en dérivation ou *shunt-excitation* et compound ; l'entretien et l'installation des dynamos excitées en *série* ou *compound* sont tout à fait analogues à celles des dynamos en dérivation, seul le montage des fils sur le rhéostat de champ ou de démarrage diffère et chaque constructeur fournit alors un schéma de montage des fils en livrant la dynamo.

Les dynamos excitées en dérivation sont du reste les plus généralement employées et les autres systèmes sont d'un usage tout à fait exceptionnel ; il n'y a pas lieu de prévoir ici l'emploi des dynamos excitées en série.

Particularités à remarquer sur la dynamo. — Les *bornes* de prise de courant sont généralement placées sur une planchette isolante fixée sur le dessus de la dynamo, à côté d'un fort anneau en fer qui sert à soulever la dynamo au moyen d'un palan, ou bien à la transporter au moyen d'une barre de fer portée par deux ou quatre hommes.

Fig. 33. — Dynamo génératrice ou moteur électrique.

Il y a quatre bornes de prise de courant dans les dynamos ou moteurs à courant continu à excitation shunt :

2 petites bornes qui sont celles d'excitation ;

2 grosses bornes qui sont celles de la ligne du circuit extérieur.

Une des petites bornes est reliée en permanence par une lame ou un fil de cuivre à l'une des grosses bornes, soit E_2 avec L_1 ; la borne E_2 est reliée au rhéostat de champ magnétique s'il s'agit d'une génératrice et le courant est pris sur les bornes L_1 et L_2 ; d'autre part, le rhéostat est relié au fil L_2 , comme le montre le schéma (fig. 35).

S'il s'agit d'un moteur électrique excité en dérivation ou *shunt*, le montage des fils s'effectue de la manière suivante :

1 fil de ligne directe au moteur ;

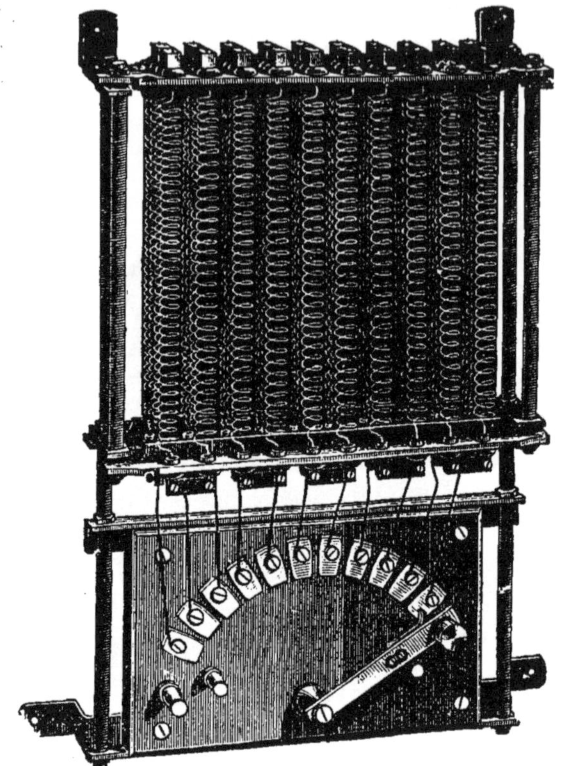

Fig. 34. — Rhéostat d'excitation pour dynamo génératrice.

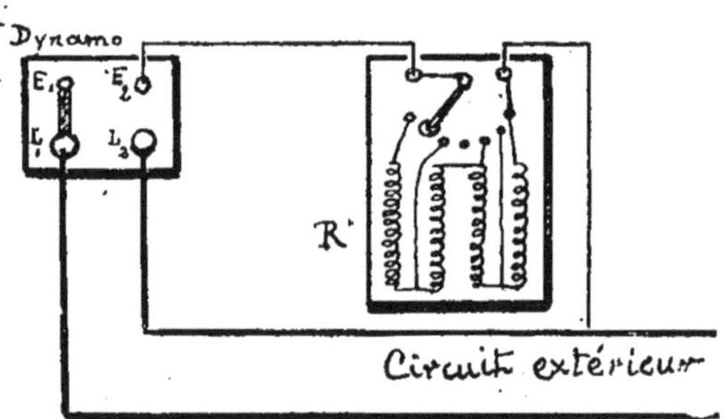

Fig. 35. — Disposition des bornes d'une génératrice de courant continu et montage des fils de circuit extérieur et d'excitation du champ magnétique de la dynamo.

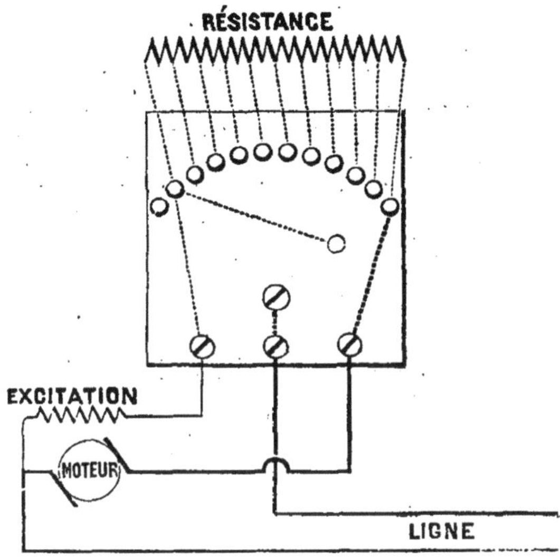

Fig. 36. — Montage des fils sur un moteur à courant continu avec rhéostat de démarrage à trois bornes.

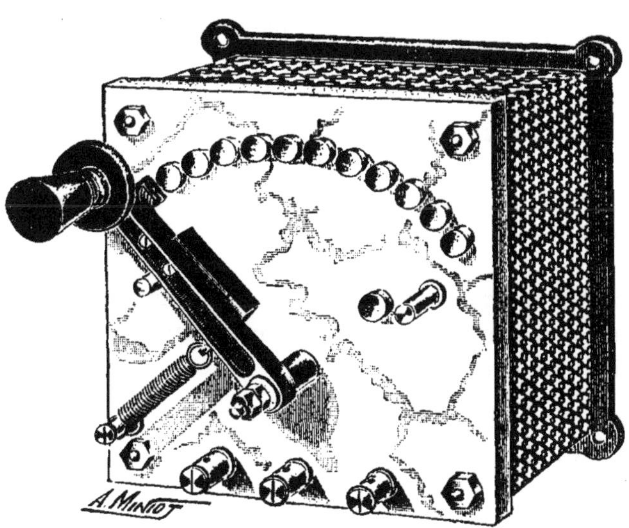

Fig. 37. — Rhéostat de démarrage pour moteur électrique sur courant continu.

1 fil de ligne au rhéostat de démarrage ;
1 fil de ligne du rhéostat au moteur ;
1 fil d'excitation du rhéostat au moteur.

Le rhéostat a ici trois bornes marquées L (ligne), M (moteur), E (excitation).

Les fils de ligne sont proportionnés à l'intensité du courant exigé par le moteur, le fil d'excitation est plus petit (généralement un cinquième de la section du fil de ligne). Voir à ce sujet le chapitre des conducteurs électriques.

Calage des balais. — Les balais, qui recueillent le courant sur le collecteur de la dynamo, sont supportés par des montures à ressorts appelées *porte-balais.* Tous ces porte-balais sont réunis et supportés par une armature en forme de disque sur laquelle ils sont isolés par des bagues en fibre vulcanisée. Cette armature peut tourner un peu autour du coussinet dans lequel roule l'arbre de l'induit ; si la position des balais par rapport aux bobinages de l'inducteur est mauvaise, il se produit des étincelles très fortes sur le collecteur, le rendement de la dynamo diminue et elle s'échauffe.

Il faut donc modifier convenablement la position de l'armature porte-balais, de façon que la dynamo ne donne pas d'étincelles, puis la fixer solidement dans cette bonne position au moyen d'une vis de pression qui se trouve sur le côté de cette armature : ceci constitue le *calage* des balais qui doit être fait avec la plus grande attention quand on installe une génératrice ou un moteur électrique.

Constantes des dynamos. — Sur la dynamo, on remarquera une plaque en cuivre sur laquelle sont gravées les indications suivantes, par exemple :

Puissance : 3 ch. 5 ;
Ampères : 22.
Volts : 120.
Tours : 1480.

Ces indications sont *généralement* relatives aux *constantes* de la dynamo considérée comme *moteur électrique ;* elles signifieraient, dans l'exemple ci-dessus, que la dynamo recevant un courant de 22 ampères 120 volts, peut donner une puissance de 3 chevaux et demi en tournant à 1480 tours par *minute.*

Si cette dynamo devait être employée comme *génératrice*, il faudrait ajouter environ 20 0/0 à la puissance indiquée et autant au nombre de tours pour obtenir la force nécessaire à sa

Fig. 38. — Montage d'une dynamo sur rails tendeurs.

commande et sa vitesse, dans ce cas, soit environ 4 chevaux 1/2 à fournir par la transmission à raison de 1760 tours par minute pour obtenir 22 ampères sous 120 volts. (On aura à tenir compte ici du glissement de la courroie ; voir à ce sujet le chapitre des transmissions par courroies.)

Pour éviter toute erreur de calcul, on devra demander au constructeur de la dynamo quelles sont ses *constantes* comme *génératrice* et comme *moteur électrique.*

Equipement des dynamos. — La dynamo est équipée sur un cadre en fonte appelé *châssis tendeur* qui permet de régler la tension de la courroie en agissant sur une vis de pression qui fait glisser la dynamo sur son châssis tendeur. Quand la tension de la courroie est bien réglée, on serre les quatre boulons qui fixent la dynamo sur le châssis ; sans ce serrage, la dynamo trépiderait d'une façon anormale.

Les dynamos de petite puissance (jusqu'à 10 chevaux environ), peuvent se fixer contre un mur, au plafond ou sur un socle horizontal, à volonté ; il suffit pour les disposer à recevoir ces diverses positions de régler convenablement les *joues* qui supportent les *paliers* de l'arbre de la dynamo, de façon que les couvercles des graisseurs soient en dessus.

Quelle que soit la position de la dynamo, son châssis tendeur doit être solidement attaché avec des boulons traversant les murs ou charpentes ou scellés dans une solide maçonnerie à bain de ciment.

Les dynamos doivent être installées dans un local aéré, à l'abri de la pluie, des poussières et des chutes d'huile.

On construit des dynamos spéciales enfermées dans un *carter hermétique* pour les cas où elles risqueraient de recevoir de l'eau ou des poussières abondantes.

Soins à donner aux dynamos. — Ce sont :

1° Le graissage des paliers de l'arbre avec de bonne huile minérale en quantité suffisante mais non exagérée ;

2° Le nettoyage du collecteur, que l'on polit avec de la toile d'émeri n° 0 quand il est noirci par le frottement prolongé des balais, et la rectification du collecteur sur le tour à métaux après un très long service (1) ;

3° Le calage, le serrage et le taillage convenable des balais, qui ne doivent pas produire d'étincelles quand la dynamo tourne en charge ;

4° Serrage convenable des boulons de liaison au châssis tendeur ;

5° Réglage exact de la vitesse de rotation et tension suffisante mais non exagérée de la courroie de commande. A

(1) Le nettoyage du collecteur doit se faire fréquemment, dès que l'on s'aperçoit qu'il est noirci ; prendre pour cela de la toile émeri ou du papier de verre très fins (n° 00) ; ce nettoyage se fait à l'arrêt de la dynamo, en frottant les lamelles de mica et les bandes de cuivre *en longueur*. Il est *dangereux et mauvais* de passer la toile émeri sur le collecteur d'une dynamo en marche.

cet effet il est utile de posséder un *compte-tours* servant à vérifier les vitesses des moteurs et dynamos.

Soins spéciaux aux balais en charbon. — Ces balais sont constitués par des petits blocs en agglomérés de charbon de cornue à grain très fin et serré.

Ils ont la forme d'un tronc de pyramide quadrangulaire et sont serrés par leur côté large dans le porte-balai à ressort ; quelquefois la tête du balai en charbon est recouverte de cuivre galvanique, afin d'assurer un contact parfait entre le balai et sa monture.

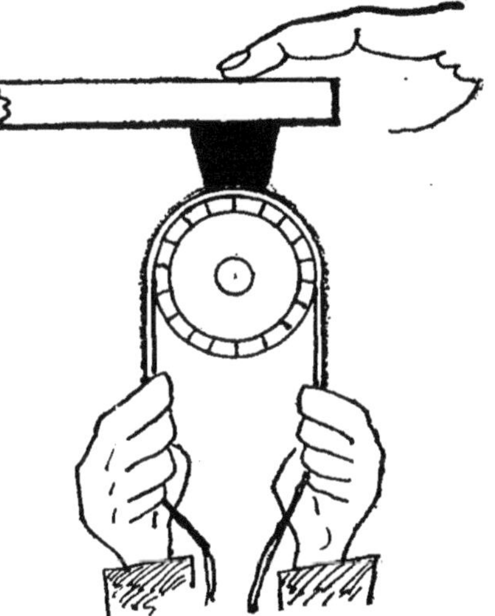

Fig. 39. — Manière d'opérer pour rectifier la taille des balais en charbon au moyen d'une bande de toile émeri n° 1, puis n° 0.

Pour qu'un balai en charbon n'occasionne pas d'étincelles sur le collecteur de la dynamo, il faut :

1° Que le collecteur soit parfaitement cylindrique et poli ; si ce collecteur est usé par places, on peut essayer de déplacer les porte-balais de façon que les balais frottent sur une partie non usée du collecteur, ensuite on fera rectifier le collecteur sur un bon tour (ceci exige de démonter l'induit et de le transporter à l'atelier du mécanicien (1).

2° Que la surface frottante des balais soit exactement taillée à la courbure du collecteur. Pour effectuer très facilement ce taillage des balais, prenez une bande de toile émeri assez fine, n° 1, d'abord et une autre bande de n° 0 pour finir. Ces bandes

(1) Il faut absolument éviter la production d'étincelles aux balais de la dynamo : en effet, ces étincelles échauffent et détériorent gravement le collecteur et les charbons qui sont rapidement rongés l'un et l'autre par ces étincelles. Quand la production des étincelles est continue, l'échauffement du collecteur peut devenir tel que les soudures qui joignent les fils de l'induit au collecteur sont fondues. Une dynamo en bon état ne doit donner *aucune* étincelle au collecteur sous les balais.

doivent avoir environ deux doigts de largeur et cinquante centimètres de longueur.

Coiffez le collecteur avec une bande de toile émeri, l'émeri étant à l'extérieur, et imprimez à la bande un mouvement de va-et-vient tandis qu'un aide appuiera légèrement sur le balai à tailler.

Il est facile de comprendre que l'émeri usera ainsi la face frottante du charbon à une courbure qui sera très sensiblement la même que celle du collecteur.

Ce taillage s'impose toutes les fois que l'on emploie des balais neufs, car ceux-ci sont livrés avec la face intérieure plane.

3° Le serrage des balais doit être suffisant pour qu'ils ne sautillent pas sur le collecteur, ce qui produirait des étincelles, mais non exagéré, ce qui occasionnerait un échauffement anormal et une usure inutile du collecteur et des balais. Un porte-balai serré à point doit se soulever facilement par la traction du petit doigt.

4° Si l'on s'apercoit que les lames de mica, qui séparent les barres de cuivre du collecteur, font saillie légère au-dessus de la surface polie du cuivre, il faudra gratter et user ces lames de mica avec un canif ou de la toile d'émeri pour qu'elles soient parfaitement de niveau avec le cuivre, c'est-à-dire que le collecteur soit absolument lisse.

Jeu latéral de l'induit. — On remarquera que l'axe de l'induit a un jeu latéral assez grand dans son montage sur ses deux paliers graisseurs. Il ne faudrait pas chercher à supprimer ce jeu latéral, car il est nécessaire à la bonne marche de la dynamo ; il permet, entre autres, aux balais de charbon de ne pas frotter toujours au même endroit sur le collecteur dont l'usure est ainsi beaucoup diminuée. Ce jeu latéral est aussi nécessaire à la bonne répartition de l'huile de graissage sur les portées de l'arbre.

Mise de niveau. — Dans le montage de la dynamo, on veillera à ce que l'axe de l'induit soit parfaitement horizontal ; ceci est très important.

Détermination des pôles d'une dynamo ou d'un circuit électrique quelconque. — Il est très important de déterminer les pôles d'une dynamo ou d'un circuit électrique : ceci est nécessaire dans le montage des accumulateurs sur un circuit, dans l'installation des lampes à arc et aussi pour le branchement des appareils de mesure, voltmètres et ampèremètres, dont les bornes sont marquées + et —.

Voici les divers procédés les plus pratiques :

1° Au moyen d'un vase en verre, en terre ou en grès dans lequel on met de l'eau *légèrement* salée avec du sel de cuisine

Fig. 40. — Cahier de papier cherche-pôles.

ou *acidulée* avec quelques gouttes de vinaigre ou d'un acide quelconque : plongez dans cette eau et à une distance de quelques centimètres l'une de l'autre, les deux extrémités des fils conducteurs préalablement dénudées de leur isolant et bien décapées ou grattées avec un canif. Aussitôt vous verrez qu'un des fils noircit, tandis que l'autre se couvre de *bulles de gaz* qui viennent crever à la surface de l'eau ; ce gaz est de l'hydrogène qui brûle si l'on en approche une allumette enflammée et le fil qui le dégage est au *pôle négatif* — de la source électrique, tandis que le fil qui noircit en *s'oxydant* est au pôle positif + de la source électrique.

2° Au moyen du *papier pôle* vendu dans le commerce en petits cahiers coûtant quelques sous.

Mouillez avec le bout de la langue un coin de ce papier et appliquez sur lui les deux extrémités des conducteurs électriques séparés à un centimètre environ de distance. Autour du pôle négatif — il se forme une tache rouge sur le papier pôle ; autour du pôle positif + le papier reste blanc.

3° Au moyen du papier bleu constituant les plans et dessins des mécaniciens et architectes.

Mouillez un coin de ce papier et appliquez-y les deux conducteurs électriques à un centimètre l'un de l'autre : autour du *pôle négatif* — il se formera une tache blanche et le papier restera bleu au pôle positif +.

4° Au moyen des petits appareils dits *cherche-pôles* ou *indicateurs de sens de courant* sur lesquels on branche les fils électriques et qui indiquent si le branchement est fait correctement ou non, c'est-à-dire quel est le positif et le négatif du circuit.

Prix et constantes des dynamos et moteurs à courant continu

TYPES	1	2	3	4	5	6	7	8	9
Dynamos génératrices — Puissance fournie en kilowatts	0.5	1	2	3	4.5	6.5	9	14	20
Dynamos génératrices — — absorbée en chevaux effectifs	1	1.80	3.40	5	7.4	10.5	14.2	21.5	30.5
Dynamos génératrices — Nombre d'ampères fournis à 110 volts	4.5	9	18	27	41	59	82	127	180
Dynamos génératrices — Nombre de tours par minute *environ.*	3000	2300	2000	1900	1650	1600	1400	1200	1050
Moteurs — Puissance utile en chevaux effectifs	0.5	1	2	3.5	5	7.5	10	17	24
Moteurs — — absorbée en kilowatts	0.54	1	1.8	3.1	4.4	6.5	8.6	14.3	20
Moteurs — Nombre d'ampères absorbés à 110 volts	4.9	9	16.4	28.5	40	59	78	130	180
Moteurs — Nombre de tours par minute *environ.*	2100	1900	1800	1700	1400	1350	1200	1000	900
Rendement industriel à pleine charge en %	68	74	80	82	83	85	86	88	89
Poids Kgs. *environ.*	28	36	65	95	150	190	255	435	550
Poulie normale — Diamètre m/m	60	80	120	130	150	180	220	250	300
Poulie normale — Largeur m/m	40	50	70	80	100	110	140	150	200
Prix des dynamos et moteurs — jusqu'à 160 volts	190	270	340	440	565	730	875	1100	1500
Prix des dynamos et moteurs — — 250 volts	210	300	370	470	605	760	900	1100	1500
Glissière ou châssis tendeur Prix Frs.	20	23	28	30	35	42	50	55	65
Rhéostat — d'excitation pour dynamo génératrice Prix Frs.	30	35	35	40	40	45	45	55	80
Rhéostat — de démarrage pour moteur Prix Frs.	32	32	37	46	60	67	71	78	85

CHAPITRE VI

LES ACCUMULATEURS

Les accumulateurs électriques, inventés par Planté il y a quarante-cinq ans, sont en réalité des *transformateurs d'énergie*, car leur appellation d'*accumulateurs* exprime mal la façon dont ils travaillent ; ces appareils, lorsqu'ils reçoivent un courant électrique, sont le siège d'une *action chimique* déterminée, l'oxydation d'une série de plaques de plomb ; mais cette action chimique est susceptible de se détruire d'elle-même et de fournir alors un courant électrique qui est, en somme, la restitution du courant qui a servi à les charger.

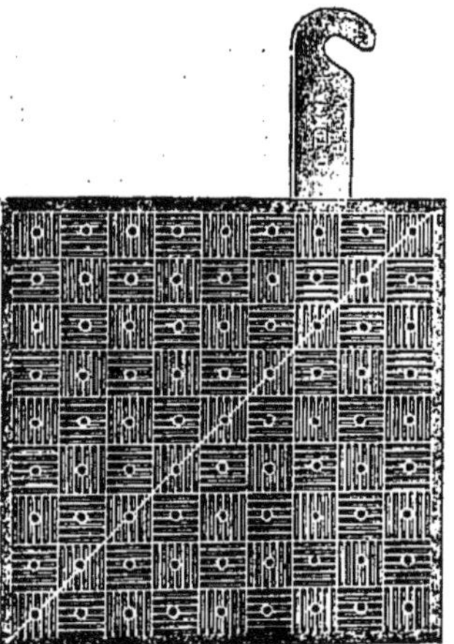

Fig. 41. — Plaque de plomb pour accumulateurs électriques.

Les accumulateurs électriques employés dans les installations d'éclairage domestique se composent d'un vase ou *bac* en verre dans lequel on met de l'acide sulfurique pur (*acide sulfurique au soufre*) étendu d'eau de façon que le mélange indique 22 degrés du pèse-acides ou *aréomètre* de *Baumé* (1). Dans cette eau acidulée plongent deux séries de plaques de plomb,

(1) Pour préparer l'eau acidulée, verser dans un grand baquet en bois bien propre de l'eau distillée ou, à défaut, de l'eau de pluie et verser dans cette eau l'acide sulfurique, peu à peu, en remuant constamment l'eau avec un bâton. Il

réunies entre elles respectivement comme le montre la figure ci-dessous ; ainsi qu'on le voit, les plaques d'une série ne touchent pas celles de l'autre série dont elles sont séparées par l'eau acidulée. Les barres réunissant chaque série de plaques ont reçu le nom de *barres de connexion.*

Si l'on fait passer un courant électrique dans un accumulateur ainsi formé de deux séries de plaques de plomb trempant dans l'eau acidulée, on voit des bulles de gaz hydrogène se former autour des plaques qui sont reliées au pôle négatif, tandis que les plaques reliées au pôle positif prennent une couleur *brun-foncé* et se recouvrent de *peroxyde de plomb.* Au bout de plusieurs heures de *charge* par le passage du courant électrique, l'accumulateur dégage de grosses bulles gazeuses et l'on dit que la charge est terminée ; on arrête alors le passage du courant de charge. A partir de ce moment, l'accumulateur est susceptible de fournir pendant un certain temps un courant électrique un peu moins puissant que celui qui a servi à le charger : c'est la période de décharge, pendant laquelle les plaques positives brunes perdent une partie de leur oxydation et les plaques négatives grises s'oxydent et se sulfatent ; quand l'accumulateur est déchargé, on le recharge à nouveau par le passage du

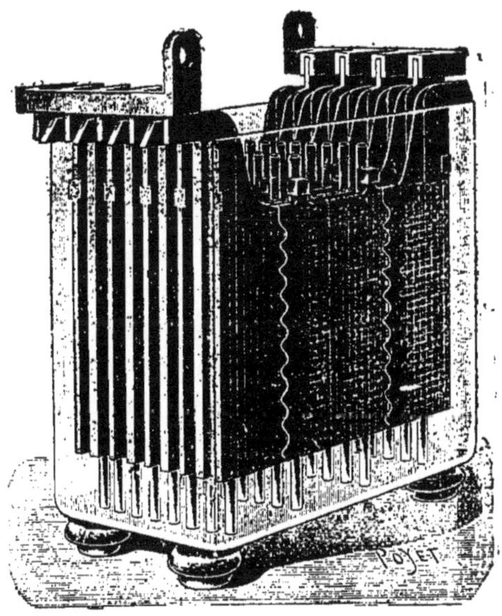

Fig. 42. — Un élément d'accumulateurs donnant un courant de 2 volts.

faut à peu près une partie d'acide pour sept parties d'eau (en volumes). Ne jamais verser l'eau sur l'acide, mais l'acide dans l'eau, afin d'éviter des projections corrosives d'acide sulfurique.

L'eau s'échauffe, par suite de sa combinaison avec l'acide ; il faut la laisser refroidir, en vérifier la densité avec le *pèse-acides* et ajouter de l'eau ou de l'acide pur pour atteindre exactement le degré indiqué par le vendeur des accumulateurs (20 à 22 degrés). Quand l'eau est froide, on peut la verser dans les bacs de verre.

courant électrique. Une *batterie* d'accumulateurs bien entretenue et rechargée régulièrement peut ainsi faire un service à peu près indéfini et durer de très longues années.

Réception de la batterie. Montage. — Quand on reçoit une batterie d'accumulateurs, les vases en verre sont emballés dans de grandes caisses à claire-voie ; les plaques sont mises dans de petites caisses où l'on trouve les plaques positives de couleur brun foncé et les plaques négatives couleur gris-jaunâtre ; une autre caisse contient des isolateurs pour mettre sous les bacs et les petits tubes de verre ou *séparateurs* qui servent à séparer les plaques et à les maintenir en place dans les bacs. Le montage de la batterie doit être fait par un ouvrier spécialiste qui dispose les plaques dans les bacs en les séparant par des tubes en verre et qui soude ensuite, avec une lampe à souder, les barres de connexion sur toutes les plaques ; l'ouvrier réunit par les barres de connexion les plaques positives d'un bac aux plaques négatives du bac suivant et ainsi de suite pour toute la batterie qui peut se composer de 40 à 60 bacs selon la tension du courant que l'on désire.

En effet, un seul bac d'accumulateur ne peut donner qu'un courant d'une tension maxima de 2 volts et d'un nombre d'ampères qui dépend de la dimension et du poids des plaques de plomb contenues dans ce bac. On dira par exemple qu'un bac d'accumulateur peut fournir 60 ampères sous 2 volts, ce qui revient à dire que ce bac d'accumulateur ou *élément* d'accumulateur fournira 6 ampères pendant 10 heures, consécutives ou non consécutives, avec une force électro-motrice de 2 volts. Pour obtenir 110 volts, on sera donc obligé d'accoupler ensemble, en tension, 55 bacs d'accumulateurs de 2 volts chacun (on en mettra 60 au lieu de 55 pour avoir un excédent de voltage disponible, nous verrons pourquoi plus tard). Une batterie ainsi constituée fournira, pendant 10 heures, 6 ampères sous 110 volts, après quoi il faudra la recharger pour qu'elle fournisse de nouveau une semblable période d'éclairage.

Installation de la batterie d'accumulateurs. — Les bacs d'accumulateurs sont placés tout autour d'une table sur des étagères très solides et en rapport avec le poids à supporter.

On trouvera dans la deuxième partie de ce livre les indications détaillées sur l'installation de cette salle d'accumulateurs.

Nombre de bacs d'une batterie. Charge et décharge. — Pour déterminer le nombre de bacs d'une batterie il est nécessaire de connaître le régime de charge et de décharge d'un accumulateur : quand on charge un accumulateur en y faisant passer

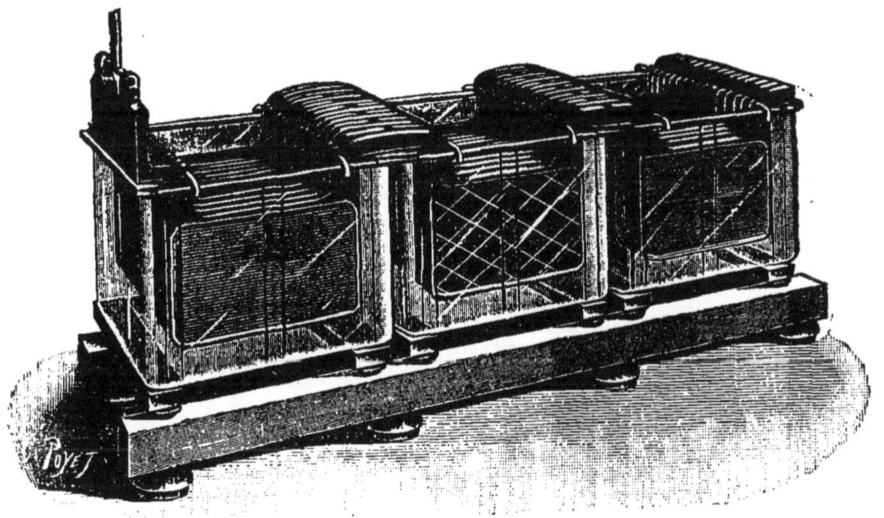

Fig. 43. — Montage des accumulateurs *en tension*, les plaques positives d'un bac réunies aux négatives du bac suivant.

un courant électrique, le voltage monte à 2,5 volts. Quand on interrompt le courant de charge, le voltage de cet élément tombe à 2,2 volts environ et, pendant tout le temps de la décharge, la tension baisse constamment pour arriver enfin à 1,8 volt; à ce moment il faut recharger l'accumulateur.

Si donc, nous voulons avoir une batterie qui nous donne en fin de décharge 110 volts par exemple, il suffira de diviser 110 par 1,8 pour savoir le nombre de bacs ou éléments nécessaires ; nous trouvons 60 éléments. Mais nous remarquons de suite que, lorsque la batterie sera nouvellement chargée, ces 60 éléments nous donnerons $60 \times 2,2 = 132$ volts, ce qui est beaucoup trop; aussi, dans la pratique, quand une batterie est chargée à refus, on commence par mettre en décharge 50 éléments seulement et on ajoute un par un les dix éléments suivants, au fur et à mesure que la batterie se décharge ; on a ainsi durant toute la période de décharge un voltage constant.

Cette addition des éléments en réserve, appelés *éléments de réduction*, se fait très simplement au moyen d'un petit appareil

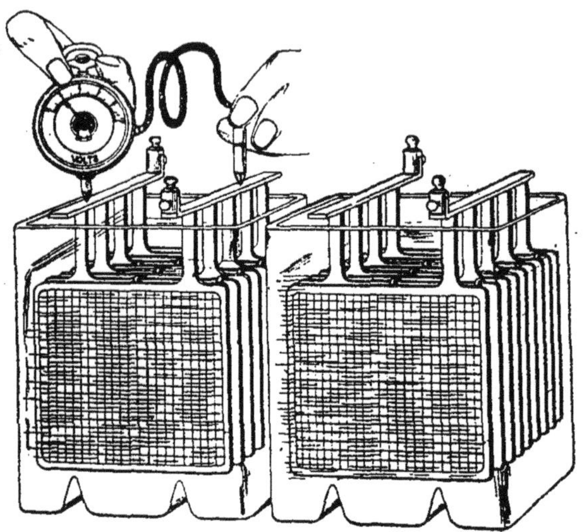

Fig. 44. — Manière de mesurer le voltage d'un bac d'accumulateur.

appelé *réducteur de décharge*, dont nous parlerons à propos de la marche des installations.

Dans le calcul du nombre des éléments d'une batterie, il suffit donc de diviser le voltage par 2 et d'ajouter 10 0/0 du nombre trouvé :

exemple pour	110 volts	60 ou 62 bacs
—	80 —	45 bacs
—	70 —	40 —

(en se tenant plutôt en dessus qu'en dessous du résultat ci-dessus).

Premières charges d'une batterie neuve. — Aussitôt que l'on a terminé de mettre l'eau acidulée dans les bacs, il faut commencer à charger la batterie, sans attendre même une demi-journée, et poursuivre ainsi la charge pendant trente-six à quarante heures. De cette première charge dépend la bonne conservation ultérieure de la batterie et sa longue durée (1).

Ensuite, pendant le premier mois surtout, il faudra charger très souvent et jusqu'à ce que la batterie dégage de grosses bulles de gaz et marque 2,7 volts à 2,8 volts par élément. Cette vérification des éléments un par un se fait au moyen d'un petit voltmètre de poche, elle est très importante. Après le premier

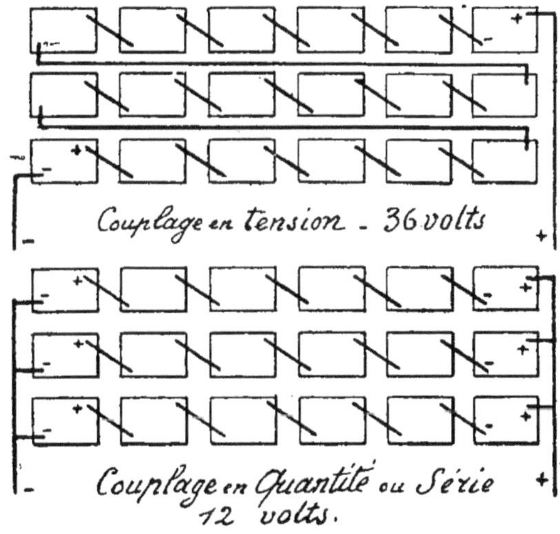

Fig. 45. — Une batterie d'accumulateurs peut être couplée soit en tension, soit en quantité, selon le voltage dont on a besoin.

mois de service, on ne chargera plus que lorsque la batterie en aura besoin, c'est-à-dire quand le voltage d'un élément tombe à 1,8 volt au minimum.

Survoltage de la batterie. — Il est nécessaire de donner de temps à autre, environ une fois par mois, une très forte charge à la batterie. Pour cela, lorsque la charge paraît achevée, ce

(1) Le constructeur de la batterie indique un régime de charge généralement calculé sur une durée de la charge de six heures, par exemple, 20 ampères pour une batterie d'une capacité de 100 à 110 ampères. Ce régime de charge est le régime normal qui sera appliqué quand la batterie sera en service constant. Mais la première charge, qui doit être prolongée pendant au moins 36 heures, est faite à un égime plus lent, environ 1/3 du régime normal, soit par exemple 6 à 7 ampères pour la batterie ci-dessus indiquée.

qui se reconnaît à l'abondant dégagement gazeux des bacs qui *bouillonnent* et au voltage qui atteint 2,7 par élément, on continue à faire passer le courant dans la batterie pendant encore une heure ou deux.

Ce *survoltage* empêche la formation de sulfate de plomb sur les plaques : cette *sulfatation* est en effet un phénomène destructif des plaques, qui ne se produit que dans les batteries insuffisamment chargées ou dont on a poussé la décharge trop loin. *Un bac bien chargé ne se sulfate jamais.*

Connexions de la batterie d'accumulateurs avec la dynamo génératrice. —La charge de la batterie se fait avec une dynamo

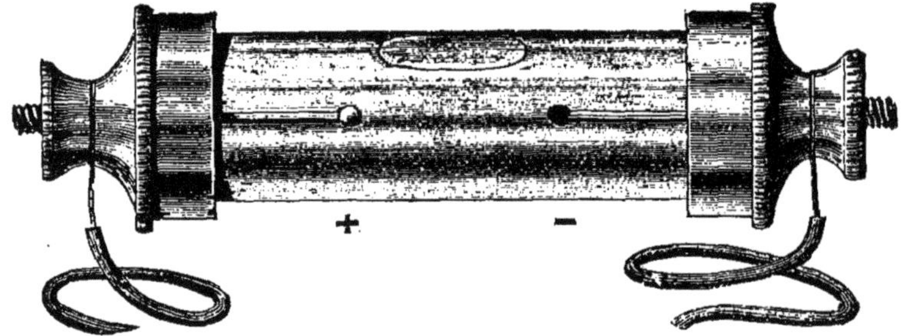

Fig. 46. — Petit appareil pour rechercher les pôles, le négatif se colore en rouge.

à courant continu dont les pôles sont reliés aux pôles de même nom de la batterie.

Il faudra donc d'abord déterminer soigneusement les pôles des conducteurs venant de la dynamo (voir chap. V) et connecter le positif avec les plaques extrêmes *brunes* de la batterie, et le pôle négatif avec les plaques extrêmes *grises* de la batterie d'accumulateurs.

Une erreur dans ces connexions des pôles mettrait la batterie hors de service au lieu de la charger.

Batterie inutilisée. — Quand on reste plusieurs mois sans se servir d'une batterie d'accumulateurs, il n'en faut pas moins lui donner une forte charge de temps en temps : *tous les mois* ou au moins toutes les six semaines avec survoltage prolongé. Si l'on laissait plusieurs mois une batterie sans la charger, elle se *sulfaterait* profondément et serait perdue irrémédiablement.

Si la batterie devait rester plus d'un mois sans être chargée, demandez des instructions à son constructeur.

Paraffinage des connexions. — Certaines batteries, au lieu d'avoir leurs plaques soudées entre elles, les ont simplement réunies par des vis en cuivre ; ces connexions en cuivre se couvrent rapidement d'oxydes et de sels rongeurs, il faut les paraffiner ou les enduire de vaseline afin de les protéger contre l'action corrosive des vapeurs acides dégagées par les éléments d'accumulateurs.

Il n'est pas inutile de paraffiner ou de vernir, avec du vernis gras noir, les connexions en plomb soudées aux plaques, mais cette précaution n'est pas absolument nécessaire.

Manque d'eau dans les bacs. — Par suite de l'évaporation, le niveau de l'eau baisse peu à peu dans les bacs ; il faut compléter le liquide avec de l'eau distillée ou de l'eau de pluie, sans rajouter d'acide, de manière que le liquide couvre bien les plaques.

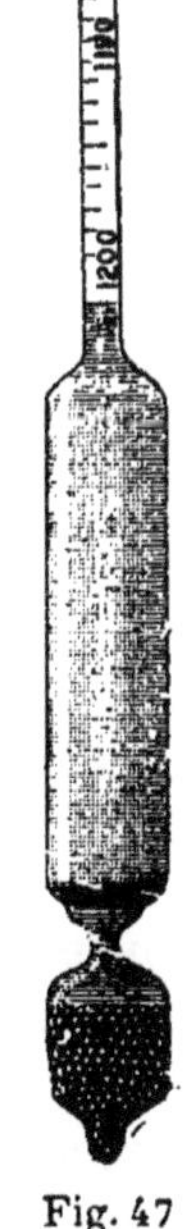

Fig. 47
Pèse-acides de Baumé.

Emploi du pèse-acides. — Avoir un pèse-acides Baumé et vérifier la densité du liquide des bacs de temps à autre ; la densité doit être de 21 à 22 en fin de décharge et de 23 à 24 en fin de charge, à la température de 15 degrés centigrades.

Si, pour une raison quelconque, la densité du liquide des bacs était devenue inférieure à celle indiquée par le fournisseur de la batterie, il faudrait compléter le liquide des bacs avec de l'eau acidulée au lieu d'eau ordinaire, afin de ramener peu à peu la densité à son chiffre normal, généralement, entre 20 et 22 en fin de décharge, selon les constructeurs.

Décharge de la batterie. — Une batterie d'accumulateurs étant chargée, son rendement à la décharge sera d'autant plus élevé que cette décharge sera plus lente. C'est ainsi, par exemple, qu'une batterie d'une capacité de 110 ampères restituera :

							Total
Pour une décharge	en	10 heures,	11	amp.	par heure	.	110
—	—	— 7 h. 1/2,	13	—	—	.	102,5
—	—	— 5 —	18,5	—	—	.	92,5
—	—	— 3 —	26,5	—	—	.	80
—	—	— 1 —	55	—	—	.	55

Le rendement aura donc baissé de 50 0/0 si la décharge est effectuée en une heure au lieu de 10 heures.

On a donc intérêt, dans le calcul d'une installation électrique, à prévoir une batterie assez forte pour que sa décharge puisse toujours s'effectuer lentement. Si, par exemple, on a besoin par heure de 12 ampères, on prendra une batterie d'une capacité minima de 120 ampères ; une batterie de 60 ampères fournirait évidemment ces 12 ampères, mais avec un très mauvais rendement et en perdant plus de la moitié du courant exigé par la charge de la batterie, tandis que la batterie de 120 ampères restituera, à peu de chose près, en 10 heures, le courant qui a servi à la charge.

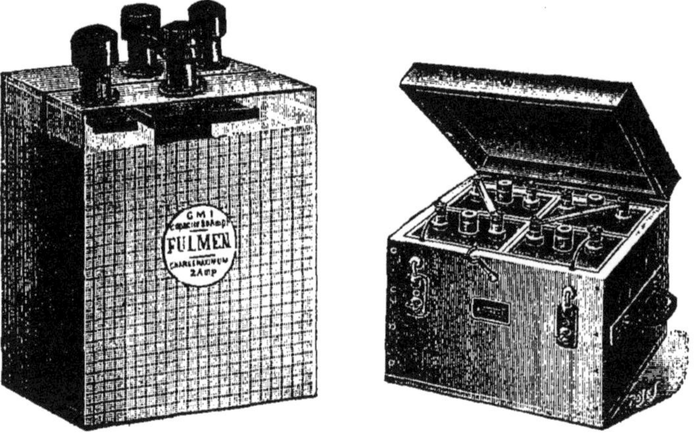

Fig. 48. — Les petits accumulateurs transportables sont montés dans des bacs en celluloïd réunis dans une boîte en bois.

Il faut cependant compter une perte inévitable de courant entre la charge et la décharge ; les très bonnes batteries arrivent à donner en décharge lente de 80 à 90 pour cent du courant qui les a chargées.

Garanties et assurance des accumulateurs. — Quand vous achetez une batterie d'accumulateurs, exigez du vendeur une garantie de sa solidité et de sa durée ; généralement le constructeur garantit pendant deux à trois ans les défauts de matière ou de mauvaise fabrication qui peuvent se révéler à l'usage dans quelques plaques.

Certains fabricants s'engagent, moyennant une redevance annuelle de 5 0/0 environ du prix d'achat de la batterie, à l'entretenir indéfiniment en bon état, en remplaçant, au fur et à mesure que le besoin s'en fait sentir, les plaques défectueuses. Ce genre d'assurance peut être avantageux, mais je connais des batteries installées depuis dix ans et n'ayant jamais été réparées, aussi belles que lors de leur montage : elles ont simplement été bien entretenues et chargées très régulièrement et jamais soumises à des décharges trop rapides ni trop complètes.

Prix, poids et dimensions des accumulateurs avec bacs en verre.

Nota. — Ces indications sont celles relatives à un seul élément ou bac complet, il suffira donc de les multiplier par le nombre d'éléments de la batterie pour avoir la dépense totale.

Les dimensions sont indiquées dans l'ordre suivant et en millimètres : longueur × largeur × hauteur ; les poids en kilos.

Capacité pour décharge en 10 heures. Ampères	Régime de charge	Dimensions du bac garni des plaques	Poids en kilos sans eau	Eau à 21 degrés Baumé	Prix en francs d'un élément
22	4	95 × 230 × 400	7	4	9
44	8	130 × 230 × 400	10	6	14
66	12	165 × 230 × 400	13	8	19
88	16	200 × 230 × 400	16	10	24
110	20	230 × 230 × 400	19	12	29
135	24	180 × 350 × 440	26	16	34
180	32	220 × 350 × 440	32	20	43
225	40	260 × 350 × 440	38	25	52
270	48	300 × 350 × 440	44	29	60
315	56	340 × 350 × 440	50	33	70
420	72	330 × 325 × 580	70	45	85
560	96	330 × 405 × 580	90	55	110
700	120	330 × 495 × 580	110	70	135

Nota. — On construit les accumulateurs à bacs en verre jusqu'à une capacité de 1200 ampères ; au-dessus, on les fait avec bacs en bois doublés de plomb, mais ces hautes capacités ne sont pas à considérer dans une installation domestique.

Soins à donner aux accumulateurs. — Pour durer longtemps, c'est-à-dire pendant 15 ans et plus, une batterie d'accumulateurs demande seulement à être bien chargée régulièrement et quelque peu surveillée ; voici sur quels points portera principalement cette surveillance :

1° Que l'eau acidulée couvre toujours toutes les plaques.

Lorsque le niveau de l'eau diminue par suite de l'évaporation, il faut le ramener à sa hauteur normale par l'addition d'eau convenablement acidulée pour que le degré d'acidité du liquide contenu dans les bacs reste constant et tel qu'il a été indiqué par le constructeur de la batterie : il faut se rappeler ici que l'eau s'évapore plus vite que l'acide sulfurique, le remplissage des bacs devra donc être précédé d'un essai du liquide avec l'aréomètre de Baumé et l'eau acidulée ajoutée devra ramener la densité à sa valeur normale.

2° Qu'il ne se forme pas de sels grimpants sur la tête des plaques ni sur les connexions ; en ce cas, gratter ces formations de sels et paraffiner ou vaseliner les connexions.

3° Que l'extérieur des bacs, les isolateurs des bacs et les chantiers soient secs, ce qui s'obtient par la bonne aération de la salle des accumulateurs.

4° Que les plaques positives soient de couleur *brun-chocolat foncé* et les négatives *gris de plomb pur*, sans aucune tache blanche sur les plaques, ce qui prouverait de la *sulfatation* provenant d'une insuffisance générale de la charge de la batterie. Un commencement très léger de sulfatation peut disparaître à la suite de plusieurs charges énergiques suivies de survoltage prolongé, mais une sulfatation prolongée diminue la capacité de la batterie et finit par la détruire.

5° Qu'il n'y ait aucun *court-circuit* entre les plaques d'un même bac.

Ce court-circuit peut se produire soit par gondolage des

plaques à la suite de charges ou de décharges trop rapides, soit par chute de corps étrangers ou de petits morceaux d'oxyde de plomb ou *matière active* qui, se détachant d'une plaque, tombe entre deux plaques et s'y accroche au lieu d'aller au fond du bac.

Dans le premier cas, il faut enlever les plaques gondolées,

Fig. 49. — Une batterie de 1500 ampères.
Les éléments sont montés dans des bacs en bois doublés de plomb.

les redresser si cela est possible ou bien les remplacer par des neuves ; dans le deuxième cas, il faut provoquer la chute des petits morceaux de matière active, au fond du bac, au moyen d'une petite baguette de bois ou de verre (*jamais de métal*).

6° Que tous les éléments se chargent bien régulièrement, ce que l'on constate en mesurant un à un les éléments, avec le voltmètre de poche appliqué sur les deux connexions d'un élément pris au hasard dans la batterie. (Voir fig. 44).

Si l'un des éléments de la batterie ne se chargeait pas bien, il faudrait en rechercher la cause dans un court-circuit ou une sulfatation des plaques.

7° Qu'aucun corps étranger ne tombe dans les bacs.

8° Fermer à clef la porte du local de la batterie.

9° Pour examiner l'intérieur des bacs remplis de plaques, on se servira d'une *lampe baladeuse* montée sur une longue torsade souple, qui permettra de voir par transparence au travers du liquide ce qui se passe entre toutes les plaques d'un bac en verre.

10° Veiller à ce qu'il n'y ait pas de *pertes à la terre* dans le circuit extérieur ; nous en parlerons à propos de l'entretien de ce circuit.

CHAPITRE VII

LES LAMPES ÉLECTRIQUES

Les lampes électriques sont de plusieurs sortes :

Lampes à arc ;

Lampes à incandescence ;

Lampes à vapeur de mercure.

Nous allons dire un mot de chacune d'elles, en faisant ressortir leurs avantages particuliers et en indiquant les conditions favorables à leur emploi respectif.

Lampes à arc. — Dans ces lampes, appelées aussi *régulateurs*, la lumière est produite par une étincelle électrique jaillissant entre deux cylindres de charbon. Le pouvoir éclairant des lampes à arc est considérable et il donne la meilleure utilisation d'un courant électrique pour la production de la lumière.

Fig. 50.— L'arc électrique entre deux cylindres de charbon ; le pôle positif se creuse et renvoie la lumière vers le sol.

Ainsi, deux lampes à arc montées en tension et consommant à *elles deux* 4 ampères sous 110 volts donneront une intensité lumineuse de 800 bougies, tandis que de bonnes lampes à incandescence ne donneraient pas plus de 200 bougies ; trois lampes à arc en tension sous 110 volts, 4 ampères donneraient environ 900 bougies.

Mais si, au point de vue de l'utilisation du courant, les lampes à arc donnent une économie certaine, cet avantage est contrebalancé par la dépense des charbons et les soins nécessités presque journellement par ces lampes pour le remplacement des charbons usés, le nettoyage des globes et quelquefois le réglage du mécanisme qui fait approcher les deux charbons à la distance nécessaire pour que l'étincelle électrique se maintienne constante.

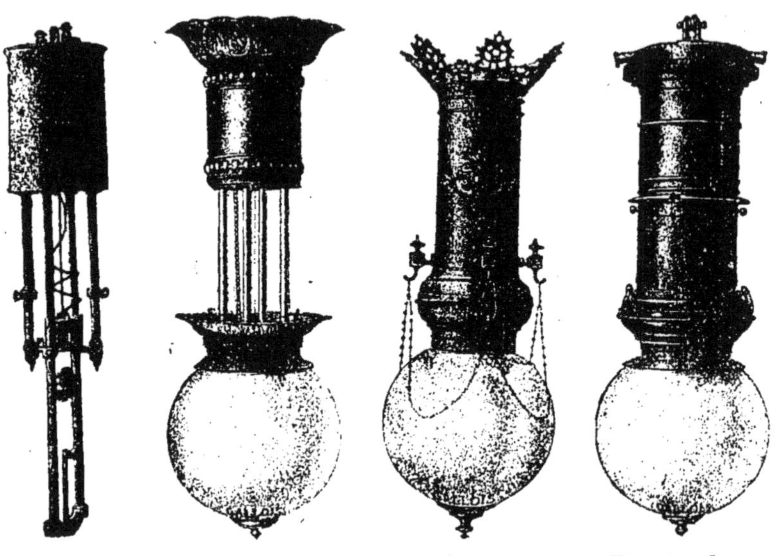

Fig. 51. — Mécanisme d'une lampe à arc.

Fig. 52. Fig. 53. Lampes à arc avec *habillages* pour l'intérieur.

Fig. 54. — Lampe hermétique pour l'extérieur.

Nous ne ferons pas ici la description des nombreux mécanismes de lampes à arc qui se trouvent dans le commerce, nous bornant à conseiller à nos lecteurs, quand ils achèteront des lampes à arc, de demander au fabricant des explications sur le fonctionnement et le mode de réglage de ses lampes. Demander aussi une garantie de longue durée pour le bon fonctionnement de ce mécanisme. Se défier des lampes à arc vendues d'occasion et dont les électro-aimants peuvent être brûlés ; n'achetez ces lampes qu'après un essai très sérieux fait sur le courant électrique.

Voici comment on connecte les lampes à arc sur le secteur de distribution du courant à 110 volts :

1° Par deux en tension avec rhéostat de réglage (1).

2° Par trois en tension, sans rhéostat ; sur le courant à 220 volts, les lampes à arc se montent par quatre ou cinq accouplées, de même que ci-dessus, en tension.

La consommation d'une série de lampes à arc accouplées *en tension* est la même que celle *d'une seule lampe*.

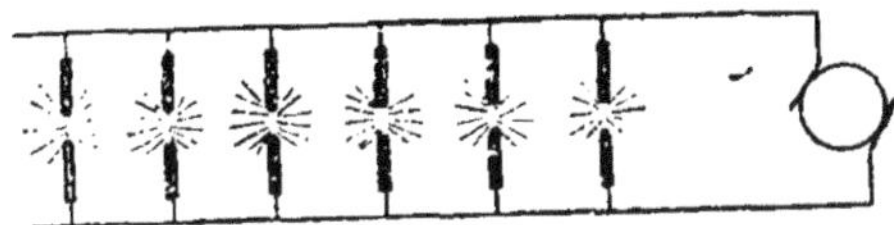

Fig. 55. — Lampes à arc montées en dérivation sur un circuit ; il faudrait ici un rhéostat de réglage à chaque lampe.

Ainsi, 2 lampes de 4 ampères sous 110 volts consomment 4 ampères pour les deux ;

3 lampes de 4 ampères sous 110 volts consomment 4 ampères pour les trois.

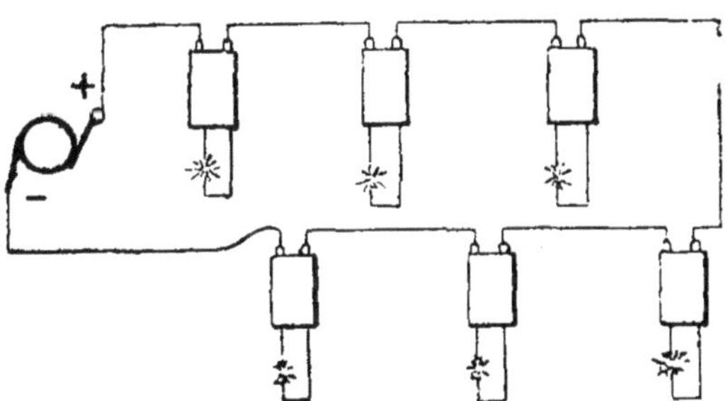

Fig. 56. — Six lampes à arc montées en tension sur courant de 220 volts, un seul rhéostat de réglage est nécessaire et suffisant.

Une seule lampe, qui nécessiterait un fort rhéostat, consommerait de même 4 ampères sans donner plus de lumière qu'une seule de celles mises par 2 ou 3 en tension, mais il y aurait une bonne partie du courant perdu dans le rhéostat ou résistance de réglage, car chaque lampe à arc n'exige qu'une

(1) Le rhéostat de réglage a pour but d'absorber l'excès de potentiel du courant électrique ; en effet, chaque lampe exige un potentiel ou voltage d'environ 35 à 40 volts, ce qui fait pour 2 lampes accouplées en *tension* 75 volts : si le courant du secteur est à 110 volts, le rhéostat doit donc absorber 110 — 75 = 35 volts. Trois lampes absorbent entièrement les 110 volts.

Mais le rhéostat ou résistance est fort utile car il permet de suppléer aux irrégularités de potentiel qui peuvent se produire sur le secteur de distribution.

tension de 40 volts environ ; c'est ce qui fait qu'on peut en faire fonctionner deux et même trois avec 110 volts, sans dépenser plus de courant que pour une seule lampe.

Le montage des lampes par trois est avantageux quand on dispose d'un courant très régulier et *d'au moins* 110 volts ; mais si le courant est sujet à baisser au-dessous de cette tension, ce qui peut arriver fréquemment dans une installation privée, où les machines ne sont pas surveillées comme dans un secteur public, les lampes par trois ne marchent pas ou fort mal ; aussi conseillerons-nous de n'adopter à la campagne que le montage par deux avec rhéostat de réglage.

Les lampes à arc peuvent être installées dans une grande cour de ferme, sans globes de verre, sous un simple abat-jour en tôle ; on les accroche à un câble passant sur une poulie pour pouvoir les descendre afin de changer facilement les charbons.

Deux lampes de 4 ampères éclairent fort bien 1000 mètres carrés de terrain, soit 50 mètres sur 20 mètres, et peuvent suffire à éclairer suffisamment pour la circulation 100 mètres sur 50 mètres, soit 5000 mètres carrés, en mettant les poteaux de support à des points convenables pour répartir la lumière régulièrement sur la surface totale du terrain à éclairer et en accrochant les lampes à des potences de six à sept mètres de hauteur.

Le courant *positif* doit arriver au charbon supérieur qui se creuse et forme réflecteur naturel de la lumière vers le sol. Le courant négatif arrive au charbon inférieur qui s'appointit naturellement.

Le charbon positif est choisi beaucoup plus gros que le négatif ; les deux charbons doivent être montés bien droits, exactement l'un en face de l'autre. Chaque constructeur indique la grosseur des charbons à employer pour les lampes à arc qu'il vend.

Prix des lampes à arc.—Les prix des lampes à arc sont assez variables selon les constructeurs et selon la longueur des charbons qu'elles peuvent employer (plus les charbons sont longs, plus la durée d'éclairage est grande) ; une bonne lampe à arc *nue*, c'est-à-dire sans habillage, ni abat-jour, ni globe, coûte de 70 à 80 francs ; l'enveloppe protectrice de la pluie avec abat-jour coûte environ 10 francs.

Prix des charbons. — Pour une longueur de 28 centimètres au plus, les prix varient de 10 à 25 centimes par pièce, pour des grosseurs variant de 6 millimètres à 15 millimètres de diamètre.

Lampes à incandescence. — Les *ampoules* électriques sont

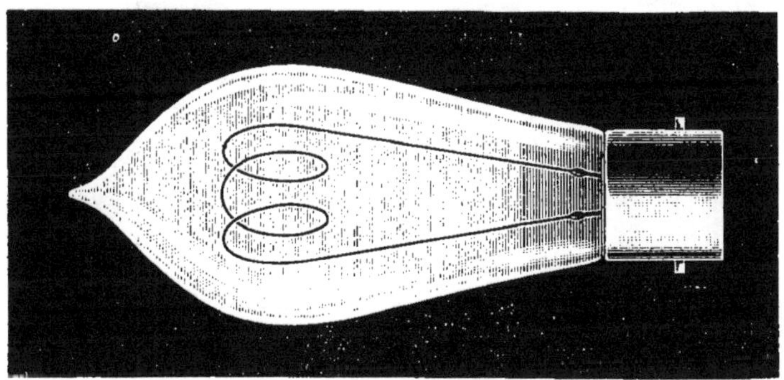

Fig. 57. — Lampe à filament de carbone.

connues de tout le monde ; la lumière y est produite par le passage du courant électrique dans un filament très mince de charbon ou d'un métal résistant à une haute température.

Si ce phénomène avait lieu à l'air libre, le charbon et n'importe quel métal brûleraient immédiatement ; mais on fait le *vide absolu* dans l'ampoule de verre et le filament, privé d'air, reste *rouge blanc éclatant* sans brûler.

Cependant les meilleurs filaments se désagrègent peu à peu sous l'influence de la haute température à laquelle ils sont soumis ; l'intérieur de la lampe se trouve donc noirci par des poussières très fines et l'intensité lumineuse diminue considérablement après une période variable entre 500 et 1000 heures d'éclairage, selon la qualité des lampes.

Les bonnes lampes à incandescence avec filament de carbone consomment entre 2,5 watts et 3 watts par bougie ; celles à filaments métalliques ne demandent guère que 1,5 watt par bougie ; certains constructeurs garantissent même *un watt par bougie.*

Cette économie de courant est fort intéressante malgré que les lampes à filaments métalliques soient de six à huit fois plus chères que celles à filament de carbone. On a vite fait de

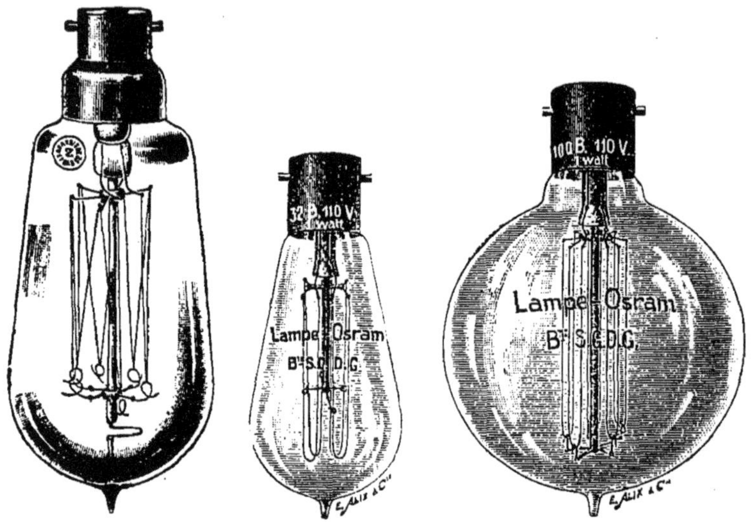

Fig. 58 Fig. 59. Fig. 60.
Lampes à filament métallique ne consommant qu'un watt par bougie.

rattraper le prix d'achat par l'économie de courant et même de réaliser un gain fort appréciable représentant plusieurs fois la valeur de la lampe quand il s'agit de fortes intensités lumineuses. C'est ce qui m'engage à conseiller l'emploi des lampes très économiques à filaments métalliques, surtout si l'on emploie une batterie d'accumulateurs avec laquelle le courant est relativement précieux : la lumière fournie par ces lampes est, du reste, plus belle et plus blanche que celle des lampes à filaments de carbone.

On construit les lampes à incandescence avec support à baïonnette ou support à vis (*Edison*). Adoptez la monture à baïonnette qui est généralement usitée en France.

Prix des lampes à incandescence (80 à 110 volts)

5 bougies filament de carbone	0 fr.	45
10 — — —	0	50
16 — — —	0	55
20 — — —	0	60
24 — — —	0	70
32 — — —	0	75
50 — — —	1	»
100 — — —	2	»

Les lampes de fantaisie subissent une majoration.

Lampes à filaments métalliques de

25 à 40 bougies environ	3 fr. 50 à 5 fr.
60 bougies	3 fr. 75 à 6 fr.
100 bougies	7 à 9 fr.

selon les constructeurs.

Fig. 61. — Support avec douille à vis Edison.

Fig. 62. — Douille à baïonnette avec interrupteur.

Fig. 63. — Douille à baïonnette montée sur plafonnier en porcelaine.

Le calcul de l'économie obtenue par l'emploi des lampes à filaments métalliques se fait ainsi :

1° Dépense d'une lampe à filament de carbone, de 32 bougies, consommant 2,5 watts par bougie : durée de la lampe 800 heures, prix d'achat, 0 fr. 75.

2,5 × 32 × 800 = 64000 watts à 0 fr. 70 par exemple le kilowattt, soit	44 fr. 80
Auxquels il faut ajouter le prix d'achat de la lampe.	0 75
Total	45 fr. 55

pour 800 heures d'éclairage.

2° Dépense d'une lampe à filament métallique, de 32 bougies, consommant 1 watt par bougie : durée de la lampe 800 heures, prix d'achat, 5 francs.

1 × 32 × 800 = 25600 watts à 0 fr. 70 le kilowatt, soit	17 fr. 92
Auxquels il faut ajouter le prix d'achat de la lampe	5
Total pour 800 heures	22 fr. 92

L'économie ressort donc à 50 0/0, ce qui est considérable.

Montage de lampes à incandescence. — Ces lampes sont montées en *dérivation* sur le secteur, c'est-à-dire que deux petits fils partent des deux conducteurs du courant et sont rattachés aux plots de la *douille* ou *support* dans lequel s'accroche la lampe ; il est inutile ici de se rendre compte des pôles du courant.

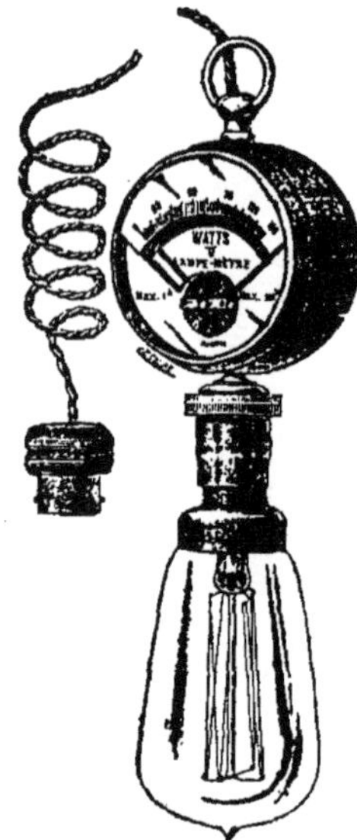

Fig. 64. — Le watts-lampe-mètre de la Cie F. A. C. indique immédiatement la consommation d'une lampe ; il se place sur le support même de la lampe au moyen d'un petit montage à baïonnette et d'un fil souple.

Faire bien attention, au montage des fils, qu'aucune partie du fil ne vienne toucher le métal de la douille, ce qui produirait un *court-circuit* fort désagréable.

La douille ou support se compose d'une partie en porcelaine et d'une partie métallique, les fils ne doivent toucher que la partie en porcelaine qui les isole l'un de l'autre.

On peut aussi monter les lampes en tension sur le circuit de distribution, en les accouplant l'une à l'autre de façon que le produit de leur potentiel égale le voltage du courant du circuit ; par exemple, on montera *en tension :*

2 lampes de 55 volts sur courant à 110 volts ;
2 lampes de 110 volts sur courant à 220 volts ;
5 lampes de 110 volts sur courant de 550 volts ;

ceci peut être utile dans certains cas.

Il est bien entendu alors que les lampes ainsi montées en

tension s'allument et s'éteignent toutes ensemble par le même interrupteur.

Lampes à vapeur de mercure. — Inventées il y a quelques années seulement, ces lampes donnent une éclatante lumière

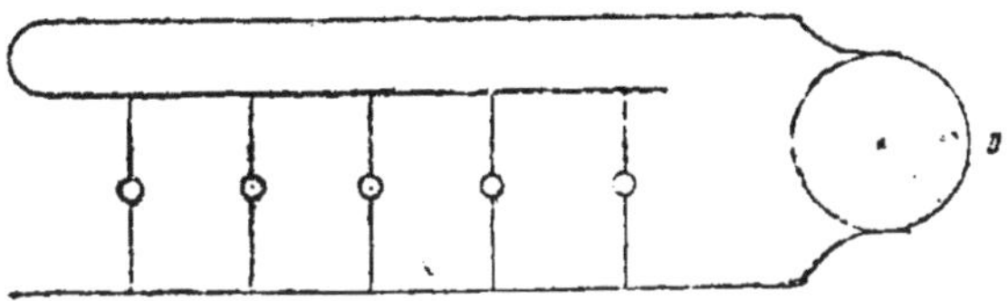

Fig. 65. — Les lampes se montent en dérivation sur le circuit de la dynamo.

blanche violacée qui est caractéristique et se prête à des effets décoratifs très remarquables.

Elles se composent d'un tube en verre allongé dans les deux extrémités fermées duquel sont soudées deux petites tiges métalliques reliées en *dérivation* aux câbles du secteur. Une petite quantité de mercure est enfermée dans le tube en verre où l'on a fait le vide parfait. Sous l'influence du courant électrique, le mercure se vaporise et ses vapeurs emplissant toute la capacité du tube donnent une belle lumière violacée d'un éclat intense.

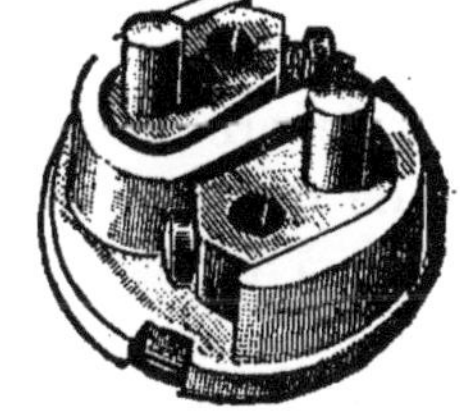

Fig. 66. — Pastille en porcelaine constituant la partie isolée des supports-douilles des lampes à incandescence.

Ces lampes, construites pour 100 à 200 bougies, sont intéressantes pour l'illumination des grands halls, des façades et des jardins. Leur prix, très variable selon les constructeurs, atteint 100 francs et plus. Leur consommation électrique est faible, moins d'un watt par bougie.

CHAPITRE VIII

LES APPAREILS DE CHAUFFAGE ÉLECTRIQUE

Le chauffage par l'électricité est réalisé en réunissant les deux câbles conducteurs d'un courant électrique, au moyen d'un fil métallique ou d'un corps conducteur qui s'échauffe par le passage du courant. Ce fil métallique ou ce corps conducteur doivent offrir une *résistance électrique* suffisante pour ne pas former *court-circuit* et pouvoir supporter sans s'oxyder ni brûler une chaleur suffisante et permanente.

Ce problème est solutionné d'une façon satisfaisante par une quantité d'appareils de chauffage électrique, depuis les fers à repasser et à souder, jusqu'aux grandes plaques radiantes pour le chauffage des appartements et des fours à cuire le pain et les aliments, en passant par les bouilloires, samovars, chauffe-plats, grils, etc., etc.

Celui qui dispose du courant électrique à la campagne peut donc, très facilement et pour sa plus grande commodité, se servir de ce courant pour le chauffage de petits appareils ou même d'une chambre, mais il s'agit de savoir quelle dépense entraînera ce luxe.

Tout dépend ici du prix de revient du courant électrique.

Le propriétaire qui dispose d'une chute d'eau, actionnant une puissante turbine et fournissant le courant électrique gratis d'un bout de l'année à l'autre, aura évidemment avantage et économie à installer partout le chauffage électrique ; ainsi, sans dépenser un centime de combustible, il aura le chauffage le plus hygiénique, le plus propre et le plus commode qui soit.

Mais, du moment qu'il faut brûler dans un moteur du charbon, du gaz ou du pétrole pour produire le courant électrique, il ne faut pas songer à employer économiquement ce courant pour le chauffage en grand, car le prix de la calorie électrique serait ici de six à dix fois le prix de la calorie obtenue en brûlant directement le charbon ou le pétrole dans la pièce à chauffer.

Fig. 67. — Appareil pour faire cuire six œufs, consommation 3-5 ampères sous 110 volts pendant 5 minutes.

Cependant il sera souvent agréable d'avoir à sa disposition un petit appareil de chauffage électrique dont la propreté et la rapidité d'action compenseront la dépense élevée de courant.

Fig. 68. — Radiateur électrique consommant 25 ampères sous 110 volts et chauffant une pièce de 70 mètres cubes environ.

Nous donnons ci-après la dépense en watts et en francs des divers appareils de chauffage électrique en comptant le courant au prix de 0 fr. 50 le kilowatt (1000 watts). Ce prix, qui est celui obtenu avec un bon moteur à essence, est relativement élevé.

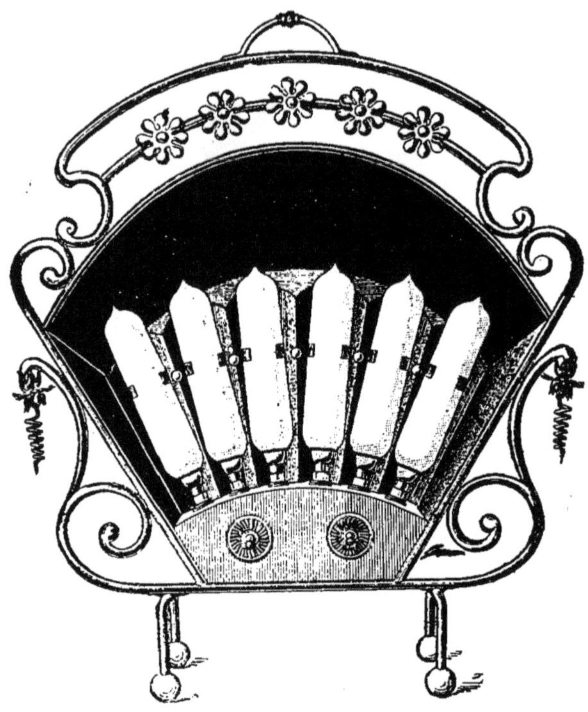

Fig. 69. — Radiateur à lampes chauffantes consommant 10 ampères sous 110 volts et chauffant environ 35 mètres cubes d'air dans une chambre.

Bouilloire, pour faire bouillir un litre d'eau : 100 watts-heure	0 fr. 05
Chauffe-fer à friser, pendant une demi-heure : 50 watts-heure	0 fr. 025
Chauffe-plats, pendant une heure : 250 watts-heure	0 fr. 125
Chaufferette, pendant une heure	0 fr. 05
Gril, pour cuire des côtelettes, 10 minutes : 100 watts.	0 fr. 05
Fer à repasser, par heure : 250 watts	0 fr. 125
Fer à souder, par heure : 300 watts	0 fr. 15
Pot à colle forte, par heure, 250 watts	0 fr. 125

Quant à la dépense nécessaire au chauffage des appartements, elle dépend naturellement de la température extérieure et peut varier entre 20 et 70 watts par mètre cube d'air à maintenir à une température constante de 15 degrés par exemple. Ce chauffage électrique doit être combiné avec une ventilation convenable des locaux, soit au moyen de canaux amenant l'air chauffé électriquement, soit au moyen de ventilateurs électriques disposés selon les indications d'un architecte compétent.

Fig. 70. Fig. 71.
Allumoir électrique et pile sèche de 4 éléments pour l'allumage par bobine d'induction.

Les *allumoirs électriques* ne sont pas, à proprement parler, des appareils de chauffage; ils produisent l'allumage d'une petite lampe à essence de pétrole par l'action d'une étincelle électrique. Cette étincelle est obtenue au moyen d'une bobine d'induction à laquelle le courant nécessaire est fourni par une *pile sèche*, une pile au *bichromate de potasse* ou encore un petit accumulateur d'allumage.

Le phénomène est analogue à ce qui se passe pour l'allumage électrique des moteurs à gaz.

CHAPITRE IX

LES SONNERIES ÉLECTRIQUES

La sonnerie électrique est constituée par un électro-aimant en fer à cheval devant les pôles duquel est un morceau de fer doux supporté par une lame de ressort plat qui tend constamment à écarter le fer doux de l'aimant. Une vis permet de régler la distance entre le fer et les pôles de l'aimant.

Le ressort et le fer doux sont prolongés par un marteau qui peut venir frapper le timbre de la sonnerie.

Le courant arrive de la pile au bouton d'appel, passe dans l'aimant puis à la vis et retourne à la pile par le ressort qui soutient la plaque de fer doux.

Si l'on appuie sur le bouton, le courant passe, l'électro-aimant attire aussitôt le fer ; mais à ce moment une interruption de courant se produit au point de contact du fer doux avec la vis ; l'électro-aimant cesse alors d'attirer le fer qui revient en contact avec la vis et le courant passe de nouveau ; le fer est attiré une seconde fois et les phénomènes précédents se reproduisent tant que l'on appuie sur le bouton d'appel.

Il en résulte une série de coups rapides sur le timbre.

On construit de très petites sonneries fonctionnant avec une ou deux piles Leclanché et de grosses cloches électriques dont la marche exige cinq ou six éléments *à sac*, mais qui s'entendent à plus de 100 mètres de distance.

Dans la suite de ce livre nous indiquerons les différents modes de montage des sonneries électriques dont nous donnons ci-après les prix avec le nombre d'éléments de piles nécessaires à leur fonctionnement.

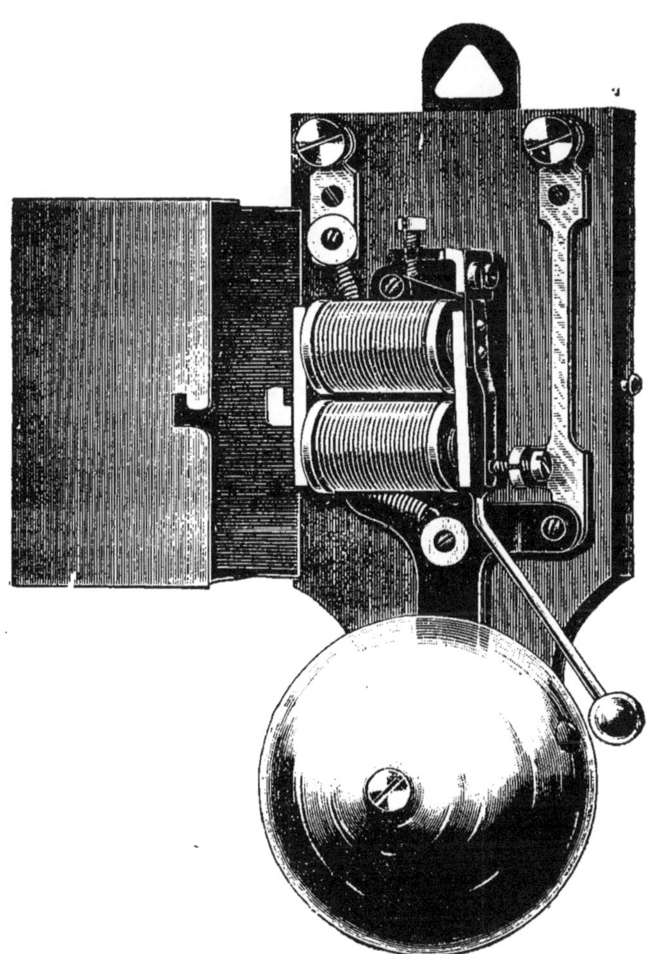

Fig. 72. — Détails de construction d'une sonnerie électrique ordinaire.

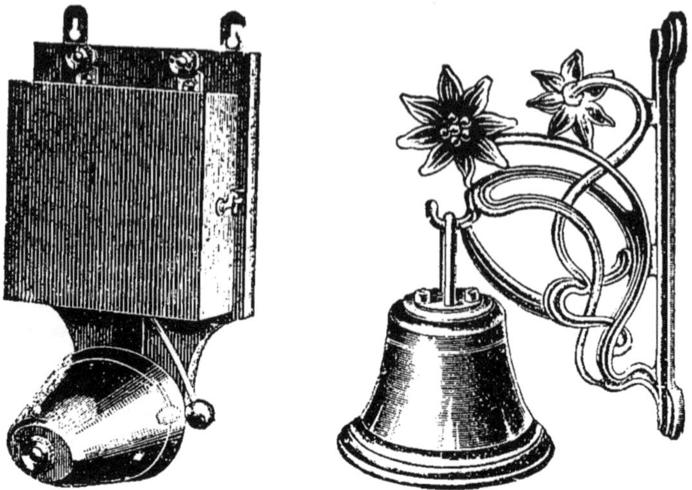

Fig. 73. — Sonnerie pour l'intérieur. Fig. 74. — Cloche électrique pour l'extérieur.

SONNERIES ÉLECTRIQUES

Diamètre du timbre, clochette ou grelot.	PRIX en francs	Nombre d'éléments de piles nécessaires pour un circuit de 100 mètres de fil.
5 centimètres........	2.50	2
6 —	3.50	2
7 —	4.50	2
8 —	5.50	2
10 —	7.50	3
12 —	9.50	3
15 —	17	3
18 —	23	3
20 —	31	4
25 —	46	4
30 —	57	4

CLOCHES POUR L'EXTÉRIEUR

DIAMÈTRE	PRIX en francs	Nombre d'éléments de piles nécessaires pour un circuit de 100 mètres de fil.
12 centimètres........	7.50	4
15 —	11	5
18 —	25	6
20 —	36	7
25 —	60	8

Nota. — Le nombre d'éléments indiqués ci-dessus doit être augmenté si la longueur du circuit est plus grande que 50 mètres, ou bien il faut employer le *relais* décrit ci-après.

Relais. — Lorsqu'une sonnerie doit fonctionner à une grande distance du bouton d'appel, à plusieurs centaines de mètres par exemple, la résistance du long circuit conduirait à employer une batterie de piles très importante ; on pare à cet inconvénient au moyen du petit appareil appelé *relais* qui se compose d'un électro-aimant relié au bouton et à la pile d'appel. Quand on appuie sur ce bouton d'appel, l'électro-aimant attire une lame de fer légère qui met en circuit la sonnerie et une pile spéciale dite pile de relais. Le circuit est alors très long entre l'électro-aimant et le bouton d'appel, mais l'attraction de l'armature exige peu de force, tandis que la sonnerie est desservie par un circuit très court dans lequel l'action de la pile de relais conserve toute sa valeur et donne à la sonnerie une sonorité beaucoup plus grande que si elle était actionnée par un circuit ordinaire.

Fig. 75. — Pile Leclanché pour sonneries électriques et téléphones. (*Société des Téléphones de Lyon*).

CHAPITRE X

LES TÉLÉPHONES

On sait que les téléphones transmettent la voix humaine et les sons en général au moyen d'un dispositif appelé *microphone* ; le microphone utilise les variations d'intensité que subit un courant électrique lorsqu'on le fait passer au travers de corps conducteurs posés les uns sur les autres et subissant des pressions variables.

Les microphones généralement employés maintenant sont constitués par une boîte plate en matière isolante dans laquelle sont placés des granules de charbon ; le courant d'une pile arrivant par un fil +, traverse les granules de charbon et sort par un fil —. Si l'on parle à proximité des parois de la boîte, les vibrations produites par le son se transmettent aux parois minces et font varier la pression des parcelles de charbon les unes sur les autres ; il en résulte des variations correspondantes du courant électrique. Ces variations de courant sont enregistrées par le récepteur téléphonique dans lequel une plaque mince est mise en vibration par les attractions d'intensité variable que lui fait subir le courant venant du microphone transmetteur. Le son se trouve ainsi reproduit.

Les appareils téléphoniques modernes destinés aux longues distances sont complétés par une bobine d'induction augmentant la puissance des courants fournis par la pile.

L'appareil d'appel est constitué par une sonnerie électrique et un bouton d'appel à chaque poste ; ce système d'appel

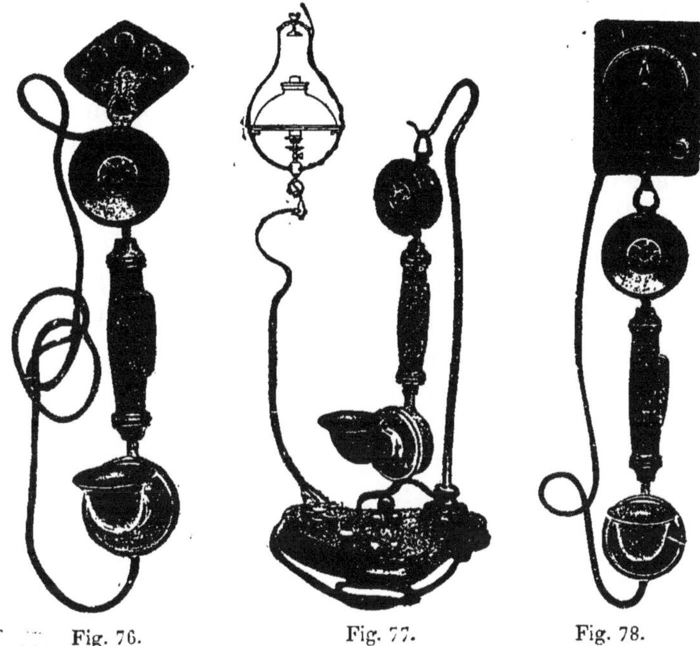

Fig. 76. Fig. 77. Fig. 78.

Fig. 79. Fig. 80.

Appareils de téléphonie domestique construits par la *Société des Téléphones de Lyon;* la figure 77 montre un petit appareil se branchant sur un bouton d'appel de sonnerie électrique d'appartement.

est mis automatiquement en position de service par le crochet qui supporte le récepteur téléphonique ; ce crochet est un véritable commutateur à deux directions qui donne la communication entre la sonnerie d'un poste et le bouton d'appel de l'autre poste, quand le récepteur est accroché ; quand le récepteur est décroché, le crochet susdit donne la communication de la ligne avec le microphone du poste.

Le bouton d'appel est aussi un commutateur à deux directions ; au repos, il donne la communication de la ligne avec la sonnerie du poste et, si l'on appuie sur lui, il coupe cette communication et envoie le courant de la pile du poste dans la sonnerie de l'autre poste.

Pour le fonctionnement de deux postes téléphoniques domestiques dans une maison, il suffit d'un ou deux éléments Leclanché à chaque poste avec deux fils de ligne, ou même de deux éléments à un seul poste avec trois fils de ligne. Pour les distances de quatre à cinq cents mètres qui peuvent se rencontrer dans l'installation de deux postes dans un domaine, il faut six à huit éléments à *sac* à chaque poste, soit trois éléments pour le microphone et quatre à cinq pour une forte sonnerie d'extérieur avec relai. (Voir à la fin de ce livre le montage des lignes et appareils téléphoniques.)

Le prix des appareils de téléphonie domestique varie de 12 à 40 francs par poste selon la perfection et l'élégance des appareils ; on construit même de simples téléphones s'adaptant au lieu et place des sonneries d'appartement et coûtant environ 20 francs les deux postes.

CHAPITRE XI

CONSEILS AUX OUVRIERS

Vêtements de l'Electricien. — Celui qui s'occupe spécialement des machines et des accumulateurs doit avoir des vêtements courts et non flottants, ni blouse, ni tablier qui pourraient se prendre dans les courroies et volants des machines.

Si l'on doit travailler longtemps dans la salle des accumulateurs, mettre des vêtements de laine, car l'acide des bacs attaque et brûle les toiles de lin, chanvre et coton, mais a une action à peu près nulle sur la laine.

Avoir par précaution des gants en caoutchouc pour le cas où l'on serait forcé de toucher à un fil ou contact non isolé.

Pour travailler sans danger sur les fils électriques. — Il arrive souvent que l'on est obligé, pour une réparation urgente, de toucher à des fils dans lesquels passe le courant électrique. En ce cas il faut d'abord *s'isoler de la terre* en montant sur une échelle de bois bien sèche ou sur un tapis de caoutchouc non mouillé ; on peut alors impunément toucher avec les mains nues un conducteur sur lequel est le courant de 110 et même 220 volts. Sous une plus haute tension, on devra d'abord s'isoler de la terre comme il est dit ci-dessus, puis mettre des *gants en caoutchouc.* Dans tous les cas il ne faut *jamais* toucher à la fois les deux conducteurs sous peine de graves accidents, car on provoquerait un court-circuit au travers des membres et du corps.

Note de l'auteur

Les quelques explications théoriques et pratiques que nous avons données dans cette première partie, sont absolument nécessaires à celui qui veut conduire lui-même une installation électrique. Nous avons, à dessein, réduit les théories des piles, dynamos et accumulateurs au strict nécessaire, en évitant tout ce qui eût été purement scientifique. Ceux de nos lecteurs qui voudront s'instruire davantage trouveront dans les livres spéciaux des théories plus profondes, mais s'ils ont bien compris ce que nous avons dit ici, ils en sauront assez pour comprendre et réaliser ce qui va suivre.

R. C.

Fig. 81. — Pressurage des fruits et des raisins par un moteur électrique à Oberaach (Suisse).

DEUXIÈME PARTIE

Installation de l'Usine génératrice

CHAPITRE PREMIER

ÉTUDES PRÉLIMINAIRES

Prix de revient du courant électrique. — Nous avons supposé, dans la préface de ce volume, que le moteur mécanique avait été installé à la ferme, à la villa ou bien au château dans le but principal de puiser l'eau nécessaire aux cultures et à l'alimentation. Dans mon livre *La Force motrice et l'Eau à la Campagne*, j'ai examiné la manière d'installer les moteurs à eau, à vent, à gaz ou à pétrole, en donnant tous les détails nécessaires, je ne reviendrai donc pas ici sur ce sujet et nous considérerons qu'un moteur existe et que nous n'avons qu'à mettre une courroie sur une poulie pour obtenir la puissance nécessaire à la dynamo génératrice d'électricité ; il nous restera seulement à examiner quelles conditions particulières crée la nature du moteur dont nous disposons pour actionner la dynamo.

Si nous considérons la question de l'emploi de l'électricité à la campagne au point de vue de l'économie d'argent qu'elle peut procurer tant pour l'éclairage que pour la force motrice, nous devons songer que le prix de revient du courant électrique est en rapport direct avec le prix de la force mécanique dont nous disposons. Nous aurons donc presque pour rien l'éclairage, la force motrice et même le chauffage électriques, si nous disposons d'une turbine à eau ou d'un puissant moulin à vent ; avec un moteur à gaz pauvre ou avec l'excédent de puissance d'une machine à vapeur pompant de l'eau, ce courant électrique sera encore très bon marché ; il coûtera un peu plus avec un moteur à gaz ou à essence, mais il constituera toujours une économie sur la force motrice animale.

Tableau comparatif des prix de revient du cheval-heure *de 75 kilogrammètres par seconde (soit 270000 kilogrammes élevés en une heure à un mètre de hauteur), selon la machine qui le fournit.*

Moulin à vent (graissage)	0 01
Turbine ou roue hydraulique (graissage) ..	0 01
Moteur à gaz pauvre (anthracite à 40 fr. la tonne et huile de graissage)............	0 04
Machine à vapeur (charbon à 30 fr. la tonne et huile de graissage)	0 06 à 0 10
Moteur à gaz (gaz à 25 centimes le mètre cube et huile de graissage)	0 15
Moteur à pétrole (pétrole à 30 centimes le litre et huile de graissage).............	0 16
Moteur à essence (essence à 40 centimes le litre et huile de graissage).............	0 23
Cheval attelé à un manège	0 60
Bras d'hommes	2 50
Piles électriques	5 »

Nota. — Les prix ci-dessus ne comprennent que la consommation d'essence, pétrole, anthracite ou charbon et d'huile de graissage ; ils ne comprennent pas les frais généraux tels que main-d'œuvre et surveillance, pour la bonne raison qu'à la campagne un jardinier intelligent pourra fort bien entretenir le moteur en bon état tout en faisant son travail ordinaire ; le moteur rend d'énormes services au jardinier en lui fournissant de l'eau sous pression pour l'arrosage à la lance, et le jardinier a généralement quelque reconnaissance à l'égard du moteur.

J'ai vu dans nombre d'installations à la campagne des moteurs conduits et entretenus d'une façon parfaite par le jardinier, c'est pourquoi je ne crois pas nécessaire de grever les prix ci-dessus de frais de main-d'œuvre.

Mais il est certain que l'on devrait ajouter à ces prix quelque chose pour l'amortissement des sommes dépensées à l'installation et aussi pour les réparations que le jardinier ne peut faire lui-même ; par exemple pour le réajustage des têtes de bielles qui prennent du jeu à la longue, le réalésage des cylindres qui est nécessaire après dix ou douze ans de service d'un moteur, les frais de peinture d'un moulin à vent ou d'une roue hydraulique, le détartrage des chaudières à vapeur, etc.

Si nous n'avons pas fait entrer ces choses en ligne de compte, dans le tableau comparatif ci-dessus, c'est qu'il y aurait de même à majorer les prix de la main-d'œuvre humaine ou du travail des animaux pour accidents, maladies, chômages forcés, vieillesse et mort, les machines vivantes ayant besoin d'être soignées et remplacées aussi bien que les moteurs mécaniques.

Le tableau ci-joint des prix de revient du *cheval-heure* fourni par divers moteurs nous permet de déduire, d'une façon très approchée et extrêmement simple, le prix de l'éclairage et de la force motrice électrique :

Une bonne lampe électrique de 10 bougies ne consomme pas plus de 20 watts ; or un cheval-vapeur doit nous donner *pratiquement* au moins 500 watts utilisables aux appareils d'éclairage ; il suffira donc de diviser par 250 le prix du cheval-heure pour avoir le prix de la bougie électrique, puisqu'un cheval-vapeur pourra éclairer 25 lampes de 10 bougies, soit 250 bougies en tout. Dans le cas d'un moteur à essence, l'éclairage d'une lampe de 10 bougies pendant une heure ne coûterait donc pas plus *d'un centime* et ce cas est le plus défavorable au point de vue de la dépense du moteur.

Quant à la force motrice électrique, il faut compter avec les pertes inévitables de courant dans les lignes, avec la double transformation de force qui s'effectue dans la génératrice puis dans le moteur électrique et aussi avec la perte de rendement due aux accumulateurs s'il y en a ; il ne faut donc pas admettre qu'un cheval-vapeur, fourni par le moteur mécanique, rendra plus d'un demi-cheval lorsqu'il sera restitué par le moteur électrique, actionnant un instrument quelconque de la ferme ou bien une pompe à eau éloignée de la petite usine principale.

Nous aurons donc, pour avoir le coût de ce *cheval électrique*, à *doubler* purement et simplement le prix de revient de la force motrice initiale. En nous reportant au tableau précédent, nous voyons que le prix de revient variera entre 2 centimes et 46 centimes par cheval-heure électrique, selon la nature du moteur mécanique primitivement adopté.

Mais nous remarquerons aussi que, même dans le cas le plus défavorable d'un moteur à essence, le prix de revient de la force électrique est encore de 25 pour cent moins élevé que celui de la force animale et du cinquième seulement de celui de la force humaine (1).

L'avantage économique à retirer d'une installation électrique à la campagne est donc certain dès qu'on a besoin de force motrice pour l'élévation de l'eau, le moteur ainsi installé fournissant l'électricité soit en même temps qu'il pompe l'eau, soit dans la période d'arrêt des pompes.

Calcul des besoins électriques dans une propriété à la campagne. — La première chose que doit faire le propriétaire qui désire installer l'électricité dans son domaine, grand ou petit, est de déterminer aussi exactement que possible les besoins qu'il a de lumière et de force motrice. Cette prévision permettra seule de calculer la force que le moteur mécanique devra fournir pour satisfaire à ces besoins.

Ceci se résume en peu de mots :

1° Nombre et force des lampes d'éclairage ;
2° Nombre et puissance des moteurs électriques.

Les *lampes à incandescence* les plus employées sont de 5, 10,

(1) Les secteurs urbains vendent le courant électrique au *kilowatt* ou 1000 *watts* et à l'*hectowatt* ou 100 *watts*. Nous voyons d'après ce qui précède, que le kilowatt revient à peu près au double du prix de la force motrice initiale comptée en chevaux-vapeur. Il suffit donc de doubler les prix du tableau ci-dessus pour obtenir les prix du kilowatt fourni par les divers genres de moteurs.

16, 20, 24, 32 et 50 bougies, et consomment 2 à 3 watts par bougie.

Les *lampes à arc* se montent par deux ou par trois *accouplées* sur le courant à 110 volts et consomment, selon les types, 3, 4, 5 ou 6 ampères sous 110 volts pour les deux ou trois lampes fonctionnant ensemble.

Les moteurs électriques se construisent dans toutes les forces, mais ceux usités dans la vie domestique sont de 1/25e de cheval à 10 chevaux, pour actionner toutes les machines, depuis le petit ventilateur d'appartement jusqu'aux machines à battre le blé; nous donnons ci-dessous un tableau indiquant le nombre de *watts* consommés par les moteurs de diverses puissances, depuis 3 kilogrammètres jusqu'à 10 chevaux.

Nous aurons ainsi toutes les données nécessaires au calcul de la consommation électrique d'une installation complète.

Consommation électrique des moteurs de :

3 kilogrammètres	65 watts
6 —	110 —
15 —	240 —
25 — (1/3 de cheval)	370 —
2/3 de cheval	650 —
1 cheval ou 75 kilogrammètres	1000 —
2 chevaux	1850 —
3 chevaux	2500 —
4 chevaux 1/2	4000 —
7 chevaux	6000 —
10 chevaux	8000 —

Nota. — On remarquera dans ce tableau que le rendement des très petits moteurs est moins bon que celui des plus grands; c'est ainsi que le moteur de 3 kilogrammètres consomme 65 × 25 = 1625 watts pour fournir 75 kilogrammètres ou un *cheval-vapeur*, tandis que le moteur de 10 chevaux n'exige que 800 watts par cheval-vapeur.

Pour donner une idée exacte de la manière dont on doit calculer la force électrique nécessaire à une installation, nous allons supposer le cas le plus général où il faut alimenter d'électricité une ferme importante avec maison d'habitation et communs de toutes sortes, et nous ferons ainsi le compte des *watts* nécessaires :

1° *Ferme*

Entrée de la cour de ferme, 1 lampe de 10 bougies	20 watts.
Grande cour de la ferme, 3 lampes à arc de 4 ampères sous 110 volts.	440 —
Ecuries des chevaux, 2 lampes de 10 bougies. .	40 —
Ecuries des bœufs, 4 lampes de 5 bougies	40 —
Ecuries des porcs, 1 lampe de 5 bougies	10 —
Poulailler, 1 lampe de 5 bougies	10 —
Pigeonnier, 1 lampe de 5 bougies	10 —
Remise des voitures, 2 lampes de 10 bougies .	40 —
Granges, 4 lampes de 5 bougies	40 —
Logement du fermier, 3 lampes de 10 bougies .	60 —
et 4 lampes de 5 bougies	40 —
Chambres des valets de ferme, 6 lampes de 5 bougies	60 —
Cellier et caves vigneronnes, 10 lampes de 5 bougies	100 —
Water-closet, 1 lampe de 5 bougies	10 —
Imprévu, 5 lampes de 5 bougies	50 —
Total pour l'éclairage de la ferme	970 watts.

2° *Moteurs de la Ferme*

Moteur pour baratte à beurre, 15 kgm.	240 watts.
Moteur pour écrémeuse, 2/3 de cheval	650 —
Moteur pour hache-paille, coupe-racines, meule à aiguiser et autres outils fonctionnant sur une même transmission, 2 chevaux	1900 —
Moteur pour machine à battre le blé, 4 chevaux 1/2	4000 —
Moteur pour pomper l'eau d'un puits, 2/3 de cheval	650 —
Total pour les moteurs de la ferme	7440 watts.

3° *Maison d'habitation*

Porche de la cour d'honneur, 2 lampes de 16 bougies	64 watts.
Cour d'honneur, 2 lampes à arc de 5 ampères sous 110 volts	550 —
Porte d'entrée, 1 lampe de 16 bougies	32 —
Vestibule ou hall, 4 lampes de 10 bougies	80 —
Escalier des maîtres, 4 lampes de 10 bougies .	80 —
A reporter	806 watts.

Report........	806	watts
Corridors, 6 lampes de 5 bougies	60	—
Escalier des domestiques, 2 lampes de 5 bougies	20	—
Escalier de la cave, 1 lampe de 5 bougies	10	—
Cave, 2 lampes de 10 bougies	40	—
Cour des communs, 2 lampes de 10 bougies ..	40	—
Ecurie des chevaux des maîtres, 2 lampes de 10 bougies	40	—
Loge du portier, 2 lampes de 5 bougies	20	—
1 lampe de 10 bougies	20	—
Logements des domestiques, 5 lampes de 5 bougies	50	—
Logement des cochers et palefreniers, 3 lampes de 5 bougies......................	30	—
Chenil, 1 lampe de 5 bougies	10	—
W.-C. des domestiques, 1 lampe de 5 bougies .	10	—
Cuisines, 4 lampes de 10 bougies	80	—
1 ventilateur de 3 kgm.	65	—
Office, 1 lampe de 10 bougies	20	—
Réfectoire des domestiques, 2 lampes de 10 bougies	40	—
Buanderie, 1 lampe de 10 bougies	20	—
Lingerie, 2 lampes de 16 bougies	64	—
1 moteur pour la machine à coudre 6 kgm. . . .	110	—
Grand-salon, 10 lampes de 16 bougies	320	—
4 lampes de 32 bougies	256	—
Petit salon, 8 lampes de 10 bougies	160	—
Fumoir, 4 lampes de 10 bougies	80	—
Billard, 2 lampes de 16 bougies sur le billard .	64	—
4 lampes de 5 bougies au plafond	40	—
Salle à manger, 3 lampes de 16 bougies sur la table	96	—
4 lampes de 10 bougies aux angles du plafond	80	—
Chambres à coucher des maîtres pour 6 chambres : 12 lampes de 10 bougies	240	—
3 cabinets de toilette, 6 lampes de 10 bougies .	120	—
Salle de bains, 2 lampes de 5 bougies	20	—
W.-C. des maîtres, 1 lampe de 10 bougies.....	20	—
2 ventilateurs de 3 kgm, au fumoir et salle à manger	130	—
Serres, 6 lampes de 10 bougies	120	—
Véranda ou jardin d'hiver, 10 lampes de 10 bougies	200	—
Jardins, 20 lampes de 16 bougies	640	—
etc., selon les nécessités des locaux.		
Imprévu, 10 lampes de 10 bougies.	200	—
Total pour la maison d'habitation et les communs	4341	watts.

Si nous supposions tous les appareils d'éclairage et tous les moteurs en service à la fois, nous aurions donc à fournir :

Pour l'éclairage de la ferme	970 watts.
Pour les moteurs de la ferme	7440 —
Pour la maison d'habitation	4341 —
Soit un total de	12751 watts.

dont la production exigerait une force initiale de 22 chevaux au moteur mécanique entraînant la dynamo génératrice.

Mais il y a lieu de considérer que *jamais* tous les appareils d'utilisation ne seront mis en service en même temps ; par exemple, quand on battra le blé, pour lequel il faut une force de 4000 watts, on s'arrangera pour ne pas illuminer en même temps *a giorno* la maison d'habitation, le battage du blé étant un travail exceptionnellement dur au point de vue de la consommation d'électricité.

De même, quand les jardins et les salons seront illuminés, les chambres à coucher ne seront point éclairées et les moteurs de la ferme seront au repos.

Dans une très importante installation électrique, aussi bien que dans une toute petite, il est naturel et sage de prévoir que la moitié seulement des appareils d'utilisation du courant travaillera à un moment donné et, dans le cas présent, il suffira, croyons-nous, de calculer les machines génératrices pour un débit maximum de 6000 watts, pour être à l'abri de tout manque de courant (1).

A part les réserves faites dans le renvoi ci-dessous, nous allons voir quelles sont les machines et accumulateurs néces-

(1) Je ferai observer ici que dans une installation de force motrice à la campagne il faut autant que possible faire commander directement, par le moteur mécanique, les grosses machines. C'est ainsi que dans tous les cas possibles, les grosses pompes d'élévation des eaux d'irrigation seront placées près du moteur, que celui-ci soit un aéromoteur, une turbine ou une machine à gaz ou à vapeur ; la transmission électrique de force motrice ne sera ainsi employée que pour la commande des petits moteurs de la ferme ou des petites pompes à eau potable.

Dans l'installation que nous étudions ici, il y aurait un grand intérêt à placer a machine à battre le blé à proximité du moteur mécanique et à la commander directement par une courroie ; cela simplifierait l'installation électrique et en diminuerait notablement le coût. C'est ainsi que la dépense totale tomberait à 8751 watts et qu'il suffirait de prévoir des machines donnant seulement 4000 watts pour être à l'abri de tout manque de courant. L'économie porterait non seulement sur l'achat de la dynamo et de la batterie d'accumulateurs, mais aussi sur

saires pour nous procurer les 6000 watts qui assureront l'éclairage électrique et la force motrice dans toutes les parties de la ferme et de l'habitation.

Calcul des divers éléments d'une petite usine électrique. — Ayant déterminé la quantité d'électricité dont nous avons besoin, nous devrons prendre une décision sur la *nature* du courant que nous adopterons et sur sa *tension* ou *voltage.*

Nous avons dit (chapitre V, première partie), que nous donnerions la préférence au *courant continu*, c'est-à-dire au courant électrique dont le sens reste constant ; ce courant continu permet seul la charge des accumulateurs et si nous adoptions le courant alternatif, nous serions dans la nécessité d'installer un transformateur très coûteux pour la charge de la batterie d'accumulateurs dont on ne peut guère se passer, même si l'on a une turbine à eau tournant jour et nuit. Il y a en effet des moments d'arrêt forcés de la turbine et des moments où le débit de la dynamo, commandée directement par la turbine, est insuffisant ; la batterie d'accumulateurs est alors fort utile pour combler le déficit momentané.

Au sujet du choix de la tension ou voltage du courant, nous ne la prendrons ni trop faible, ce qui oblige à des fils de très gros diamètre dans tout le circuit de distribution, ni trop forte, ce qui rend le courant électrique dangereux pour les personnes et les animaux.

La tension à 110 volts, généralement admise dans les secteurs urbains d'éclairage, réalise bien ces *desiderata.* Le courant de 110 volts nécessite, il est vrai, des fils d'assez gros diamètre, pour les *feeders* ou câbles principaux de la distribution ; il nécessite aussi une batterie d'accumulateurs assez encom-

les câbles du circuit extérieur qui seraient moins gros ; il y aurait encore l'économie par suppression du moteur électrique de 4 chevaux 1/2. Toutes ces économies réunies se chiffreraient par *cinq mille francs environ* ; cela en vaut la peine.

En règle générale, placez donc près du moteur mécanique toutes les grosses machines autant que cela sera possible, la transmission mécanique directe par une courroie ayant un rendement au moins 30 pour cent plus élevé que la meilleure transmission électrique.

L'observation ci-dessus perd évidemment une grande partie de sa valeur dans le cas spécial où la force motrice est gratuite (turbine ou aéromoteur), les considérations de commodité dans l'installation primant alors toute économie de courant électrique, celui-ci ne coûtant à peu près rien.

brante, de 60 à 62 bacs, mais la tension modérée de ce courant est incapable de produire ni une électrocution ni même un malaise chez les personnes ou les animaux qui se trouveraient par hasard en contact momentané avec un fil ou une prise de courant non isolés. Les courts-circuits dans le courant de 110 volts ne sont pas non plus très dangereux ; il n'en serait pas de même sur tous ces points avec le courant de 220 volts dont nous jugeons la tension trop élevée pour une installation destinée à être entretenue par un jardinier ou un ouvrier de la campagne et non par des électriciens de profession.

D'un autre côté, on trouve partout et facilement les lampes et l'appareillage correspondants au courant de 110 volts et pas toujours ceux spéciaux aux autres tensions.

Toutes ces raisons militent en faveur de l'adoption du 110 volts dans l'installation de l'éclairage et de la force motrice dans un domaine d'une certaine importance.

S'il ne s'agissait que d'une toute petite villa ne nécessitant que quelques dizaines de petites lampes, sans force motrice électrique, on se contenterait avantageusement d'un courant de 80, 70, et même 50 volts ; il y aurait ici économie sur la batterie d'accumulateurs, cette dernière ne comportant pour 50 volts que 30 éléments, mais nous ne conseillons l'adoption de ces voltages réduits que pour les petites installations où l'on ne doit fournir l'éclairage qu'à une douzaine de chambres par exemple, ce qui comporte une cinquantaine de petites lampes à incandescence, dont la moitié au plus est allumée à la fois.

Pour le cas général, nous adopterons donc le courant continu à la tension de 110 volts, ce qui va nous permettre de calculer de suite la force de tous les éléments de l'usine génératrice, sachant ce que celle-ci doit nous fournir de *watts*.

Nous avons trouvé ci-dessus, pour l'éclairage et la force motrice dans la ferme et la maison d'habitation, qu'il nous fallait pouvoir faire face à une consommation de 6000 watts ; en divisant ce nombre par le voltage 110, nous obtiendrons le nombre d'*ampères*, c'est-à-dire l'*intensité* du courant que devront fournir les machines :

6000 **w.** : **110** v. = 54 ampères.

Ces 54 ampères sous 110 volts devront nous être donnés par le concours de la dynamo génératrice et de la batterie d'accumulateurs.

Ici, nous devons examiner dans quelles conditions la dynamo et la batterie peuvent travailler simultanément ou isolément pour fournir cette quantité de courant.

1° Si nous voulons aller à l'économie et supposer que rarement nous aurons besoin de 54 ampères (ce qui est exact jusqu'à un certain point, en admettant un contrôle sévère empêchant le gaspillage du courant électrique par les uns et les autres), nous calculerons la dynamo et la batterie d'accumulateurs de façon que l'une et l'autre réunies puissent, à un moment donné et pendant six heures, par exemple, fournir les 54 ampères nécessaires : soit 27 ampères pour la dynamo et 27 ampères pour la batterie débitant toutes deux ensemble dans le circuit extérieur.

Mais, après cette période d'effort exceptionnel, la batterie sera déchargée à peu près complètement et nécessitera un laps de temps de 7 à 8 heures pour sa recharge, temps pendant lequel tout le débit de la dynamo sera absorbé à cette recharge.

Ainsi que nous le disions plus haut, un calcul aussi étroit de la dynamo et de la batterie oblige à un contrôle sévère du débit et de la conduite de l'installation, ce qui est très possible quand on a à faire à des gens intelligents et soigneux.

Remarquons ici que dans le cas d'une turbine qui tourne sans frais jour et nuit, cette solution serait très acceptable, car la batterie déchargée se rechargerait peu à peu par le débit constant de la dynamo, après les 6 heures de travail excessif à 54 ampères, de sorte que le lendemain la dynamo et la batterie pourraient de nouveau fournir 54 ampères pendant 6 heures consécutives.

La dépense d'achat des machines serait ici :

Pour la dynamo	440 fr.	510 fr.
Pour sa glissière	30	
Pour son rhéostat	40	
Pour la batterie :		
60 éléments de 180 ampères à 43 fr. l'un.....		2580 fr.
Total		3090 fr.

La puissance disponible au moteur devrait être de 5 chevaux.

(Nous ne comprenons pas ici les frais d'installation, mais seulement les prix d'achat, pour pouvoir établir une comparaison avec les prix ci-après.)

2° Un autre procédé de calcul serait de considérer la dynamo comme la principale source électrique à laquelle on prendra toujours directement dans les grands besoins et de ne voir dans la batterie d'accumulateurs qu'un secours ou *tampon*, destiné à fournir aux petits besoins domestiques pendant les arrêts de la génératrice.

Ceci nous conduit à acheter une dynamo débitant au moins 54 ampères ; cette machine chargera rapidement la batterie d'accumulateurs de 180 ampères-heure et fournira en même temps l'électricité à la ferme et au château ; aux plus gros besoins, elle pourvoira seule, réservant la batterie pour les heures de faible consommation.

Cette solution sera très acceptable dans le cas où l'on possèdera un fort moteur à pétrole ou à gaz pauvre ou bien une machine à vapeur qui ne sont mis en route que quelques heures par jour pour pomper l'eau d'arrosage et aux heures du gros travail de la ferme.

Il conviendra cependant de conserver à la batterie d'accumulateurs une capacité assez importante à cause de l'éclairage du soir dans la maison d'habitation.

La dépense d'achat des machines serait, dans le cas ci-dessus :

Pour la dynamo	730 fr.
Pour sa glissière	42
Pour son rhéostat	45
Pour la batterie :	
60 éléments de 180 ampères à 43 fr. l'un	2580
Total	3397 fr.

la puissance disponible au moteur devrait être en ce cas de 11 chevaux.

Remarquons ici que cette solution est plus avantageuse que la première au point de vue du prix de revient du courant électrique ; en effet, le courant fourni directement par la dynamo revient à 25 0/0 moins cher que celui restitué par la batterie d'accumulateurs.

Dans le cas où la force motrice est onéreuse, il vaudra donc mieux dépenser quelque chose de plus pour l'installation d'une forte génératrice ; ceci sera récupéré largement dans la suite par les économies constantes sur le prix du courant électrique.

3° Enfin le procédé le plus large est évidemment de disposer d'une batterie d'accumulateurs suffisamment puissante pour fournir n'importe à quel moment tout ce qu'il faut de courant à notre ferme et à notre château. Si vous ne comptez pas avec quelques billets de mille francs, adoptez donc le moteur puissant, la puissante dynamo capable de charger en six heures une batterie de 540 ampères qui pourra vous donner pendant dix heures consécutives le débit maximum prévu sans que vous deviez pour cela faire tourner votre moteur.

La dépense d'achat des machines serait en ce cas :

Dynamo de 120 ampères pour charger en 6 heures la batterie de 540 ampères	1100 fr.
Sa glissière	55
Son rhéostat	55
Batterie de 550 ampères, 60 bacs à 110 fr. l'un .	6600
Total	7810 fr.

La puissance disponible au moteur devrait être de 22 chevaux pendant la charge de la batterie.

Donc, nous pouvons nous procurer les 54 ampères que nous avons prévus nécessaires à un moment donné, en dépensant pour l'achat des machines électriques :

Soit	3090 fr.	avec une puissance motrice de	5	chevaux
—	3397	—	11	—
ou	7810	—	22	—

Notons, en passant, que la progression de la dépense dans l'achat des appareils électriques sera suivie d'une augmentation proportionnelle dans les frais d'installation de la dynamo et de la batterie d'accumulateurs, ainsi que dans le coût des organes de transmission mécanique, l'achat des tableaux de distribution et des câbles reliant la dynamo et les accumulateurs à ces tableaux. Seul le circuit extérieur devra être calculé toujours pour transmettre 54 ampères et son prix ne changera pas.

La solution économique sous le rapport du prix d'achat des machines est un peu juste sous le rapport des réserves de courant électrique : elle oblige à faire tourner souvent et longtemps le moteur mécanique ; elle est parfaite dans le cas d'une turbine ou d'une roue à eau dont la marche permanente ne coûte rien.

Dans le cas d'un moteur à gaz, à pétrole ou à vapeur, la deuxième ou la troisième solution doivent être préférées à la première, cela est évident.

Ainsi qu'on en peut juger par l'exemple qui précède, le calcul des divers éléments d'une petite usine électrique présente une grande élasticité ; il se résume en peu de mots :

1° Détermination du nombre de watts nécessaires au service total de l'installation ;

2° Détermination de la puissance de la dynamo et de la batterie en choisissant l'une des trois solutions :

a) Débit simultané maximum par la dynamo et la batterie ;

b) Débit total par la dynamo, la batterie étant réservée pour les seuls besoins d'éclairage ;

c) Débit total par la dynamo ou par la batterie.

Entre chacune de ces solutions il y a de la marge pour adopter des solutions mixtes qui seront certainement satisfaisantes en participant des qualités du système supérieur.

Considérations sur la nature et la puissance du moteur. — Les moteurs ne sont pas également aptes à la production de l'électricité, car ils n'ont pas tous au même degré la régularité de marche que l'on doit ici rechercher.

C'est ainsi que les constructeurs ont rencontré de sérieuses difficultés dans la commande des dynamos par les aéromoteurs ou turbines atmosphériques, vulgairement appelés moulins à vent. Ces appareils offrent, en effet, de grandes variations de vitesse dans des laps de temps très courts, aussi ne peut-on songer à les employer à la production de l'électricité que dans des cas assez rares, lorsque les conditions topographiques et climatériques du pays assurent des vents à peu près constants, ce qui se rencontre surtout dans les grandes plaines et au bord de la mer. Le courant électrique produit par un moulin à vent ne peut jamais être employé directement à l'éclairage, car sa tension est trop variable ; il faut charger une batterie d'accumulateurs que l'on entoure des appareils nécessaires à la régularisation de la charge ; c'est ainsi que l'on emploiera dans ce cas une dynamo *compound*, dont la tension reste à peu près constante malgré d'assez grands écarts de vitesse, un disjoncteur-conjoncteur à maxima et minima qui interrompra le courant si la tension descend ou monte au-delà de certaines limites, et même un rhéostat régulateur automatique ou un coupleur automatique faisant varier le nombre d'éléments en charge selon la tension du courant de la dynamo.

La complication de ces appareils, l'inconstance du vent et, par suite, de la charge de la batterie d'accumulateurs, font que les aéromoteurs sont fort peu employés pour la production de l'électricité ; ils rendent au contraire de grands services pour l'irrigation.

L'installation de la commande d'une dynamo par turbine atmosphérique nécessitera toujours l'intervention d'un ingénieur très compétent et habitué à ce genre de travaux.

Les machines à eau, roues hydrauliques ou turbines, sont d'excellents moteurs pour dynamos, quoique leur vitesse soit sujette à des variations assez fréquentes provenant de l'inconstance du débit des cours d'eau.

On doit chercher à remédier à cet inconvénient par tous les moyens que la technique moderne met à notre disposition :

1° Par l'établissement d'un bief d'amont de grande capacité toutes les fois que cela est possible ; on forme ainsi un réservoir collecteur d'eau et régulateur du débit du cours d'eau ; ce réservoir permet, au moment des basses eaux, d'accumuler l'eau pendant les heures où l'on n'a pas besoin de courant électrique. En ne faisant tourner la dynamo que six heures sur douze par exemple, on a pendant ces six heures la possibilité de charger totalement la batterie d'accumulateurs à un régime régulier.

Dans le cas de l'éclairage direct par turbine ou roue hydraulique, et surtout si ces appareils commandent d'autres machines telles que pompes, meules de moulin, etc., il est nécessaire de prévoir soit un régulateur automatique des vannes d'eau, soit un régulateur automatique du champ magnétique, ou excitation, de la dynamo ; en effet, les irrégularités de vitesse de la turbine peuvent provenir aussi bien du débit inconstant du cours d'eau que des variations du travail qui lui est imposé.

Dans un moulin à blé, par exemple, si l'on embraye une paire de meules, il en résulte un ralentissement de la roue hydraulique ; quand on débraye une paire de meules, la roue hydraulique accélère d'un seul coup sa vitesse.

Malgré l'emploi de dynamos *compound* et *hypercompound*, ces variations considérables du moteur produisent des chutes et des élévations de potentiel du courant électrique qui seraient tout à fait intolérables si l'on n'y remédiait par l'emploi des appareils automatiques indiqués plus haut.

Si la turbine est employée à charger une batterie d'accumulateurs, un conjoncteur-disjoncteur automatique suffira généralement à assurer une charge convenable et régulière de la batterie qui fournira de son côté un voltage régulier au circuit d'éclairage.

Les machines à vapeur, les moteurs à gaz de ville, gaz pauvre, alcool, pétrole ou essence, qui sont tous munis de régulateurs à boules centrifuges, ont une marche absolument régulière et une vitesse constante quels que soient les écarts de charge de leurs poulies de commande.

Ils conviennent aussi bien pour la charge des batteries d'accumulateurs que pour l'éclairage direct ; il est cependant nécessaire de les munir de *volants lourds* spéciaux pour le cas de l'éclairage électrique, afin d'éviter que les coups de piston ne se fassent sentir par une légère variation périodique du voltage, ce qui produit un sautillement désagréable de la lumière.

Quand vous achetez un moteur pour commander une dynamo, il suffit de le spécifier au constructeur pour qu'il fournisse ce moteur muni de ces volants lourds spéciaux.

Les moteurs à grande vitesse, machines à vapeur type *pilon* ou moteurs d'automobiles, conviennent spécialement à la commande par accouplement direct des dynamos d'éclairage. Ils donnent une lumière parfaitement fixe même par éclairage direct ; ces moteurs doivent être munis d'un régulateur très sensible. On construit maintenant des *groupes électrogènes* peu encombrants et de fonctionnement régulier et parfait qui conviennent absolument à la campagne.

Certains de ces appareils sont installés avec tous leurs accessoires sur un chariot qui forme ainsi une véritable usine électrique transportable partout où l'on peut avoir besoin de force motrice ou de lumière électrique.

Nous avons donné des détails sur les prix et l'installation de tous les moteurs dans le livre de la *Force motrice et l'Eau à la campagne* et nous prions nos lecteurs de s'y reporter.

Quelle que soit la nature du moteur, sa puissance doit être largement suffisante à la commande de la dynamo, celle-ci n'ayant un plein rendement que si elle a exactement la vitesse indiquée par son constructeur. Le moteur ne doit donc pas *peiner* pour entraîner la dynamo, car il en résulterait une irrégularité et une baisse de vitesse de la dynamo.

Il faut aussi compter avec la résistance des transmissions mécaniques entre le moteur et la dynamo. Quand le moteur commande directement la dynamo au moyen d'une seule courroie entraînée par le volant même du moteur, la perte de travail par la courroie est minime, elle doit cependant être comptée de 10 0/0 de la puissance transmise ; mais quand la transmission se fait par un ou deux arbres intermédiaires ou renvois et plusieurs courroies, il faut compter 20 0/0 de la puissance transmise, pour être dans le vrai.

Ainsi donc, on devra compter qu'une dynamo indiquée par le constructeur comme absorbant 10,5 chevaux par exemple, nécessitera une puissance d'au moins 12 chevaux du moteur mécanique, pour fonctionner d'une façon irréprochable.

Si l'on désire installer une dynamo commandée par un moteur déjà en place, on devra se rendre compte de la puissance disponible sur ce moteur qui commande déjà d'autres machines, par exemple une forte pompe.

Si nous supposons un moteur de 6 chevaux commandant une

pompe qui absorbe un cheval et demi, il ne reste disponible que quatre chevaux et demi, ce qui ne permet que de commander une dynamo de 18 ampères 110 volts absorbant 3,4 chevaux il reste 1 cheval pour la résistance des transmissions et l'élasticité de la marche du moteur. Ainsi la pompe et la dynamo pourront fonctionner simultanément, ce qui permettra de charger la batterie d'accumulateurs en même temps qu'on remplira les réservoirs d'eau.

Lorsqu'on dispose d'une chute d'eau, il faut se rendre un compte exact de la puissance disponible et calculer les turbines et dynamos plutôt un peu au-dessous de cette puissance qu'au-dessus, toujours afin d'assurer à la dynamo la vitesse suffisante. Il faut songer ici, en effet, que le débit de la chute d'eau étant limité par la nature, si l'on place une turbine trop forte elle ne prendra pas sa vitesse normale, la quantité d'eau qui l'alimentera étant insuffisante ; on aura donc de ce fait un mauvais rendement de la turbine et une incertitude dans la vitesse de la dynamo.

S'il s'agit d'installer un moteur à gaz ou à vapeur dont on peut choisir à volonté la puissance, il faut toujours l'acheter plus fort qu'il n'est nécessaire pour les besoins du moment ; il en est de même pour la dynamo génératrice : en effet, lorsqu'on crée une installation électrique à la campagne, on aurait tort de se baser, pour ses calculs, sur les seuls besoins du moment. Il faut prévoir en effet, que l'utilité et l'agrément de l'électricité inciteront le propriétaire à augmenter peu à peu le nombre des lampes et des moteurs électriques.

Il arrivera ainsi fatalement qu'après quelques années, ou même quelques mois, la quantité de courant dont on disposera sera devenue tout à fait insuffisante pour les besoins nouveaux. Alors il faudra ou bien restreindre l'emploi de l'électricité au strict nécessaire, ou bien refaire de fond en comble toute l'installation et changer non seulement le moteur mécanique, la dynamo et la batterie d'accumulateurs, mais aussi les lignes principales du secteur de distribution, dont les câbles et fils n'auront plus la grosseur suffisante pour transmettre la quantité nouvelle d'électricité.

Ce seraient là des dépenses considérables que l'on doit

éviter en plaçant dès le début un moteur, une génératrice, une batterie et un secteur de feeders plus que suffisants aux besoins prévus.

Je n'exagère pas en conseillant à celui qui a besoin aujourd'hui de 20 ampères, d'installer des machines capables d'en débiter 30 ; il trouvera rapidement dans la suite l'utilisation de cette réserve d'électricité.

Utilisation rationnelle de la force motrice dont on dispose. — Dans ce qui précède, nous avons fait déjà ressortir les différences des moyens à employer pour utiliser au mieux les forces selon qu'elles sont gratuitement fournies par le vent ou l'eau ou bien selon qu'elles sont onéreuses, c'est-à-dire engendrées par une machine à vapeur ou un moteur à explosions.

Une petite turbine tournant sans frais nuit et jour et actionnant constamment une petite dynamo, peut charger ainsi sans arrêt une assez forte batterie d'accumulateurs ; celle-ci constituera une réserve d'énergie que l'on aura la faculté de dépenser en quelques heures pour alimenter un secteur d'éclairage ou bien des moteurs électriques absorbant beaucoup plus de courant que n'en produit la dynamo.

Par exemple, une petite turbine d'un cheval seulement, actionnant une dynamo de 5 ampères 110/160 volts, permet de charger une batterie de 80 à 100 ampères. Cette batterie débitera facilement aux heures où l'on a besoin d'un fort éclairage, 20 ampères, soit l'alimentation de 100 lampes de 10 bougies ; elle pourra faire tourner à un moment donné un moteur électrique de 3 chevaux susceptible d'actionner une batteuse que la turbine à eau serait incapable de mettre en mouvement.

L'utilisation des petites chutes d'eau pour la production de l'électricité présente donc, avec le secours d'une batterie d'accumulateurs, un très grand intérêt, et est susceptible de rendre de précieux services, car cette petite force qui se produit sans discontinuité pendant 24 heures par jour, est mise en réserve, accumulée et se retrouve disponible en masse au moment précis où l'on en a l'emploi.

Les petites chutes d'eau qui existent ou que l'on pourrait

créer à peu de frais sont nombreuses, et beaucoup d'entre elles assureraient gratis l'éclairage et la force motrice à leur propriétaire et même à ses voisins, si elles étaient utilisées intelligemment à charger une batterie d'accumulateurs.

La capacité en ampères de cette batterie peut être estimée à 15 fois le débit de la dynamo génératrice que la turbine peut entraîner. Par exemple, une turbine de deux chevaux entraînant une dynamo de 10 ampères 110/160 volts, permettra de charger une batterie de 150 ampères, en tournant nuit et jour sans arrêt.

Le propriétaire qui dispose d'une forte chute d'eau n'a pas la nécessité absolue d'une batterie d'accumulateurs ; il peut faire le service direct du secteur d'éclairage et de force motrice par la dynamo elle-même, en installant une turbine et une dynamo assez puissantes pour répondre à toutes les prévisions. Si, par la suite, les besoins électriques augmentent, il pourra adjoindre à sa dynamo une batterie d'accumulateurs dont le débit viendra s'ajouter au moment utile à celui de la dynamo génératrice ; ceci est un moyen pratique de grossir le débit d'une installation insuffisante mue par une turbine, car celle-ci travaille la plupart du temps à un régime fort au-dessous de sa puissance maxima ; il suffit donc d'économiser cette force perdue au moyen de la batterie d'accumulateurs, on l'aura ainsi à sa disposition aux moments de plus grande consommation.

Tout ce qui précède s'applique au cas où la force motrice est gratuite ; la question doit être envisagée tout autrement si chaque heure de marche du moteur entraîne une dépense de combustible.

Il s'agit alors d'utiliser le mieux possible cette force onéreuse dont aucune parcelle ne doit être perdue. En ce cas, il serait tout à fait désavantageux de faire tourner pendant quinze ou vingt heures par jour un petit moteur à pétrole pour charger une forte batterie d'accumulateurs, car la charge se faisant trop lentement, le rendement de la batterie deviendrait fort mauvais et le courant électrique serait d'un prix dépassant de beaucoup les prévisions.

Il faut ici poser les principes suivants :

1° Qu'un moteur à vapeur ou à gaz a un meilleur rendement mécanique à pleine charge qu'à demi-charge ;

2° Qu'il en est de même d'une dynamo ;

3° Qu'une batterie d'accumulateurs électriques doit être chargée dans le minimum de temps indiqué par son constructeur, afin de réaliser la charge la plus économique et de meilleur rendement.

Par exemple, si la charge d'une batterie de 180 ampères au régime de 32 ampères demande 6 heures, il faut compter qu'en chargeant cette batterie au régime de 10 ampères par exemple il faudrait 22 heures ; on aurait donc consommé d'un côté 192 ampères et de l'autre 220 ampères pour arriver au même résultat.

Le moteur à vapeur ou à gaz qui consomme du charbon, du gaz ou du pétrole, doit donc être d'une puissance proportionnée à celle de la batterie d'accumulateurs et capable de charger celle-ci dans le temps le meilleur pour son rendement maximum.

La meilleure manière de procéder à la campagne est de charger la batterie d'accumulateurs en même temps que l'on pompe l'eau pour l'arrosage ; on économisera ainsi non seulement du combustible mais aussi des frais de surveillance du moteur qui tournera pendant le minimum d'heures nécessaires.

La batterie d'accumulateurs étant bien chargée pendant le jour suffira aux besoins du soir et même de plusieurs soirs et nuits ; si, par hasard, pour une fête ou pour des travaux de nuit urgents, on a besoin d'un supplément de courant, il suffira de mettre exceptionnellement le moteur en route à ce moment-là, pour qu'il vienne à la rescousse de la batterie d'accumulateurs.

Ces observations justifient ce que nous avons déjà conseillé : prenez un moteur puissant, largement calculé, vous y aurez en fin de compte et rapidement une sensible économie.

Exemples des calculs pour diverses installations

1° *Cas d'une turbine ou roue hydraulique.* — Puissance disponible sur l'arbre de la turbine : 5 chevaux 1/2, soit à raison de 600 watts par cheval, 5,5×600 = 3300 watts disponibles à la dynamo.

Soit en ampères sous 110 volts :

3300 : 110 = 33 ampères.

Ces 33 ampères permettent de charger, avec la marche continue de la dynamo, une batterie d'accumulateurs dont il est facile de calculer l'importance ; il suffira de multiplier le nombre d'ampères disponibles par le nombre d'heures de charge, pour avoir un chiffre *pratiquement* exact. En estimant que la turbine, tournant 24 heures par jour, fournira seulement 15 heures de charge effective à la batterie, le courant de la dynamo étant employé directement sur le secteur pendant les 9 autres heures, on sera dans une hypothèse acceptable :

33 ampères × 15 heures = 495 ampères-heure.

Solution : La turbine de 5 chevaux 1/2, avec dynamo de 33 ampères 110/160 volts pourra charger une batterie de 495 ampères-heure et de 60 bacs ou éléments.

Cette batterie sera susceptible de fournir si besoin est à un moment donné

	49	ampères pendant	10	heures.
ou	82	—	5	—
ou	120	—	3	—

(sous la tension de 110 volts).

En utilisant une telle installation à un service rural d'éclairage et en faisant débiter ensemble aux heures de plus grande consommation la dynamo et la turbine sur le secteur, on pourrait obtenir un débit de 82 + 33 = 115 ampères, soit l'alimentation de 550 lampes de 10 bougies, de quoi éclairer un village de 200 habitants mieux qu'avec des chandelles.

Nota. — L'exemple ci-dessus montre quel intérêt il y aurait à tirer parti des petites chutes d'eau partout où elles se rencontrent naturellement et où elles peuvent être créées à peu de frais. Tout est encore à faire en ce sens dans nos campagnes où les petits cours d'eau abondent, mais ne sont pas utilisés comme ils devraient l'être à la production de l'électricité.

Turbine et moteur à gaz pauvre ou à pétrole. — Certaines chutes d'eau sont susceptibles de fournir régulièrement la force motrice nécessaire à l'éclairage et au service d'une agglomération rurale pendant une partie seulement de l'année, à cause de l'inconstance du régime des eaux de la région. Il est nécessaire alors d'installer à côté de la turbine un moteur à gaz pauvre ou à pétrole qui servira de secours en cas d'insuffisance de la chute d'eau.

En France, les chutes d'eau sont généralement utilisables huit à neuf mois par an, le moteur à gaz ne sera donc employé qu'un tiers ou un quart du temps et l'économie réalisée par l'exploitation du cours d'eau sera toujours fort intéressante.

La puissance du moteur étant calculée égale à celle de la turbine, il suffira de relier la dynamo avec l'un ou l'autre agent producteur de force, au moyen d'une transmission par arbre secondaire et courroies convenablement établie.

2° *Cas d'un moteur à vapeur ou à gaz existant déjà pour d'autres travaux.* — Un petit moteur de deux chevaux existe déjà pour faire tourner une pompe, que peut-on en espérer pour l'éclairage électrique ?

Si ce moteur est employé trois heures par jour par exemple, pour pomper de l'eau, on pourra l'employer pendant dix heures à charger une batterie d'accumulateurs qui, une fois chargée, fournira plusieurs jours de suite l'éclairage d'une villa ou d'une ferme.

Le moteur de 2 chevaux peut fournir 1200 watts, soit, à 110 volts, 1200 : 110 = 10,5 ampères.

Il peut donc actionner une petite dynamo de 10 ampères à 110/160 volts, que l'on commandera autant que possible directement par une seule courroie placée sur le volant même du moteur.

Avec cette dynamo de 10 ampères, on pourra charger une batterie de 60 ampères en 6 heures ou de 75 ampères en 10 heures environ.

Une batterie de 75 ampères une fois bien chargée, peut éclairer pendant 4 jours, 3 heures par jour, 25 à 30 lampes de 10 bougies, ce qui est suffisant pour la majeure partie des fermes et habitations à la campagne.

3° *Cas d'une installation à créer en totalité.* — Prévoir d'abord les besoins électriques et choisir une des trois solutions, comme il a été dit au début du chapitre premier, deuxième partie de ce livre, et évaluer la puissance du moteur à raison d'un cheval par 500 watts à fournir au secteur, de façon que la puissance motrice soit toujours largement suffisante au point de vue électrique ; ajouter alors la force exigée par les machines à commander en même temps que la dynamo, une pompe à eau, par exemple.

Si le secteur nécessite une dynamo fournissant 40 ampères à 110 volts, cela fait $40 \times 110 = 4400$ watts

$$4400 : 500 = 9 \text{ chevaux.}$$

pour la dynamo seule.

Si la pompe absorbe 3 chevaux, c'est donc un moteur de 12 chevaux qu'il faudra acheter pour pomper l'eau et charger en même temps la batterie d'accumulateurs.

Note de l'auteur

Je crois que les exemples ci-dessus et les explications données précédemment auront bien fait comprendre à mes lecteurs la manière élémentaire de déterminer les éléments de la petite usine électrique à la campagne. Je suis à leur disposition pour leur donner les renseignements complémentaires dans les cas particuliers où ils croiraient nécessaire de faire contrôler leurs déductions personnelles.

CHAPITRE II

LA SALLE DES MACHINES

On rencontre à la campagne, dans les châteaux et les grandes exploitations agricoles, de luxueuses salles de machines. Ceci est parfait, mais le luxe n'est pas absolument nécessaire à la bonne marche des machines. Il suffit que celles-ci soient installées dans un local sain, non humide, à l'abri des poussières abondantes, clair autant que possible, aéré, fermant à clef pour éviter les visites des intrus. J'estime que les conditions nécessaires ci-dessus sont facilement réalisables à peu de frais dans un coin de remise ou de hangar clos par de simples cloisons en carreaux de plâtre, en briques ou même en planches bien jointoyées.

Le sol carrelé, dallé, pavé ou simplement de terre fortement battue est suffisant pour assurer la propreté rigoureuse qui donne la longue vie aux machines.

Dans la salle des machines, on mettra le moteur mécanique, la dynamo et la pompe à eau, mais on placera en dehors de cette enceinte réservée toutes les machines susceptibles d'engendrer de la poussière, telles que les machines à battre, à vanner, les broyeurs ou concasseurs.

Si le moteur est une machine à vapeur, on fera bien de mettre la chaudière et son charbon dans un local voisin de la salle où se trouvent la dynamo et la pompe ; de même pour le gazogène d'un moteur à gaz pauvre. On évitera ainsi aux machines les poussières venant de la manutention des cendres et charbons.

Les accumulateurs seront rigoureusement exclus de la salle

des machines et mis dans un local spécial, à cause des vapeurs acides qu'ils dégagent.

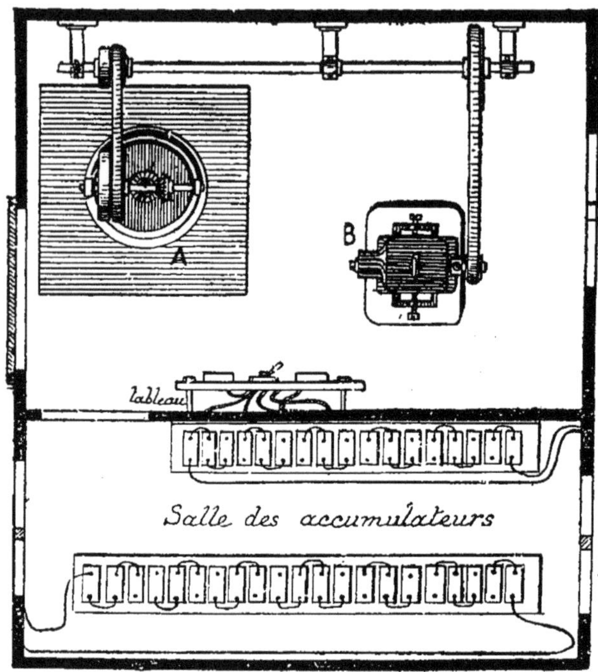

Fig. 82. — Plan d'une petite installation avec turbine et dynamo chargeant une batterie d'accumulateurs placée dans un local spécial.

Ceci posé, nous admettrons que le moteur à eau, à vapeur ou à gaz est installé et nous passerons de suite à la dynamo génératrice.

Commande de la génératrice. — La dynamo génératrice peut être commandée par le moteur soit par *accouplement direct*, soit par une ou plusieurs courroies.

Dans mon livre *La Force motrice et l'Eau à la Campagne*, j'ai fait une étude détaillée des transmissions et de leur installation, je me bornerai donc ici à rappeler ce qui a trait plus spécialement à la commande des dynamos.

Accouplement direct de la dynamo et du moteur. — Ce mode d'entraînement de la dynamo exige que celle-ci tourne exactement à la même vitesse que le moteur. Or, la vitesse des dynamos de petite et moyenne force variant entre 1500 et 800 tours par minute, les seuls moteurs acceptables pour ce genre d'accouplement sont du type *moteur d'automobiles* et fonctionnent généralement à l'essence de pétrole, mais ils peuvent aussi employer du gaz d'éclairage ou du pétrole lampant au moyen de carburateurs spéciaux.

La Société l'*Aster* construit une bonne partie de ses groupes électrogènes pour la marche au pétrole lampant.

Fig. 83. — Groupe électrogène Aster au pétrole lampant ; accouplement direct de la dynamo et du moteur à 2 cylindres.

Dans les groupes électrogènes à entraînement direct de la dynamo par le moteur, ces deux éléments sont réunis sur un socle en fonte avec leurs arbres bout à bout et parfaitement centrés. Les deux bouts d'arbre sont réunis par un *manchon* d'accouplement *semi-élastique*, qui évite la transmission des vibrations du moteur à l'induit de la dynamo et permet à cet induit de conserver un peu de *jeu latéral*, c'est-à-dire un léger mouvement de va-et-vient dans les coussinets sur lesquels il roule.

Les groupes électrogènes à manchonnage direct sont des machines peu encombrantes et d'entretien facile ; le moteur à grande vitesse exige un graissage abondant et une circula-

Fig. 84. — Installation d'un groupe électrogène marchant au gaz d'éclairage. On voit à droite le compteur à gaz et une poche en caoutchouc régularisant l'arrivée du gaz au moteur. Les accumulateurs placés ici dans la salle du moteur nécessitent une large ventilation de cette petite salle de machines afin d'éviter l'action des vapeurs acides sur le moteur et la dynamo.

tion d'eau de refroidissement bien établie, mais, une fois ces deux conditions remplies, il donne un bon et régulier service ; il convient à l'éclairage direct sans batterie d'accumulateurs, car il donne une lumière fixe sans sautillements dus aux coups de piston du moteur ; on peut l'employer aussi bien à la charge des accumulateurs.

Si l'on désire commander une transmission d'atelier avec le même moteur qui actionne la dynamo, il est facile au cons-

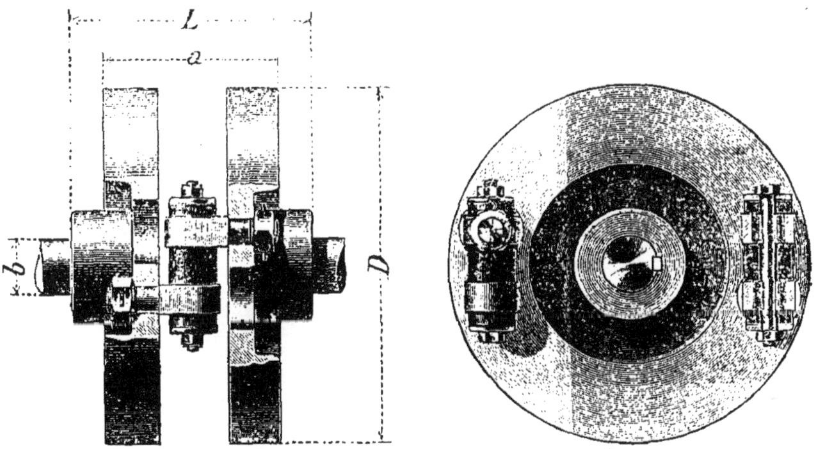

Fig. 85. — Manchon d'accouplement pour groupe électrogène (Piat).

tructeur du groupe électrogène de placer une poulie sur le manchon d'accouplement qui réunit le moteur à la dynamo. On pose alors la courroie sur cette poulie et sur la poulie de l'arbre de transmission. Il est utile en ce cas de munir l'arbre de transmission d'un *embrayage-débrayage* à friction de façon à ce que cet arbre ne soit pas entraîné quand on aura seulement besoin de produire l'électricité et non la force motrice.

Ces groupes électrogènes sont susceptibles d'être installés sur un petit chariot à 4 roues qui reçoit aussi tous les accessoires du moteur ; on constitue ainsi une véritable petite usine électrique transportable qui peut rendre de grands services pour les travaux des champs, travaux et fêtes de nuit, travaux souterrains, etc.

Divers constructeurs se chargent aussi de placer une dynamo sur une voiture automobile avec un dispositif permettant au moteur de cette voiture d'entraîner à un moment donné cette dynamo ; nous signalons en passant cette utile combi-

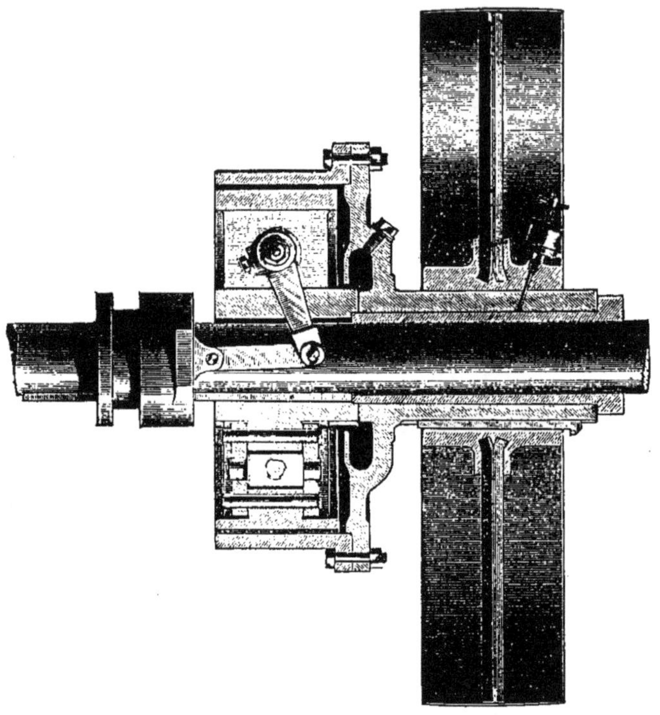

Fig. 86. — Embrayage élastique pour accouplement direct de moteurs et dynamos (Piat.)

naison qui peut rendre des services dans certains emplois ruraux ou forains.

Mise en place des groupes électrogènes. — En raison de la grande vitesse du moteur, le bâti des groupes électrogènes est soumis à des vibrations qui exigent un scellement solide sur un socle en maçonnerie ou en béton bien assis dans le sol. Si le groupe électrogène doit être installé dans le sous-sol d'une maison habitée, on le placera sur un châssis amortisseur garni de tampons en caoutchouc ou de ressorts spéciaux qui empêcheront le ronronnement produit par la marche rapide du moteur de se propager à travers les maçonneries et de s'entendre dans les appartements. On devra en ce cas demander au constructeur du groupe électrogène ce châssis spécial.

Chaque constructeur fournit aussi une instruction pour la

Fig. 87. — Groupe formé d'une turbine à eau de 60 chevaux et d'une dynamo pour l'éclairage, accouplement direct des deux machines tournant à 840 tours par minute.

marche et l'équipement du groupe et de son moteur; nous en avons donné un aperçu dans le livre de la *Force motrice à la Campagne*, au chapitre des *Moteurs*.

Commande par une courroie directe entre le volant du moteur et la dynamo. — Ce procédé est applicable toutes les fois qu'on ne prévoit pas avoir besoin d'une transmission d'atelier pour faire mouvoir d'autres machines. La transmission par courroie permet d'employer ensemble une dynamo et un moteur de vitesses quelconques et très différentes, par exemple un moteur tournant à 200 tours par minute et une dynamo tournant à 2000 tours par minute, ce qui est la vitesse ordinaire des petites unités de 10 à 15 ampères.

S'il s'agit de commander simultanément une pompe à eau

et une dynamo, on emploiera la poulie du moteur pour commander la pompe et le volant du moteur pour commander la dynamo, comme le fait voir une de nos gravures. Quand on voudra ne faire tourner qu'une de ces deux machines, on fera tomber l'une des deux courroies.

Ce système d'équipement de la pompe et de la dynamo est le plus simple de tous ; il a l'inconvénient de mettre en relation directe deux poulies de diamètre très différent, le volant du moteur et la poulie de la dynamo, qui sont souvent dans les proportions de 1 à 7, 1 à 8 et même 1 à 10. Il en résulte une mauvaise adhérence de la courroie sur la poulie de la dynamo car il ne faut songer ici à n'employer qu'une *courroie droite* et non une *courroie croisée* qui serait inacceptable à cause de la grande vitesse linéaire qu'elle supporte.

On est contraint, pour rendre ici possible la transmission par courroie directe, de laisser une grande distance entre les arbres du moteur et de la dynamo ; cette distance doit être de quatre à six fois le diamètre du volant du moteur pour obtenir un entraînement *à peu près satisfaisant* de la dynamo.

Un autre inconvénient de ce système est de mettre, près du sol et à la hauteur des personnes, des courroies animées d'une vitesse qui atteint 10 à 15 mètres par seconde et qui constituent un réel danger pour les approchants ; il y a dans ce cas nécessité absolue d'entourer ces courroies, sur tout leur trajet, d'une barrière en grillage de fil de fer de façon à empêcher que personne ne puisse venir frôler la courroie.

S'il n'est pas possible de mettre entre le moteur et la dynamo une distance suffisante pour assurer le bon entraînement par la courroie directe, on emploiera avec avantage un *galet enrouleur* qui force la courroie à rester toujours tendue et à s'appliquer sur une grande partie de la jante de la petite poulie.

Ce procédé, expérimenté depuis longtemps, donne de bons résultats et permet de placer la dynamo tout contre le moteur sans nuire à l'excellence de la transmission directe ; on verra dans mon livre *La force motrice et l'Eau à la Campagne* la description de ce système de transmission.

Fig. 88. — Moteur commandant directement une pompe (par sa petite poulie) et une dynamo (par son volant).
Type très simple d'installation pour la campagne.

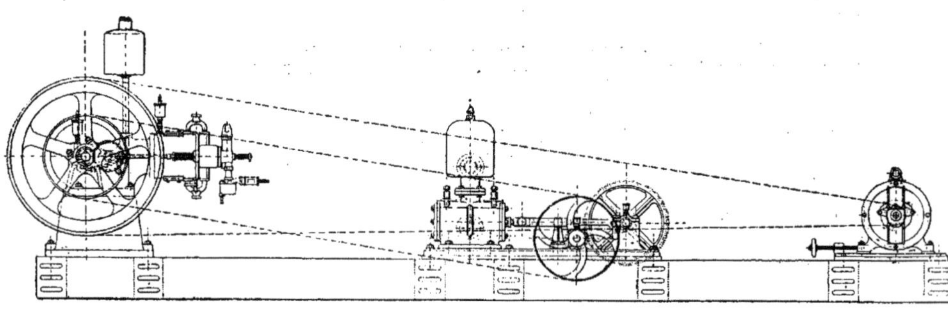

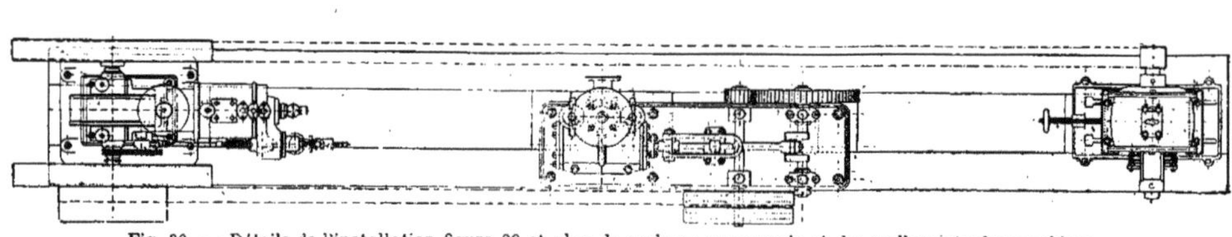

Fig. 89. — Détails de l'installation figure 88 et plan du socle en maçonnerie et des scellements des machines. La dynamo est montée sur un *châssis-tendeur* qui permet de régler la tension de la courroie.

La transmission par courroie peut aussi s'appliquer à la construction de groupes électrogènes très compacts et même transportables ; c'est ainsi que nous construisons depuis près

Fig. 90. — Groupe électrogène transportable, à commande par courroie.

de dix ans des groupes électrogènes avec moteurs du type automobile à un, deux ou quatre cylindres actionnant par courroie droite une dynamo fixée sur le même plateau qui supporte le moteur. Grâce à l'accouplement par courroie, nous employons dans ces groupes électrogènes des moteurs à marche relativement lente, dont le régime ne dépasse pas

800 à 1200 tours par minute, tandis que la dynamo commandée tourne entre 1500 et 1900 tours par minute.

Ce groupe électrogène est construit spécialement pour pouvoir être transporté sur une voiture ou wagon et être installé n'importe où en quelques minutes. Il se compose d'un moteur accouplé par courroie avec une dynamo à courant continu. Un châssis tendeur permet de régler convenablement la tension de la courroie. Le groupe est monté sur un plateau en bois de chêne armé de fer et pourvu de deux roues en fonte. Un homme seul peut déplacer le groupe en le poussant comme une brouette. Une forte caisse d'emballage se boulonne par dessus le groupe et est munie de poignées qui permettent de charger la machine très facilement sur un camion ou wagon. La caisse d'emballage contient une petite armoire où sont les appareils électriques : voltmètre, ampèremètre, coupe-circuit et interrupteur. Elle contient aussi le réservoir à essence et sert de support au réservoir d'eau pour le refroidissement du moteur. Pour la marche, le plateau en chêne est posé sur des amortisseurs, formés de fagots de bois, comme le montre la gravure.

L'appareil est livré complet, prêt à mettre en route, avec tous ses accessoires montés et mis au point et instruction pour la conduite et l'entretien du moteur. Le déballage et le montage ne demandent pas plus d'un quart d'heure. La lumière fournie est fixe, grâce au *régulateur* très sensible qui règle la marche du moteur et qui permet d'employer les lampes à incandescence en même temps que les lampes à arc.

Ce groupe électrogène se construit en cinq grandeurs :

Moteur à										Prix		Poids	
1	cylindre	4	chevaux	15	ampères	110	volts	2000	fr.	200	kilog.
1	—	6	—	25	—	110	—	2600	»	300	—
2	—	9	—	40	—	110	—	3200	»	400	—
4	—	14	—	60	—	110	—	4000	»	500	—
4	—	20	—	100	—	110	—	6000	»	700	—

Ces prix comprennent tous les accessoires tels que : carburateur, silencieux, bobine et accumulateur d'allumage, réservoirs eau et essence, tuyauterie, graisseur et régulateur automatiques, manivelle de mise en marche, caisse d'emballage et tableau de charge et de distribution électrique, ainsi que deux amortisseurs en bouleau ; la machine est donc livrée en *ordre de marche* et prête à fonctionner instantanément sans aucune dépense supplémentaire pour l'acheteur.

Dans le cas où le groupe doit être installé à poste fixe, les roues en fonte sont supprimées ainsi que la caisse d'emballage : le réservoir à eau est alors posé en élévation sur deux

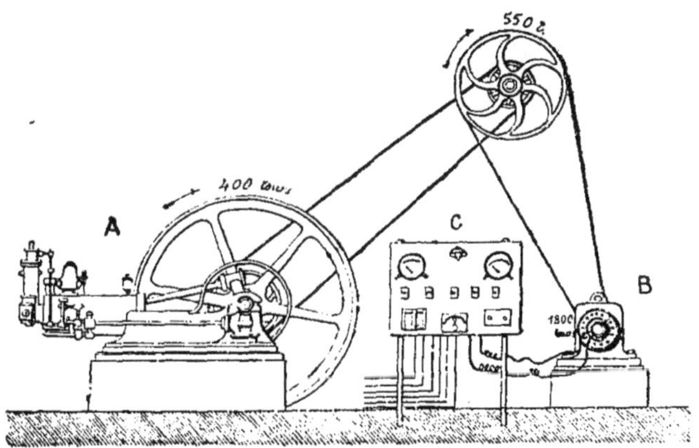

Fig. 91. — Transmission par arbre intermédiaire ou *renvoi*.

consoles scellées au mur ou placé dans un grenier au-dessus de la salle des machines ; les appareils de tableau sont fournis tout posés sur un plateau en chêne verni prêt à sceller au mur ; l'acheteur boulonne simplement le socle de la machine sur un massif de maçonnerie et le groupe électrogène est ainsi prêt à fournir l'éclairage et la force motrice à la ferme et au château.

Transmission par un ou deux arbres intermédiaires. — Quoique ce procédé de commande de la dynamo soit le plus compliqué et qu'il absorbe une certaine puissance à cause de la petite résistance des arbres et des courroies intermédiaires, il nous paraît cependant le plus recommandable, car il permet :

1° La mise en route facile du moteur, tous les arbres de transmission et les machines commandées étant débrayés ;

2° L'embrayage à volonté et successivement d'une ou de plusieurs machines, de même que leur arrêt ;

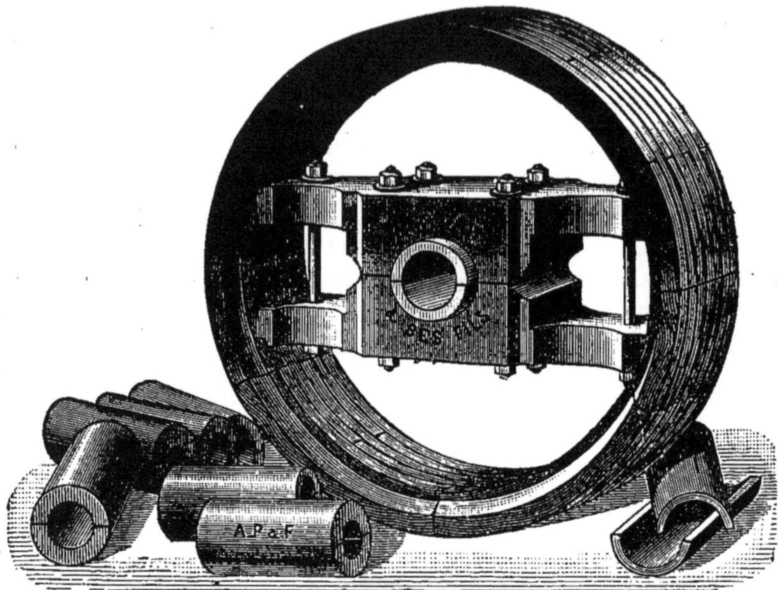

Fig. 92. — Poulie en bois en deux pièces, serrée sur l'arbre de transmission par des boulons.

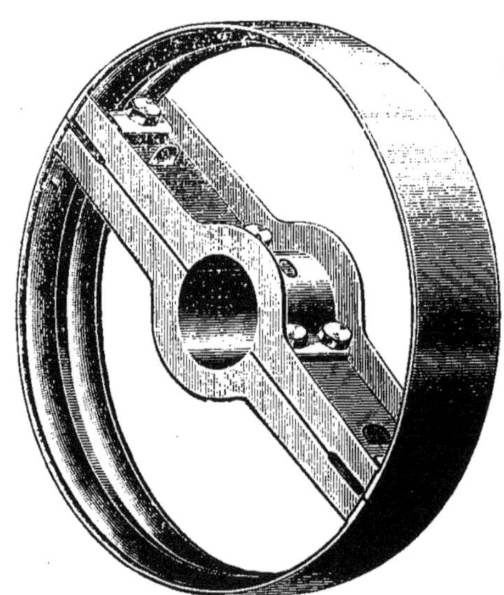

Fig. 93. — Poulie légère en tôle d'acier en deux pièces.

Les figures ci-dessus montrent les poulies légères d'un montage économique et facile qui se substituent avec avantage aux anciennes poulies en fonte.

3° L'arrêt instantané de toute l'installation sans arrêt du moteur ;

4° L'emploi de poulies de petit diamètre et le placement des courroies au plafond ou en sous-sol où elles ne sont dangereuses pour personne ;

5° Facilité d'ajouter quand on le désire une ou plusieurs

Fig. 94. — Installation d'une transmission au plafond d'une salle de machines pour la commande des machines d'une fromagerie.

poulies supplémentaires sur l'arbre de transmission pour commander d'autres petites machines telles que meule à aiguiser, scie à découper, broyeur, écrémeuse, etc.

Nous n'hésiterons donc pas à conseiller l'emploi d'un ou deux arbres intermédiaires pour la commande de la dynamo et des autres machines nécessaires à la campagne.

Nous donnons ci-après le calcul d'une installation, avec deux arbres intermédiaires pour la commande de la dynamo ou bien avec un seul arbre de transmission. Dans ce dernier cas, le débrayage et l'embrayage des poulies com-

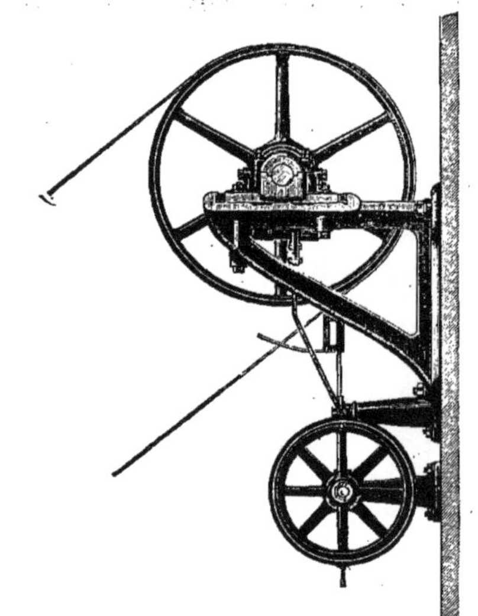

Fig. 95 et 96. — Installation d'un mécanisme de débrayage de courroie, commandé au moyen d'une vis et d'un volant. La *chaise* supportant l'arbre de transmission est scellée contre un mur vertical, ainsi que le mécanisme de débrayage.

mandant les autres machines de la ferme se fait au moyen d'embrayages à friction type Piat ou Julien (fig. 86).

Il faut remarquer que le prix de ces appareils d'embrayage étant assez élevé, le système d'un seul arbre de transmission finit par coûter plus cher que celui à deux arbres de transmission, si l'on a plusieurs machines à commander en outre de la dynamo.

Nous renverrons encore une fois nos lecteurs au livre *La Force motrice à la Campagne*, pour y consulter l'étude complète que nous y fîmes des transmissions par courroies et par embrayages ; ils y trouveront aussi les conseils utiles sur le montage des poulies et des courroies et sur l'entretien de celles-ci, ainsi que sur le montage des arbres de transmission et de leurs paliers et coussinets ; de même pour le calcul des courroies en largeur et épaisseur, selon la force à transmettre.

Calcul des poulies de transmission. — Dans le cas d'un seul arbre intermédiaire entre le moteur et la dynamo, il est nécessaire de donner à cet arbre de transmission une vitesse assez grande pour n'être point contraint d'employer une poulie de trop grand diamètre pour la commande de la dynamo. Un arbre de transmission, bien soutenu sur des paliers graisseurs à portée double du diamètre de l'arbre, peut tourner sans inconvénient à 400 tours par minute.

Soit D diamètre de la poulie du moteur ;

d — — réceptrice, à caler sur l'arbre de transmission ;

V la vitesse du moteur ;

v la vitesse à donner à l'arbre de transmission.

On a :

$$d = \frac{D \times V}{v}.$$

Par exemple si la vitesse du moteur est de 250 tours par minute et que nous désirions donner à l'arbre de transmission une vitesse de 350 tours par minute, le diamètre de la poulie du moteur étant par exemple de 500 millimètres, nous aurons

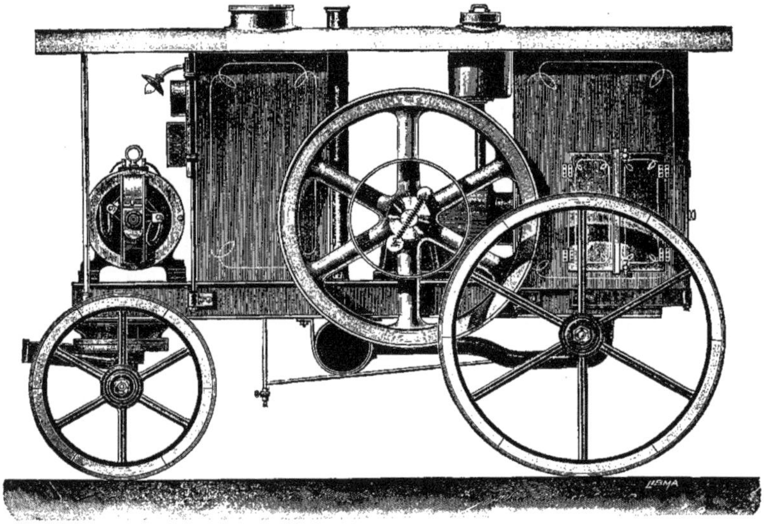

Fig. 97. — Groupe électrogène à commande par courroie directe du moteur à la dynamo, installé sur un chariot pour éclairages temporaires et force motrice transportable.

pour le diamètre de la poulie à caler sur l'arbre de transmission :

$$d = \frac{500 \times 250}{350} = 357^{mm}$$

mais il faut tenir compte ici du glissement de la courroie, que nous estimerons à 3 0/0, les poulies étant de diamètre peu différent, soit 10 millimètres à *retrancher* de 357 ou bien 347 millimètres pour la *poulie réceptrice.*

Il s'agit maintenant de calculer de la même manière la poulie de commande à caler sur l'arbre de transmission pour attaquer la dynamo ; la formule peut s'écrire :

$$D = \frac{d \times v}{V}.$$

Si nous supposons que la dynamo doit tourner à 1650 tours et que sa poulie a un diamètre de 130 millimètres, nous aurons donc :

$$D = \frac{130 \times 1650}{350} = 613^{mm}$$

Mais il faut tenir compte du glissement de la courroie, que nous estimerons à 4 0/0 parce que les poulies sont de diamètres assez différents, ce sera donc 25 millimètres à *ajouter* à la poulie de commande et nous obtiendrons pour le diamètre de celle-ci 638 millimètres.

Remarquons ici que l'arbre de transmission, à la vitesse de 350 tours par minute, s'il se prête bien à la commande de la dynamo, sera assez mal approprié à la commande de machines à marche lente telles que pompe à piston, meule à aiguiser, broyeur, etc. Il serait au contraire fort bien pour commander une pompe centrifuge, une batteuse ou d'autres machines à grande vitesse.

Dans le cas de deux arbres intermédiaires pour la commande de la dynamo, on doit donner au premier arbre, qui constituera la *transmission d'atelier*, une vitesse plutôt lente que nous estimons convenable entre 175 et 225 tours par minute ; seul le second arbre intermédiaire recevra une grande vitesse de rotation ; celle-ci pourra être augmentée jusqu'à 500 tours par minute, car ce deuxième arbre sera très court, un mètre au plus de longueur, et ne risquera par conséquent pas de *flotter* entre ses deux paliers graisseurs.

Reprenant les formules ci-dessus, nous calculerons ainsi les poulies qui doivent entraîner la dynamo :

1er arbre intermédiaire :

$$d = \frac{D \times V}{v}$$

Vitesse du moteur : 250 ;
Diamètre de sa poulie : 500 ;
Vitesse à donner à l'arbre de transmission : 200.

d'où :

$$d = \frac{250 \times 500}{200} = 625^{mm}$$

avec 3 0/0 de glissement à *retrancher* de cette réceptrice, soit 605 millimètres pour son diamètre.

Deuxième arbre intermédiaire :

Nous avons ici deux poulies à calculer, nous pouvons donc en prendre une d'un diamètre quelconque duquel dépendra le diamètre de l'autre. Mais il faut compter que nous sommes limités dans le diamètre des poulies par l'écartement entre l'arbre intermédiaire et le mur ou plancher auquel sont boulonnées les chaises de la transmission ; d'un autre côté, il faut donner à la courroie une vitesse suffisante mais non exagérée pour que son adhérence soit bonne ; cette vitesse n'est jamais trop grande dans le cas des transmissions d'atelier où elle atteint rarement plus de 10 à 12 mètres par seconde, nous chercherons donc à employer des poulies de grand diamètre, soit par exemple une poulie de 800 millimètres sur le premier arbre intermédiaire, ce qui donne pour la réceptrice :

$$d = \frac{800 \times 200 \text{ tours}}{500 \text{ tours}} = 320^{mm}$$

Ici nous pourrons employer une courroie droite, si les arbres sont assez écartés l'un de l'autre, ou bien une courroie croisée si ces arbres sont trop rapprochés pour permettre la bonne adhérence de la courroie droite. Nous compterons donc 3 0/0 de glissement, soit 10 millimètres à retrancher de 320, ce qui donne 310 millimètres pour le diamètre final de la réceptrice.

Il ne nous reste plus qu'à calculer le diamètre de la poulie de commande qui attaquera directement la dynamo.

Nous aurons ici :

$$D = \frac{1650 \text{ tours} \times 130^{mm}}{500 \text{ tours}} = 455^{mm}$$

comptons encore ici 3 0/0 de glissement, soit à *ajouter* à cette poulie de commande 15 millimètres, ce qui donne 470 millimètres pour son diamètre total.

En résumé nous aurons :

Au moteur	250 tours, poulie de 500.
1er arbre	200 tours, poulie de 605 et poulie de 800.
2e arbre	500 tours, poulie de 310 et poulie de 470.
Dynamo	1650 tours, poulie de 130.

Les 4 poulies intermédiaires seront en fonte, en tôle ou en bois, ce dernier étant suffisant pour le premier arbre intermédiaire au moins.

Les poulies réceptrices du premier et du deuxième arbre intermédiaire seront accompagnées de *poulies folles* et munies chacune d'un débrayage ; ainsi nous pourrons faire tourner :

1° Le moteur seul ;
2° Le premier arbre de transmission seul ;
3° Le deuxième arbre de transmission et la dynamo.

Ce dispositif donne, on le voit, toute facilité pour la commande d'autres machines qui seront entraînées aussi par des renvois dépendant directement du premier arbre de transmission.

Installation de la dynamo génératrice. — Les dynamos et moteurs électriques de construction moderne sont construits de façon à pouvoir être placés aussi bien sur un socle horizontal que contre un mur vertical ou bien accrochés à un plafond ; à cet effet, les deux joues ou flasques, portant les coussinets, dans lesquels tournent l'induit, peuvent être démontés en dévissant quelques tire-fonds vissés dans l'armature de l'inducteur (*cuirasse*) et tournés d'un quart de tour pour la pose verticale et d'un demi-tour pour la pose au plafond de la dynamo. Ce dispositif est très commode dans les petites installations rurales : il permet de placer la dynamo sur un socle à terre, sur une console, contre un mur ou contre un pilier et enfin de la boulonner la tête en bas aux solives d'un plafond.

Nous recommandons d'éviter l'emploi des tire-fonds pour le fixage des dynamos ou de leurs châssis-tendeurs sur les poutres en bois, car la légère vibration produite par la grande vitesse de rotation de l'induit ne tarde pas à fatiguer le vissage des tire-fonds dans le bois, surtout si ce dernier est tendre. Il est beaucoup plus prudent d'employer de longs boulons traversant de part en part les pièces de bois ; cette précaution est surtout nécessaire lorsque la dynamo, ou moteur électrique, est fixée aux solives d'un plafond ou contre un poteau vertical ; ici le poids de la machine suspendue et le tirage de la courroie ajoutent encore leur action à la vibration due au mouvement de l'induit, et les tire-fonds à bois sont absolument à proscrire dans un tel montage.

Quelle que soit sa position, l'arbre de la dynamo doit toujours être parfaitement horizontal, ceci est une condition essentielle du bon fonctionnement de la machine.

La dynamo (ou le moteur électrique) est installée sur un cadre en fonte à rainures formant glissières, appelé *châssis-tendeur*. La position de la dynamo sur ce cadre est fixée par une vis de pression, puis par le serrage des quatre boulons qui relient la dynamo au châssis-tendeur; ceci permet de déplacer la dynamo de quelques centimètres par rapport à la poulie de commande et de tendre convenablement la courroie sans avoir besoin de faire tomber et de raccourcir celle-ci lorsqu'elle se distend légèrement.

Le châssis-tendeur est donc d'abord boulonné sur le socle ou contre les solives à la place exacte qu'il devra occuper pour que la courroie travaille bien droit et normalement, puis la dynamo est boulonnée sur ledit châssis-tendeur et la tension de la courroie est faite en agissant sur la vis de pression du châssis-tendeur. Ensuite on serre à bloc les quatre boulons de fixation de la dynamo sur le châssis.

Fig. 98. — Equipement de la dynamo sur châssis ou *rails-tendeurs.*

L'emplacement choisi pour la dynamo doit être à l'abri des poussières, aéré pour éviter l'échauffement de la machine et accessible pour faciliter la visite, le nettoyage du collecteur, le réglage des balais et le graissage des paliers de roulement de l'arbre de l'induit.

Des bornes de la dynamo génératrice partent les deux gros fils ou *feeders* et le fil d'excitation qui vont au tableau de distribution.

Nota. — Certains auteurs conseillent de ne pas sceller directement les dynamos sur le socle en maçonnerie, mais d'interposer entre la maçonnerie et le châssis-tendeur un cadre ou des solives en bois afin d'isoler la dynamo et d'éviter des pertes de courant à la terre. Cette observation est dénuée d'intérêt si l'on possède une dynamo de bonne construction dans laquelle aucune perte de courant ne doit se produire, les isolements devant être suffisants pour parer à cette éventualité. Il est cependant certain que le montage sur un châssis en bois goudronné, intermédiaire entre la maçonnerie et la dynamo, est une bonne précaution, mais nous ne la considérons pas comme indispensable lorsqu'il s'agit de dynamos à faible tension comme celles généralement usitées à la campagne pour les besoins domestiques.

Choix de la génératrice. — La dynamo doit être achetée et choisie, au point de vue de sa capacité productrice, en volts et en ampères, exactement pour le but auquel elle est destinée. En effet une dynamo est calculée par son constructeur pour fournir un bon rendement à un régime déterminé : si l'on s'écarte dans de grandes proportions des limites de ce régime, le rendement de la dynamo devient mauvais et il en résulte une grande perte de la force mécanique employée à l'actionner; ceci se produit surtout si l'on prend une très forte dynamo et que l'on n'utilise qu'une petite quantité de courant : par exemple, une dynamo de 120 volts 50 ampères qui serait employée à fournir un courant de 80 volts 10 ampères absorberait en pure perte une grande puissance motrice. Si, au contraire, on exige trop d'une dynamo, elle s'échauffe et on risque de faire fondre les isolants des fils et de *brûler* ces derniers par suite de la formation de courts-circuits intérieurs aux bobinages induits et inducteurs. Une dynamo, indiquée par son constructeur pour débiter, par exemple, 45 ampères sous 120 volts, ne devra sous aucun prétexte être poussée au-delà de ces indications ; dès que le mécanicien s'apercevra que la charge maxima est près d'être atteinte, il devra ouvrir l'œil et se tenir prêt à modérer le débit de la dynamo au moyen du rhéostat d'excitation.

Si la dynamo est destinée à la charge d'une batterie d'accumulateurs, elle devra pouvoir fournir la tension maxima exigée pour la charge totale de la batterie, soit le nombre des éléments multiplié par 2,7.

Pour une batterie de 60 éléments, par exemple, la dynamo doit fournir le courant depuis 120 volts jusqu'à 162 volts, ce qui s'obtient au moyen d'un rhéostat d'excitation spécialement construit à cet effet.

La dynamo tourne à la vitesse nécessaire pour donner 162 volts, la réduction de voltage est donnée par le rhéostat d'excitation.

CHAPITRE III

LA SALLE DES ACCUMULATEURS

Nous avons dit, précédemment, que les accumulateurs dégagent des vapeurs acides qui sont susceptibles d'oxyder les pièces métalliques ; ces vapeurs acides se produisent surtout en abondance à la fin de la charge où elles sont alors intolérables pour les hommes qui sont près des bacs. Il est donc de toute nécessité de placer la batterie d'accumulateurs dans une pièce séparée de la salle des machines et n'ayant aucune communication avec celle-ci. Autant que possible la salle des machines et la salle des accumulateurs doivent cependant être contiguës ou du moins assez rapprochées, afin d'éviter une grande longueur aux nombreux fils qui relient la batterie au tableau de charge et de distribution, dont il sera question au chapitre suivant.

La salle des accumulateurs doit être aérée largement par des prises d'air formant courant d'air continu entre elles, ou encore par des fenêtres et une cheminée d'appel afin que les gaz et les vapeurs engendrés par la batterie soient évacués rapidement.

La pièce doit être saine et non humide; il est utile que le sol en soit dallé ou bétonné et légèrement en pente avec un orifice d'écoulement des eaux à l'extérieur, pour le cas où un bac se briserait et où l'acide dilué se répandrait sur le sol.

Si l'on doit établir la batterie à un étage sur plancher, on recouvrira le parquet de la pièce avec une feuille de plomb sans discontinuités, relevée sur les bords pour former une vaste cuvette sur toute la surface de la chambre.

On peut aussi employer le bitume ou asphalte pour le sol des salles d'accumulateurs.

Il est bon d'avoir de l'eau à proximité de la salle des accumulateurs, pour le lavage des plaques et l'entretien, mais ceci

Fig. 99. — Installation sur le sol d'une batterie de grande capacité; les bacs sont ici en bois doublé de plomb.

n'est vraiment urgent que dans le cas des très fortes batteries de secteurs publics.

Les bacs d'accumulateurs sont placés sur des étagères absolument comme des livres sur les rayons d'une bibliothèque, mais le calcul des rayonnages qui supportent les éléments d'accumulateurs demande quelques indications en raison du poids considérable des bacs remplis de plaques de plomb et d'eau acidulée.

La figure 84 montre l'installation d'une petite batterie sur des rayonnages simplement scellés au mur.

Déterminez d'abord de quelle manière les étagères devront être disposées dans la salle pour que tous les bacs y trouvent place et soient très facilement accessibles et visitables.

Le plus souvent, il suffira de disposer les bacs en files parallèles sur le sol ; si la salle est petite, il faudra mettre deux ou trois rangs de chantiers les uns au-dessus des autres le long des murs.

Nous avons donné dans la première partie de ce livre, chapitre IV, les dimensions approximatives des bacs ; ces dimensions varient, bien entendu, selon les constructeurs. Ayant choisi la batterie et connaissant la dimension des bacs, il est facile de voir si les dimensions de la salle nécessitent leur placement sur deux, trois, quatre ou six rangées et de quelle façon ces rangées peuvent être disposées le long des murs, en élévation, à terre ou au milieu du local pour que la visite de la batterie soit facile.

Une salle de deux mètres de large et quatre mètres de longueur peut recevoir une batterie de 200 ampères en cinq ou six rangs placés en élévation le long des murs ; on voit que le placement des 60 éléments d'une batterie déjà importante ne demande pas grande place.

Les chantiers formant les supports des rangées de base doivent être faits en bois goudronné à chaud et d'une épaisseur suffisante pour ne pas plier sous la charge qu'il faudra d'abord calculer. Les bois que l'on peut employer sont les *bastings* 6 1/2 × 13 et les *madriers* 8 × 20, de sapin ; on les rabote et goudronne à chaud, deux couches au goudron de gaz.

Les extrémités des bois sont scellées dans les murs et s'il est nécessaire, pour éviter la flexion, on les soutient au milieu par une ou plusieurs colonnes en bois goudronné ou en briques. Il faut éviter l'emploi des clous et vis en fer et assembler les bois avec des chevilles en bois goudronné, car l'acidité de l'air ferait rouiller et détruirait le fer.

Toutes les ferrures de la salle devront être peintes à deux couches et vernies pour éviter la rouille.

Les chantiers superposés doivent être assez espacés pour permettre de retirer facilement les plaques des bacs, ce qui conduit à donner à cet espacement dans le sens vertical une hauteur double de la hauteur totale de l'élément garni de ses plaques.

Croquis montrant la disposition d'un local et les étagères avec les chantiers pour recevoir les éléments d'accumulateurs, d'après la Société Heinz et Cie.

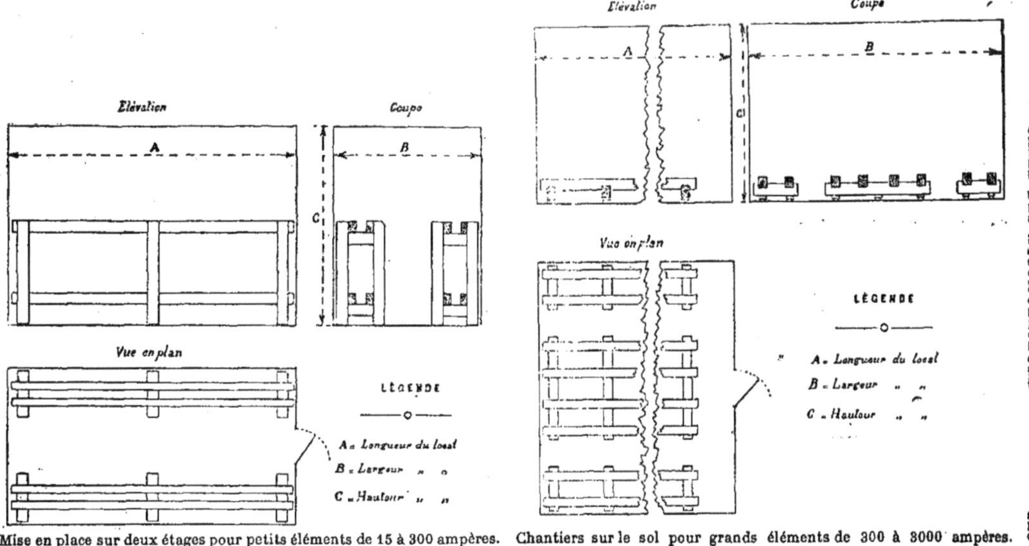

Mise en place sur deux étages pour petits éléments de 15 à 300 ampères. Chantiers sur le sol pour grands éléments de 300 à 3000 ampères.

Nos gravures montrent la manière de disposer les chantiers et d'y placer les bacs, chacun de ceux-ci étant supporté par quatre isolateurs en porcelaine ; ces isolateurs sont en deux pièces superposées, celle de dessus, plus large que l'autre, for-

Fig. 100. — Disposition des bacs sur des isolateurs et sur des *chantiers* isolés eux-mêmes par de gros isolateurs en porcelaine ; connexions soudées à la soudure au plomb.

mant cloche et conservant l'isolement malgré les chutes d'eau acidulée qui pourraient se produire sur elle.

Certains constructeurs livrent ces isolateurs en recommandant de garnir le godet inférieur d'huile de naphte qui est un bon isolant. Cette précaution, utile dans un local très humide, n'est pas indispensable dans un local sec et bien aéré ; il en est de même du montage des bacs sur double rang de madriers isolés eux-mêmes par des rondelles de porcelaine, qui n'est nécessaire que dans les locaux très humides et pour les batteries installées à la surface du sol.

Les étagères et chantiers étant ainsi préparés, les éléments y sont montés sur place, les connexions soudées, comme il a été expliqué au chapitre IV, première partie, les plaques positives d'un élément étant réunies par une *barre de connexion* en plomb aux plaques négatives de l'élément suivant. Il ne reste plus qu'à réunir maintenant les pôles extrêmes de la batterie avec la dynamo pour la charge et avec le circuit extérieur pour la décharge, c'est-à-dire à amener les fils venant des accumulateurs au tableau de distribution et de charge, qui se trouve généralement, et pour la plus grande commodité, dans la salle des machines.

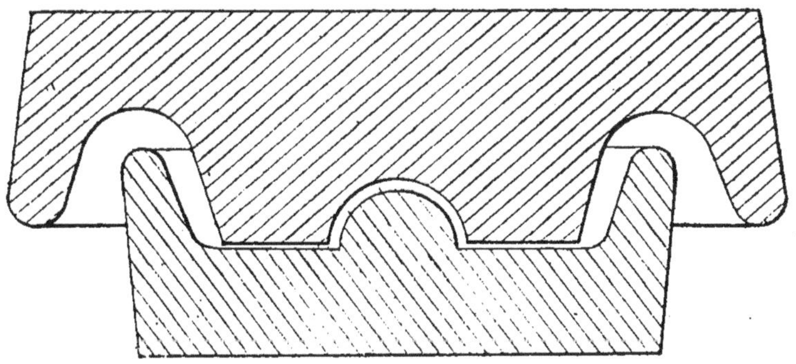

Fig. 101. — Coupe d'un isolateur en porcelaine pour bacs et chantiers d'accumulateurs.

Avant de quitter la salle des accumulateurs, rappelons qu'on doit prévoir dans cette salle deux ou trois *prises de courant* pour une *lampe baladeuse* attachée au bout d'un long fil souple ; cette lampe est nécessaire pour visiter les éléments et voir l'état des plaques. On devra aussi avoir un pèse-acides de *forme aplatie*, qui s'introduit facilement entre les plaques dans le liquide des bacs et permet de contrôler sa densité et de se rendre compte par là de l'état de la charge, ainsi qu'il sera expliqué à propos du fonctionnement général de l'installation ; on aura aussi un voltmètre de 5 volts pour mesurer la charge de chaque élément séparément.

Les éléments sont numérotés de 1 à 60 pour que l'on puisse retrouver ceux sur lesquels on aurait constaté des défauts.

Connexions de la batterie avec le tableau de distribution. — Prenons comme exemple la disposition d'une batterie de 60 éléments de quatre rangées de 15 éléments chacun ;

du pôle positif extrême de la batterie part un câble isolé qui va directement au tableau de distribution et des douze der-

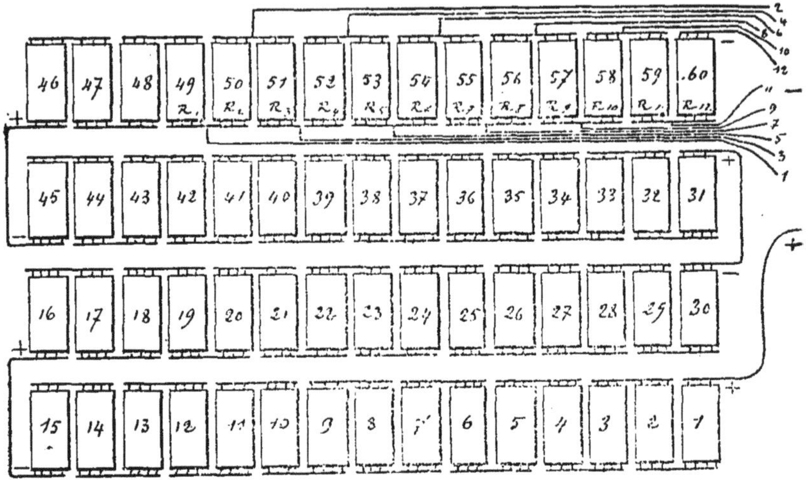

Fig. 102. — Une batterie de 60 éléments avec les fils allant au tableau de distribution et de charge.

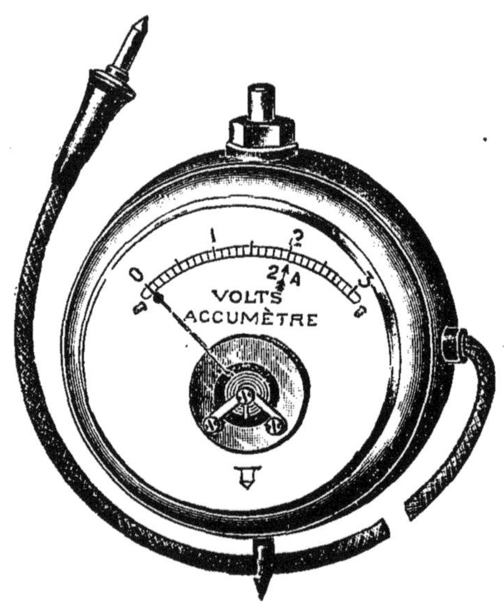

Fig. 103. — Petit voltmètre de la Cie F. A. C. pour la mesure du voltage des éléments d'une batterie.

niers éléments partent douze *câbles négatifs* qui vont aussi au tableau de charge (fig. 102).

Ces 13 câbles isolés passent au travers du mur de la salle des accumulateurs dans des tubes en matière isolante (tubes en ébonite, en fibre ou en carton bitumé ou en porcelaine) afin d'être bien isolés les uns des autres et aussi de la terre.

Nous retrouverons donc ces 12 fils négatifs et cet unique

Fig. 104. —Accumulateurs dont les connexions sont faites par des barres en cuivre munies d'écrous de serrage.

fil positif dans le montage du tableau de distribution et de charge ; c'est par leur intermédiaire que la charge et la décharge de la batterie seront commandées depuis la salle des machines.

Les 12 éléments desquels partent les 12 fils négatifs sont nommés *éléments de réduction*; nous avons indiqué leur utilité chapitre IV, première partie de ce livre.

Nous donnons ci-après les renseignements techniques résumés et les instructions très détaillées que fournit M. Ullmann pour le calcul et l'installation des batteries : ces documents sont un complément intéressant des explications données précédemment.

Charge. — *La force électro-motrice nécessaire pour assurer la charge complète des accumulateurs* est de 2,55 volts à 2,60 volts par élément ; ce, sous l'intensité de courant spécifiée pour chaque type par le vendeur.

Décharge. — *Le voltage final de la décharge*, pour les différentes intensités indiquées, est le suivant :

DÉCHARGE EN				
HEURES	**3**	**5**	**7 ½**	**10**
Voltage par élément . . .	1v,80	1v,81	1v,82	1v,83

Pour calculer le type et le nombre d'éléments nécessaires à une installation, il faut procéder comme suit :

Chercher dans le tarif la capacité en ampères-heures qui correspond au débit et au temps pendant lequel ce débit est nécessaire, puis choisir dans le tableau ci-dessus le voltage final indiqué pour le débit correspondant. *Le nombre d'éléments N à prévoir sera donné par la formule :*

$$N = \frac{V}{v}$$

dans laquelle V est le voltage sous lequel doivent fonctionner les appareils utilisant le courant de l'installation, et v le voltage final de la décharge d'un élément.

Electrolyte liquide pour les accumulateurs. — Le liquide employé, appelé électrolyte, doit être composé d'eau distillée et d'acide sulfurique pur à 66°. La composition et la pureté de l'électrolyte ont une grande influence sur la durée des électrodes et sur le bon fonctionnement.

Il est de toute importance de n'employer que des acides purs exempts de chlore, d'acide nitrique, de fer, etc. Tout autre acide que l'acide sulfurique, ou tout métal soluble dissous dans le liquide peut amener une destruction rapide des électrodes.

Les batteries sont toujours fournies avec l'électrolyte composé d'eau et d'acide en produits purs. Il ne reste donc plus qu'à le verser dans les éléments.

Le tableau ci-dessous indique les différents degrés de mélange employés dans les accumulateurs d'éclairage.

DEGRÉ Baumé	DENSITÉ	GRAMMES D'ACIDE à 66° contenus dans 1 litre de liquide	CENT. CUBES D'ACIDE à 66° contenus dans 1 litre de liquide	DÉSIGNATION de l'emploi du liquide
8	1.060	93	50	Eau acidulée pour bains d'hydrogène ou désulfatation
24	1.200	328	178	Eau acidulée pour batteries stationnaires
28	1.241	400	217	Eau acidulée pour batteries d'allumage et voitures électriques

Les accumulateurs doivent donc être remplis d'eau acidulée à l'acide sulfurique (densité 1,200 environ), et être uniquement chargés au moyen du courant continu. De même, si l'on ne veille pas à ce que la densité du liquide soit bien conforme à ces indications, on risque la destruction des plaques et un mauvais fonctionnement.

Si le temps et les circonstances le permettent, il est préférable de faire la première charge avec du liquide dont la densité ne dépasse pas 8° Baumé ; on obtient dans cet électrolyte une désulfatation et une désoxydation plus complètes des électrodes négatives.

Pour les éléments à poste fixe, le liquide doit dépasser de 2 centimètres le bord supérieur des plaques.

Pour les éléments de traction, il doit dépasser de 1 centimètre, et pour les éléments d'allumage, de 6 millimètres environ.

Couplage. — Les accumulateurs peuvent être couplés en tension, en quantité ou en séries multiples.

Charge (en ampères, unité d'intensité de courant). — Le

régime de charge normale que peuvent supporter les accumulateurs est de 0,5 ampère par décimètre carré de surface apparente des électrodes positives.

Le régime maximum est de 1 ampère par décimètre carré de surface apparente des électrodes positives.

Néanmoins, il y a lieu, lors de la mise en marche d'une batterie, d'effectuer *la première charge à une intensité qui ne doit pas dépasser la moitié du régime normal.*

La charge des accumulateurs peut se faire des deux manières suivantes :

1° *A intensité constante ;*

2° *A potentiel constant.* (*Potentiel*, unité de pression électrique, s'exprime en volts.)

La charge à intensité constante est celle qui est le plus fréquemment employée.

La dynamo qui convient la mieux pour cet usage est la dynamo excitée en dérivation. On maintient *l'intensité constante* au moyen d'un régulateur de champ magnétique (rhéostat intercalé en tension avec les inducteurs de la dynamo).

La charge à potentiel constant consiste à faire l'inverse, c'est-à-dire qu'il est nécessaire de maintenir la différence de potentiel constante, laquelle est réglée de façon à représenter toujours autant de fois 2,5 volts qu'il y a d'éléments en tension à charger. Ce voltage de 2,5 volts est celui que possède un accumulateur à fin de charge, lorsqu'il est encore sous l'influence du courant de charge.

Dans les deux cas, la dynamo doit pouvoir atteindre facilement 2,5 volts par accumulateur. Il est bon de faire ressortir qu'une surcharge abîme aussi bien un accumulateur qu'une décharge à fond. Dans le premier cas, ce sont les électrodes positives qui en souffrent ; dans le second cas, ce sont principalement les électrodes négatives.

Décharge (*en ampères, unité d'intensité de courant*). — Les accumulateurs peuvent être déchargés couramment à 1,5 ampère par décimètre carré de surface positive apparente.

En général, la décharge des accumulateurs doit être

arrêtée lorsque, débitant un courant, leur voltage tombe à 1,8 volt par élément.

Au début de la décharge la force électro-motrice est de 2 volts par élément.

Capacité (en ampères-heure, unité de quantité = Temps × Débit). — La capacité est la quantité d'électricité, exprimée en ampères-heure, que les accumulateurs peuvent fournir, depuis le commencement de la décharge jusqu'au moment où leur tension s'abaisse à 1,8 volt.

Plus le régime de décharge est élevé, moins grande est la capacité.

Dans les éléments mixtes Planté-Faure pour batteries fixes, la capacité est de 5 à 6 ampères-heure par kilogramme d'électrode.

Dans les éléments légers, pour électromobiles, allumage, batteries transportables, la capacité atteint 13 à 14 ampères-heure par kilogramme brut d'accumulateur, comprenant les électrodes, le bac, le liquide, les connexions.

Rendement en quantité (en ampères-heure). — Le rapport du nombre d'ampères-heure débité, au nombre d'ampères-heure reçu à la charge, constitue le rendement en quantité.

Dans ces accumulateurs, sous des régimes normaux, ce rendement atteint 90 % ; il atteint 95 % avec des régimes faibles.

Rendement en énergie (Watts-heure = Ampères-heure × Voltage moyen). — Le rapport du nombre de watts-heure utilisé pendant la décharge, à celui fourni pendant la charge, donne le rendement en énergie.

Ce rendement dans ces accumulateurs varie de 65 à 80 %.

Avec un haut régime de charge et de décharge, le rendement est de 65 %.

Il peut dépasser 80 % avec des régimes faibles.

Le rendement en watts-heure est toujours plus faible que celui en ampères-heure, parce que l'accumulateur au plomb restitue le courant électrique sous un voltage plus bas que celui sous lequel on le charge. A la charge comme à la décharge, il faut établir une moyenne de voltage.

Le nombre de watts-heure utilisables pendant la décharge, permet de déduire l'énergie disponible d'une batterie.

Puissance des accumulateurs (*Unité de puissance électrique : le Watt = Volt × Ampère*). — Bien souvent on se trouve en présence d'appareils, lampes, moteurs, etc. dont le fonctionnement nécessite *x* watts.

Il sera toujours facile de définir la batterie nécessaire pour alimenter ou actionner ces appareils, en prenant pour base l'intensité normale indiquée pour la décharge de ces accumulateurs.

Le voltage × par l'intensité du courant normal donnera la puissance en watts.

Nombre d'éléments. — Voltage sous lequel fonctionnent les appareils, divisé par 1,8 volt.

Capacité (*en Ampères-heure = Débit × Temps*). — Naturellement, suivant les applications en vue, il faudra adopter tel ou tel type d'élément.

Dans certains cas, les électrodes légères seront absolument nécessaires, comme dans d'autres cas il sera indispensable d'employer les électrodes mixtes Planté-Faure, dont la durée assure la plus grande économie dans l'emploi des batteries d'accumulateurs.

Renseignements à fournir pour un devis d'accumulateurs. — Indiquer : 1° *Nombre et constantes des appareils* utilisant le courant des accumulateurs seuls, tels que : lampes à incandescence (volts et ampères); *moteurs électriques à actionner* (volts et ampères); — 2° *Temps pendant lequel on demande le débit* des accumulateurs seuls ; — 3° *Temps et courant en ampères disponibles pour la charge.*

CHAPITRE IV

LE TABLEAU DE DISTRIBUTION ET DE CHARGE

Le *tableau* est constitué par une plaque en bois verni, en ardoise ou en marbre, de dimensions plus ou moins grandes, sur laquelle sont fixés les appareils de sécurité, de contrôle, de mesure et de manœuvre de la marche du courant électrique. Le tableau est l'intermédiaire nécessaire entre la dynamo et le circuit extérieur, entre la dynamo et les accumulateurs et enfin entre les accumulateurs et le circuit extérieur ; c'est sur le tableau que les divers courants électriques sont *aiguillés* vers leur destination par le mécanicien qui a ainsi réunis sous la main tous les appareils nécessaires à la direction du service électrique.

Selon que l'installation comporte une batterie d'accumulateurs ou qu'elle n'en comporte pas, le tableau nécessite plus ou moins d'appareils. Avant d'étudier la composition des tableaux dans divers cas, nous allons décrire les appareils nécessaires au service du courant électrique.

1° *Appareils de mesure.* — Ce sont le *voltmètre* qui indique la tension ou *potentiel* du courant et l'*ampèremètre* qui indique l'*intensité* du courant. Nous avons expliqué le fonctionnement de ces deux appareils dans la première partie, chapitre III. Dans la pratique, le mécanicien doit veiller à ce que le courant ne dépasse pas la tension pour laquelle est faite l'installation. Si c'est 110 volts, le voltmètre ne devra donc jamais s'écarter de plus de 2 ou 3 volts en plus ou en moins de ce chiffre.

Dans le cas d'une installation sans accumulateurs, un voltmètre marquant jusqu'à 120 volts sera suffisant, c'est-à-dire que le voltmètre devra pouvoir indiquer un peu plus que la tension normale de la dynamo. Si nous avons à charger une batterie d'accumulateurs, le voltmètre devra être gradué à la plus forte tension de la batterie pendant la charge, soit le nombre des éléments multiplié par 3 volts.

Fig. 105. — Voltmètre et ampèremètre du tableau de distribution.

Par exemple, pour une batterie de 60 éléments, le voltmètre devra aller jusqu'à 180 volts, pour 40 éléments il devrait aller jusqu'à 120 volts.

Généralement le tableau ne comporte qu'un seul voltmètre qui peut être mis en communication soit avec le circuit extérieur, soit avec la totalité de la batterie pendant la charge ou la décharge de celle-ci ; ces communications sont obtenues au moyen d'un petit commutateur à deux directions appelé *commutateur du voltmètre.*

L'*ampèremètre* indique au mécanicien ce que le circuit consomme d'électricité ; si, à un moment donné, il s'apercevait que cette consommation dépasse ou même *tend à dépasser* les limites dans lesquelles la dynamo ou la batterie d'accumulateurs doivent fournir normalement le courant, il devrait s'enquérir des causes qui augmentent ce débit outre mesure et faire en sorte que la consommation du courant soit limitée aux capacités de l'installation.

Un ampèremètre reste constamment en circuit au départ des feeders du secteur de distribution ; un autre ampèremètre

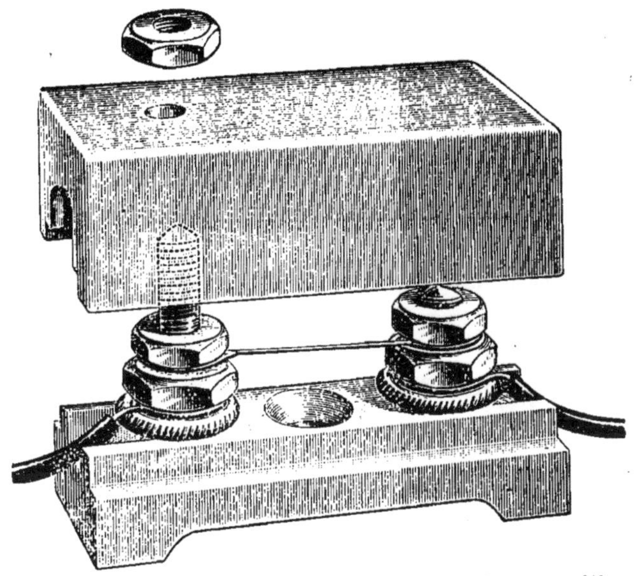

Fig. 106. — Coupe-circuit unipolaire garni d'un fil fusible (ce modèle convient pour 1 à 5 ampères).

(Clichés Bouillet).

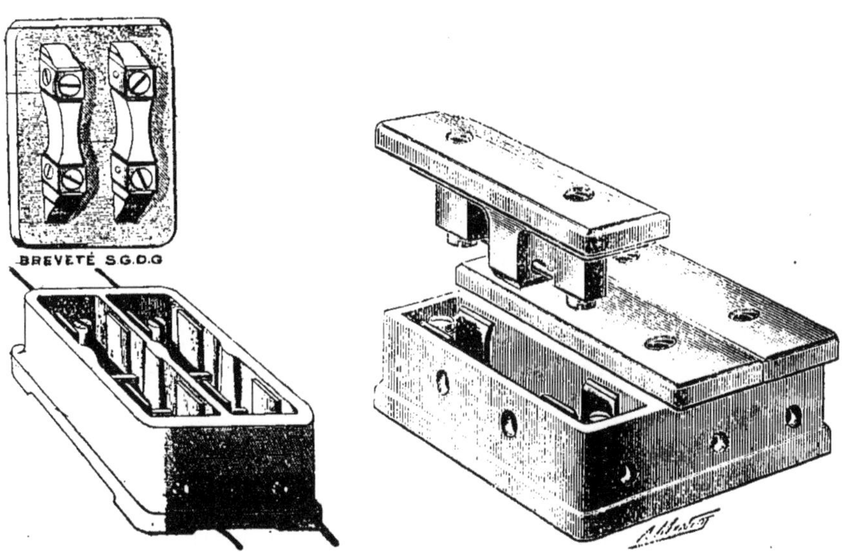

Fig. 107 et 108. — Coupe-circuits bipolaire et tripolaire, modèles dits *à tabatière*, pour 1 à 10 ampères. Ce modèle est commode à cause de la facilité que l'on a pour changer les plombs fusibles sans avoir à couper au préalable le courant sur la ligne.

doit être constamment en circuit sur les câbles servant à la charge de la batterie d'accumulateurs ; cet ampèremètre indiquera, lors de la charge, la quantité d'ampères que la dynamo

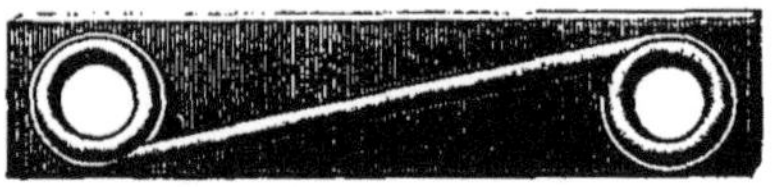

Fig. 109. — Plomb fusible sur plaque de fibre à œillets (de 3 à 20 ampères).

Fig. 110. — Fusible en fil d'argent soudé sur rondelles en laiton (de 10 à 100 ampères).

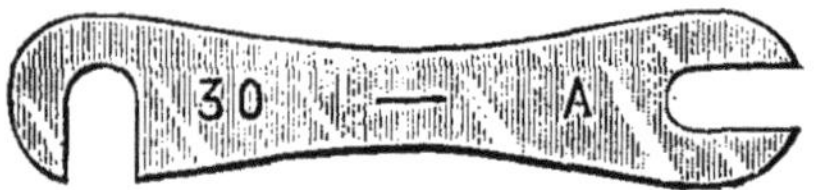

Fig. 111. — Fusible en étain étalonné de 3 à 50 ampères.
(Clichés Grivolas).

Fig. 112. — Fusible en lame de plomb pour 20 à 100 ampères et au-dessus.

fournit à la batterie et qui devra être en rapport avec le *régime de charge* indiqué par le vendeur de cette batterie.

Appareils de sécurité. — La dynamo et la batterie d'accumulateurs doivent être constamment protégées contre les perturbations du circuit extérieur ; celles-ci peuvent provenir soit d'un contact direct des fils de distribution (court-circuit), soit d'une exagération de la consommation d'électricité, soit de la chute de la foudre sur les câbles aériens. Le

Fig. 113. — Coupe-circuit bipolaire à barrettes mobiles permettant de changer les plombs sans couper le courant sur la ligne.

Fig. 114. — Coupe-circuit bipolaire à séparation isolante, pour 100 ampères et au-dessus.

(Clichés Grivolas).

tableau de distribution doit donc recevoir un certain nombre de *coupe-circuits* munis de fils ou lames d'alliage fusible ou de plomb qui s'échaufferont et fondront instantanément si un court-circuit ou bien une élévation anormale du débit électrique se produit ; il sera aussi protégé par un parafoudre qui détournera le feu du ciel vers la terre, au cas où la foudre tomberait sur la ligne.

Les coupe-circuits sont dits *unipolaires* quand ils sont posés sur un seul des fils conducteurs du courant, ils sont *bipolaires* quand les deux conducteurs y sont rattachés.

Nos gravures représentent les divers modèles de coupe-circuits pour tableaux de distribution. Le métal fusible, plomb, alliage de plomb et d'étain, ou argent, est serré par deux écrous ; il est employé sous forme de fils ou de lames minces.

Nous donnons ci-après les grosseurs des fils d'alliage, de plomb et d'argent à employer selon l'intensité du courant qui doit circuler dans les conducteurs. Il est bien entendu que la grosseur du *fusible* doit être exactement proportionnelle à l'intensité du courant : si le fusible était trop faible, il fondrait à chaque instant, s'il était trop gros, il deviendrait inutile, car il permettrait une trop grande élévation de la valeur

Grosseur des fils en alliage fusible (Grivolas)

DIAMÈTRES en dixièmes de millimètres	AMPÈRES sous 110 volts	DIAMÈTRES en dixièmes de milimètres	AMPÈRES sous 110 volts
2	0.5	14	8.1
3	0.9	15	9
4	1.4	16	10
5	2	17	11
6	2.5	18	12
7	3	19	14
8	3.6	20	16
9	4.3	22	19
10	5	24	22
11	5.7	26	25
12	6.5	28	27
13	7.3	30	30

Grosseur des fils de plomb

DIAMÈTRES en dixièmes de millimètres	AMPÈRES sous 110 volts	DIAMÈTRES en dixièmes de millimètres	AMPÈRES sous 110 volts
4	1	15	12
5	1.5	16	16
6	2	17	18
7	3	18	20
8	4	20	22
9	5	22	24
10	6	24	26
11	7	26	30
12	8	28	35
13	9	30	40
14	10		

Grosseur des fils d'argent

DIAMÈTRES en dixièmes de millimètres	AMPÈRES sous 110 volts	DIAMÈTRES en dixièmes de millimètres	AMPÈRES sous 110 volts
2	2,5	9,5	43
2,5	5	10	47
3	8	11	56
3,5	11	12	62
4	14	13	69
4,5	17	14	75
5	20	15	82
5,5	23	16	92
6	25	17	100
6,5	27	18	112
7	29	19	125
7,5	31	20	140
8	34	25	175
8,5	37	30	220
9	40		

du courant, ce qui pourrait être nuisible à la dynamo et aux accumulateurs.

Les coupe-circuits employés dans les diverses parties du secteur de distribution sont identiques à ceux du tableau mais en plus petit ; ils sont généralement recouverts d'un couvercle destiné à empêcher les projections de métal fondu.

Un parafoudre doit être placé à l'entrée de tous les locaux

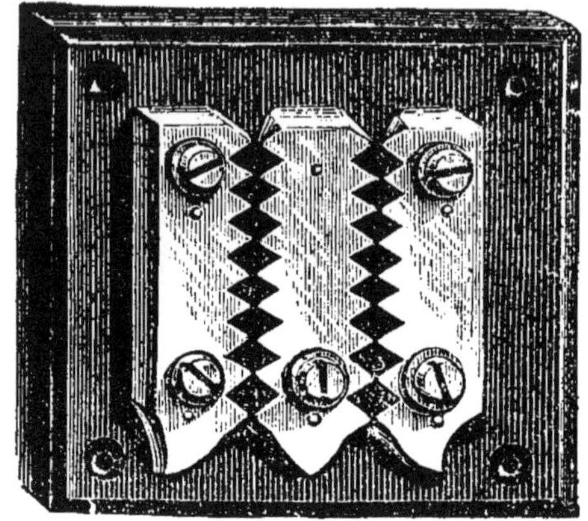

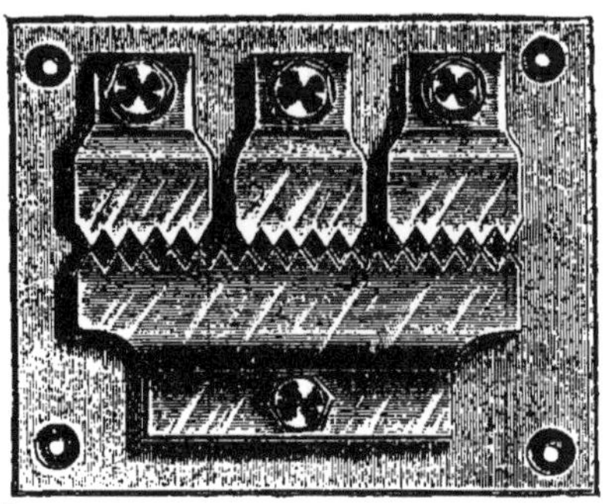

Fig. 115 et 116. — Parafoudres à peignes pour lignes bipolaire et tripolaire; la large plaque est reliée à la terre et chaque fil de ligne aboutit et repart d'une des petites plaques.

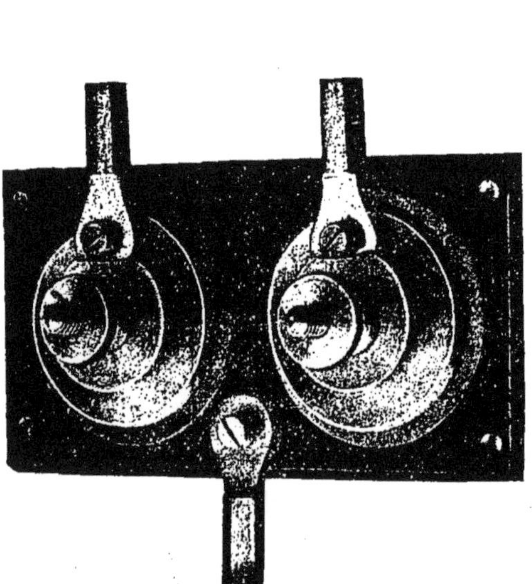

Fig. 117. — Parafoudre à disques dans lequel l'étincelle de la foudre se produit entre deux plaques métalliques très rapprochées l'une de l'autre.

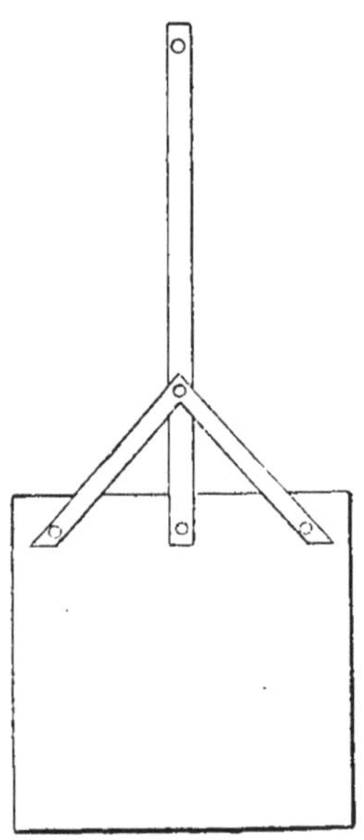

Fig. 118. — Montage d'une plaque de terre en forte tôle galvanisée, rivée et soudée au fil venant du parafoudre.

où pénètre une ligne électrique aérienne, afin de protéger les appareils électriques et aussi les personnes de la chute possible de la foudre sur les câbles extérieurs ; on a remarqué, en effet, que les lignes aériennes parcourues par un courant

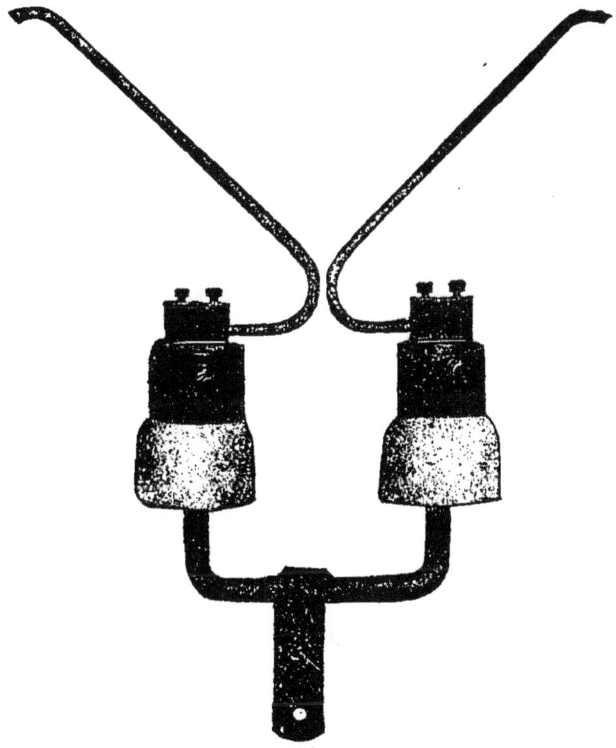

Fig. 118 *bis*. — Parafoudre à cornes pour lignes à haute tension.

électrique sont très sujettes à recevoir la foudre et que ce danger augmente avec la tension du courant dans ces lignes.

Le parafoudre est donc indispensable, dans le cas où l'installation comporte des lignes aériennes extérieures, surtout avant l'entrée des feeders dans la salle des machines où la foudre causerait des dégâts considérables en mettant hors d'usage les dynamos et la batterie d'accumulateurs.

Le principe du parafoudre consiste à opposer au passage du courant de plusieurs millions de volts de la foudre, un léger obstacle formé d'une torsade du fil conducteur du courant ordinaire et à lui offrir en même temps une porte de sortie vers la terre sous forme d'un conducteur de grande section placé à une petite distance du conducteur normal.

A cet effet, on interpose dans le circuit à l'entrée des habita-

Fig. 119. — Petit interrupteur en porcelaine pour 1 à 10 ampères. *(Grivolas).*

Fig. 120. — Interrupteur unipolaire pour 10 à 20 ampères.

tions un solénoïde ou torsade de fil et l'on place à quelques millimètres du conducteur une plaque métallique reliée à la terre par un gros câble en cuivre de 4 à 6 millimètres de diamètre. Si la foudre tombe sur la ligne aérienne, il se forme, entre les plaques du parafoudre, une forte étincelle, et l'électricité atmosphérique passe à la terre.

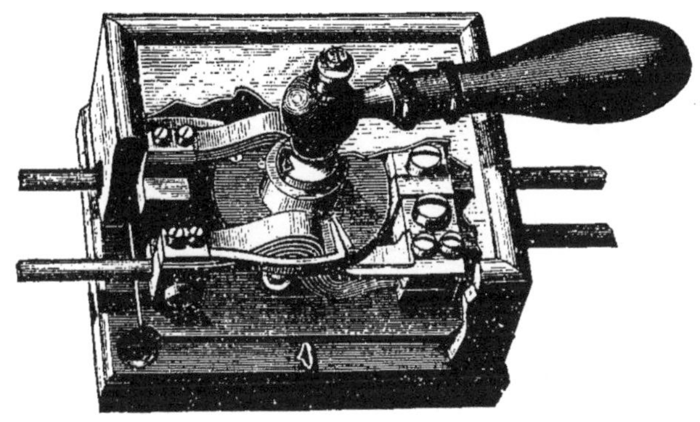

Fig. 121 et 122. — Interrupteurs unipolaire et bipolaire renfermés dans un coffret vitré pour 10 à 50 ampères.

(Cliché Grivolas).

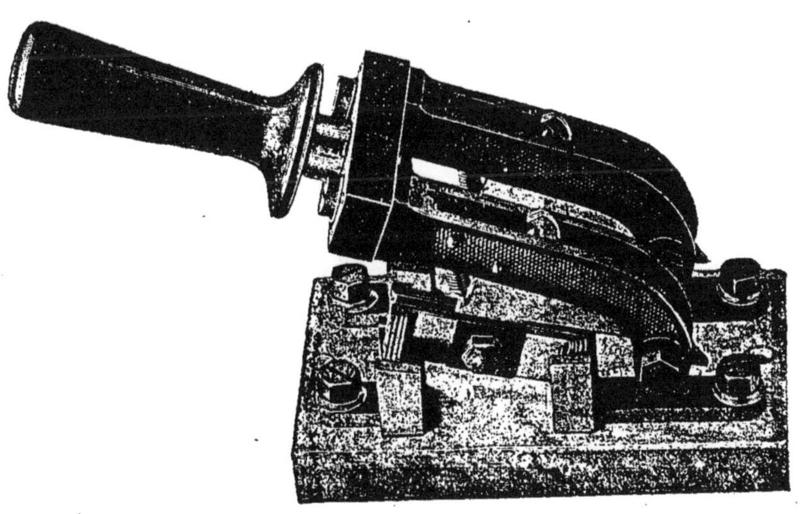

Fig. 123. — Interrupteur bipolaire à rupture brusque pour 25 à 100 ampères et au-dessus.

Les parafoudres que l'on trouve dans le commerce sont de divers modèles, à peignes, à plaques ou à cornes, ces derniers étant employés pour les très hautes tensions. Dans le cas des tensions de 110 et 220 volts, le parafoudre à peignes ou à plaques est suffisant; il est uni- bi- ou tripolaire selon qu'il y a un, deux ou trois fils de ligne.

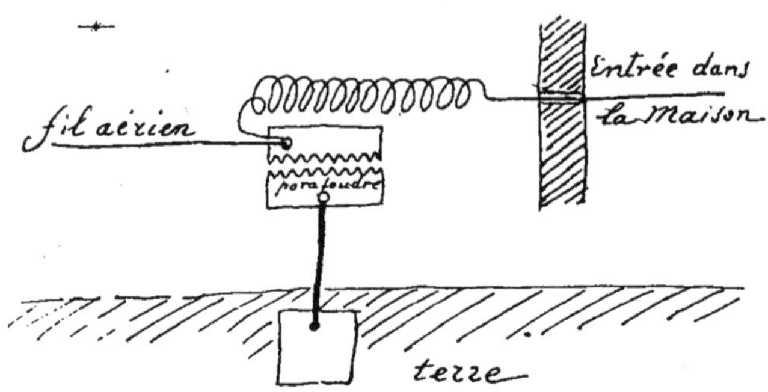

Fig. 124. — Montage d'un parafoudre.

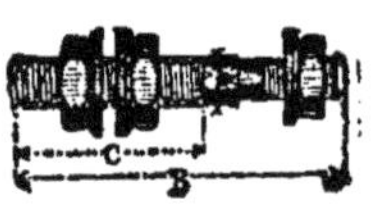

Fig. 125. — Boulon pour connexions des fils ou câbles.

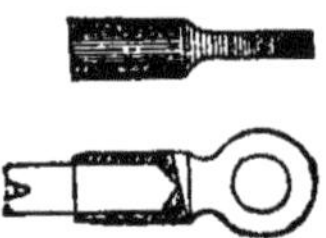

Fig. 126. — *Cosses* pour souder aux extrémités des câbles.

Fig. 127. — Montage d'un câble avec une cosse soudée. (Montage en avant du tableau.)

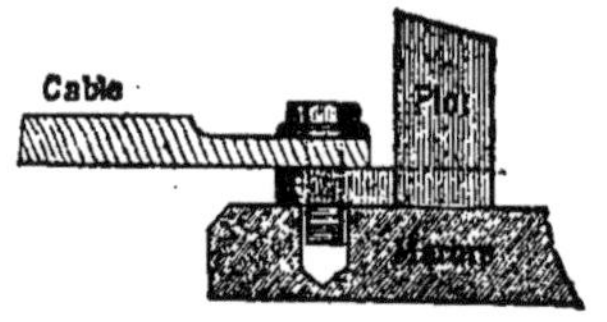

Fig. 128. — Montage d'un câble avec une plaque en cuivre soudée sur son extrémité.

Les plaques ou peignes du parafoudre sont montées sur marbre ou ardoise que l'on doit fixer à l'abri de la pluie sur un mur sec afin d'éviter que le marbre ne s'imprègne d'humidité et ne cause une perte de courant à la terre. L'espace entre les points des peignes ou entre les plaques du parafoudre doit être très réduit, 2 à 3 millimètres, et dégagé des poussières ou petits corps étrangers qui pourraient y tomber en causant une perte à la terre.

Le câble réunissant le parafoudre à la terre doit être aussi rectiligne et aussi court que possible et ne *pas être à proximité des personnes* qui pourraient recevoir de lui la décharge de la foudre. Ce câble est enfoncé profondément dans la terre jusqu'au sol humide et rivé et soudé à une plaque de cuivre ou de fer étamé ou galvanisé d'environ un mètre carré de surface noyée dans le sol humide et recouverte de coke ou de charbon de bois, pour bien assurer son contact avec la terre. On doit, en somme, établir formellement la perte à la terre ; un puits ou une pièce d'eau ne constituent pas une bonne perte pour un parafoudre.

Le câble d'arrivée du courant et celui de départ sont serrés à angle vif sur la borne de la plaque du parafoudre et le câble qui entre dans l'habitation doit présenter aussitôt *vingt spires* d'environ dix centimètres de diamètre, de façon à opposer au passage du courant fulgurant une sorte de tournant brusque qui le forcera à passer directement à la terre par le petit espace séparant les plaques de circuit de la plaque de terre. Notre gravure (fig. 124) fait voir la manière de bien monter un parafoudre.

Les parafoudres doivent être visités et nettoyés de temps en temps ; on reconnaît qu'ils ont été touchés par la foudre à ce que leurs plaques sont plus ou moins détériorées, calcinées ou fondues et nécessitent un remplacement.

Appareils de direction et d'arrêt du courant. — Ce sont les interrupteurs qui servent à mettre le courant sur un circuit ou à le supprimer, et les commutateurs à deux directions qui permettent d'envoyer un même courant dans un circuit ou dans un autre ou bien de l'interrompre dans les deux circuits.

Ces appareils doivent être choisis de forte construction, appropriée à l'intensité du courant qu'ils doivent transmettre ;

ils sont montés sur plaques de marbre, ardoise ou faïence, pour fixer sur les tableaux en bois, ou bien directement sur le tableau si celui-ci est en marbre. Les câbles y sont fixés soit directement s'ils sont de petit diamètre, soit par des *cosses* ou pièces de cuivre soudées au bout des câbles. Nos gravures ci-contre font voir le mode de montage dans les divers cas, avec connexions devant ou derrière le tableau.

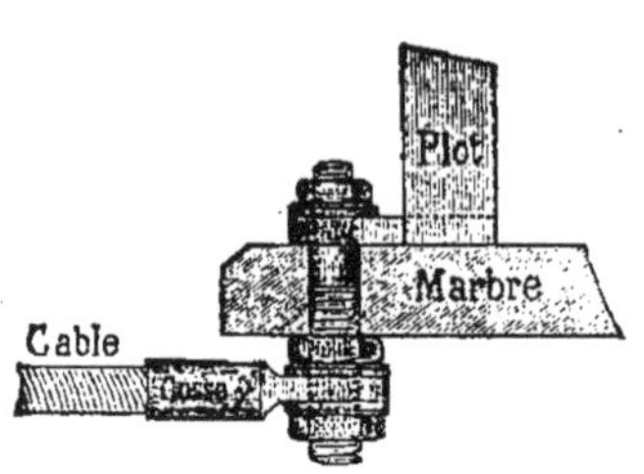

Fig. 129. — Montage d'une connexion par derrière le tableau.

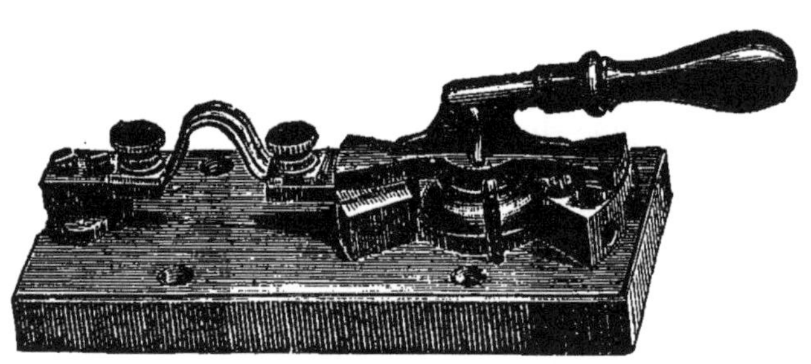

Fig. 130. — Interrupteurs unipolaire et bipolaire combinés avec coupe-circuit à fil fusible; ce modèle est peu encombrant et très pratique pour les petits tableaux.

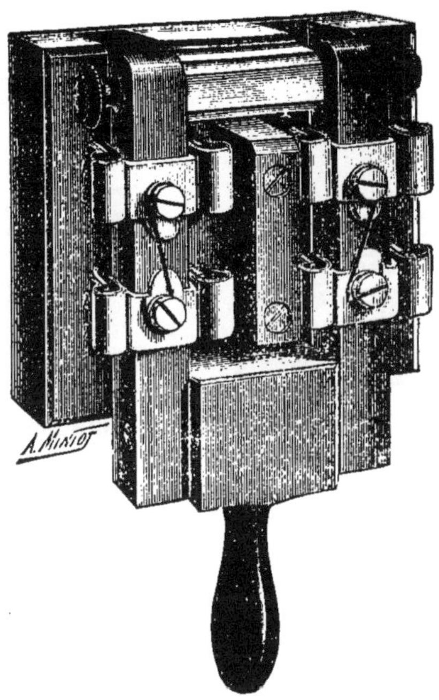

Fig. 131. — Interrupteurs en bois vernis ou en ardoise avec plombs fusibles formant coupe-circuit. Ne couvient qu'aux faibles tensions (110 volts) dans les locaux secs et aérés.

Fig. 132. — Commutateur bipolaire à deux directions pour 5 à 100 ampères.

Commutateurs à deux ou plusieurs directions. — Lorsqu'il est nécessaire d'envoyer un courant dans plusieurs circuits

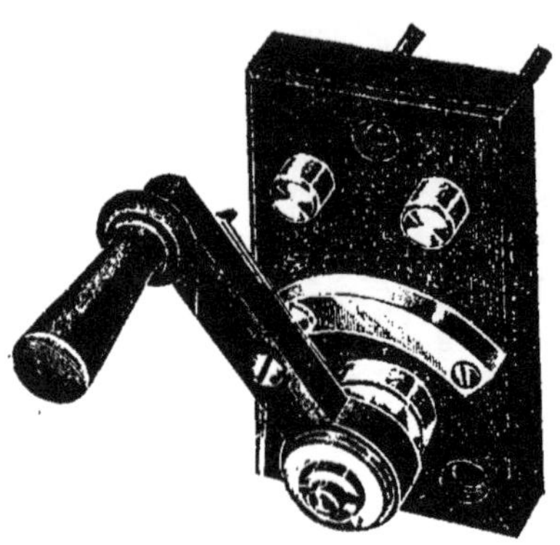

Fig. 133 et 134. — Petits commutateurs bipolaires à deux et à cinq directions ; ces petits appareils sont surtout employés pour mettre le voltmètre successivement sur divers circuits.

différents, on emploi un *commutateur* du genre de ceux représentés ci-dessus.

Appareils de contrôle. — Sur le tableau ou à proximité doit se trouver une lampe à incandescence dite *lampe témoin* commandée par un petit interrupteur. Le mécanicien aura, par le moyen de cette simple lampe, la faculté de se rendre compte si le potentiel ou voltage du courant est bon, c'est un contrôle facile des indications du voltmètre en même temps qu'un éclairage pour la nuit du tableau de distribution.

Dans une installation, il peut se produire accidentellement des pertes à la terre, par suite du mauvais isolement fortuit d'un câble quelconque du circuit. Voici un petit appareil facile à construire qui révélera cet accident dont il faudra de suite rechercher la cause pour le réparer. Il se compose de deux lampes à incandescence de 5 bougies montées en *tension* sur les deux feeders au départ du tableau ; sur le petit fil qui relie les deux lampes, on place deux petits interrupteurs unipolaires et entre ces deux interrupteurs on met un fil allant à la terre. Si l'on ferme les deux interrupteurs, les deux lampes rougiront faiblement ; si elles sont également lumineuses, c'est que l'isolement de la ligne est bon, mais si l'une éclaire plus que l'autre, c'est qu'il y a une perte à la terre dans le feeder auquel est reliée la lampe qui éclaire le moins. En effet, supposons qu'il y ait une perte à la terre dans le feeder +, la lampe L2 recevrait le courant du feeder + par la terre sans que ce courant ait à passer par la lampe L1, d'où il résulterait que la lampe L2 deviendrait beaucoup plus lumineuse que la lampe L1. On peut faire la vérification d'une autre manière, en fermant un seul des interrupteurs puis l'autre; si l'une des lampes rougit un peu, elle indique une perte à la terre dans le feeder auquel elle n'est pas reliée, parce que le courant de ce feeder lui arrive par la terre.

Fig. 135. — Appareil indicateur de pertes à la terre construit par M. Ullmann.

Ces petites expériences doivent se faire dans l'obscurité qui permet de juger de la moindre lumière émise par l'une des lampes.

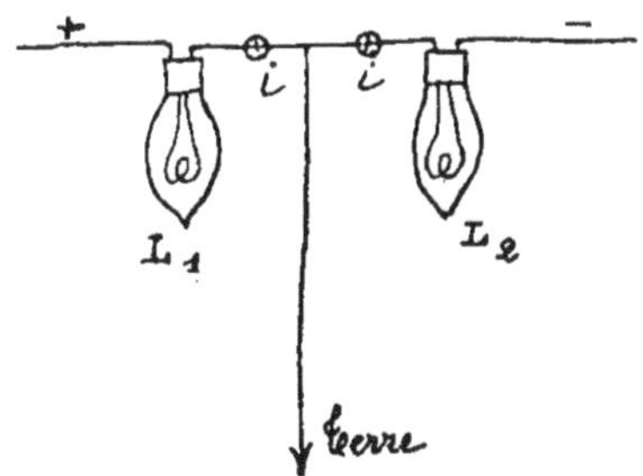

Fig. 135 *bis*. — Schéma du montage de l'indicateur de pertes à la terre.

Conjoncteurs et disjoncteurs automatiques. — La mise en communication de la dynamo avec la batterie d'accumulateurs ne doit se faire que lorsque la tension du courant émis par la dynamo est supérieure au potentiel de la batterie; en effet, s'il en était autrement, la batterie se déchargerait à travers les enroulements de la génératrice, en faisant tourner celle-ci comme un moteur électrique. On a donc inventé des appareils appelés conjonc-

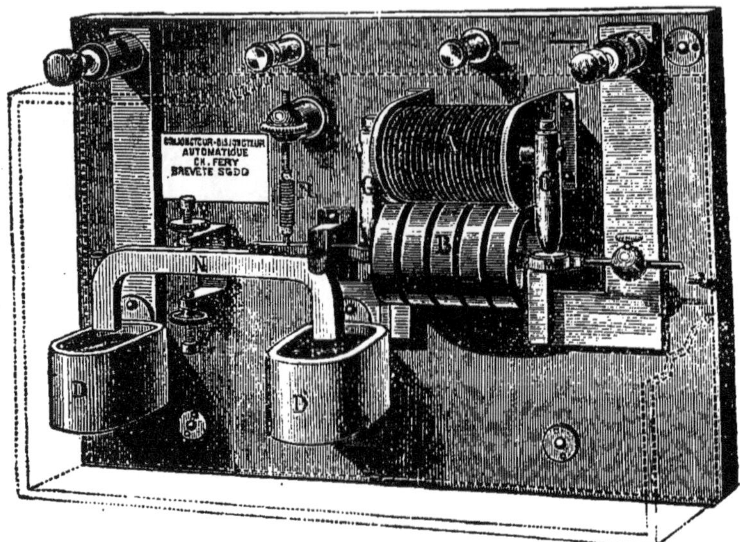

Fig. 136. — Conjoncteur-disjoncteur automatique à contacts à mercure, système Féry.

teurs-disjoncteurs automatiques, destinés à établir la communication entre la dynamo et la batterie dès que le cou-

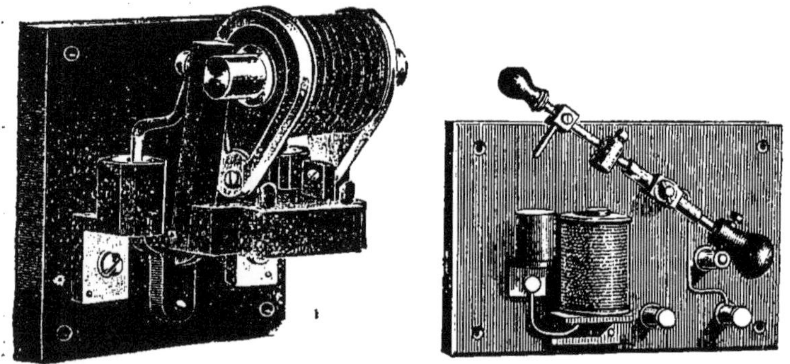

Fig. 137 et 138. — Disjoncteurs unipolaires à contacts à mercure pour petites intensités jusqu'à 100 ampères.

rant de la dynamo atteint un potentiel suffisant, et à couper automatiquement cette communication dès que le potentiel de la batterie se trouve supérieur pour une raison quelconque à celui de la dynamo (ceci peut se produire par suite du ralentissement de la dynamo dû au relâchement d'une courroie ou au ralentissement fortuit du moteur). En principe, ces appareils se composent d'un électro-aimant dont la force attractive varie selon le potentiel du courant qui le

Fig. 139 et 140. — Disjoncteurs automatiques avec contacts à couteaux métalliques.

parcourt ; cet électro-aimant attire une palette de fer qui commande un interrupteur du courant entre la dynamo et la batterie. Quand le courant atteint un potentiel suffisant *dans un sens déterminé*, la palette est attirée et l'interrupteur se ferme automatiquement ; si le potentiel diminue ou que le courant change de sens, la palette n'est plus attirée et son mouvement en arrière ouvre l'interrupteur qui coupe alors le courant en empêchant la décharge de la batterie dans la dynamo.

Appareils de réglage. — La tension ou potentiel du courant produit par la dynamo est réglée par un rhéostat qui agit sur le courant d'excitation de la dynamo, en modifiant la puissance du *champ magnétique* dans lequel tourne l'induit. Ce

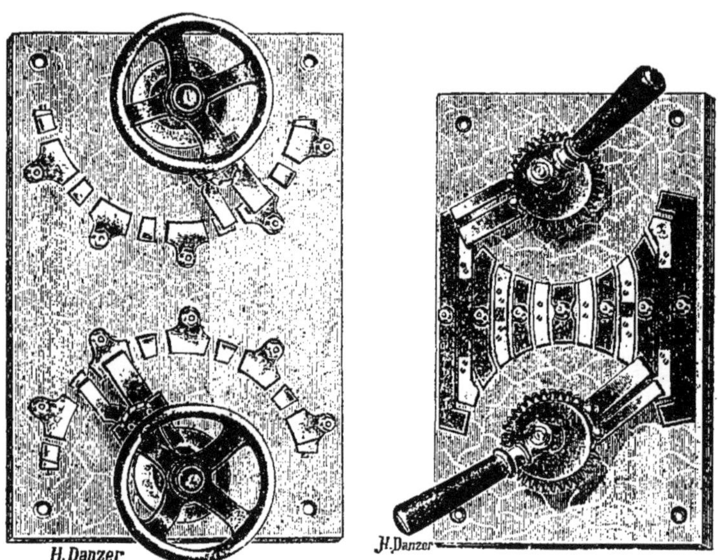

Fig. 141 et 142.— Réducteurs de charge et de décharge pour batterie d'accumulateurs.

rhéostat ou *résistance* se compose d'un certain nombre de mètres de fil de maillechort ou de ferro-nickel, métaux assez mauvais conducteurs de l'électricité ; cette longueur assez grande de fil est divisée en une douzaine de morceaux enroulés en spirale et disposés sur un cadre en fonte ou en marbre avec autant de *plots* qu'il y a de spires de fil ; sur ces plots se meut un *curseur* à manette qui permet d'intercaler dans le circuit d'excitation de la dynamo une ou plusieurs spires résistantes du rhéostat, le courant inducteur se trouve ainsi modifié à la volonté du mécanicien. Avec un rhéostat convenablement calculé, la dynamo tournant à une vitesse constante, on peut faire varier le courant produit entre 100 et 120 volts, par exemple, s'il s'agit d'un éclairage direct, ou entre 110 et 170 volts s'il s'agit de charger une batterie d'accumulateurs de 60 bacs. Le constructeur de la dynamo vend les rhéostats d'excitation calculés selon les besoins qui lui sont indiqués.

Dans un rhéostat, le courant arrive par l'axe du curseur à manette, passe par les spires qui sont en circuit et retourne au circuit extérieur.

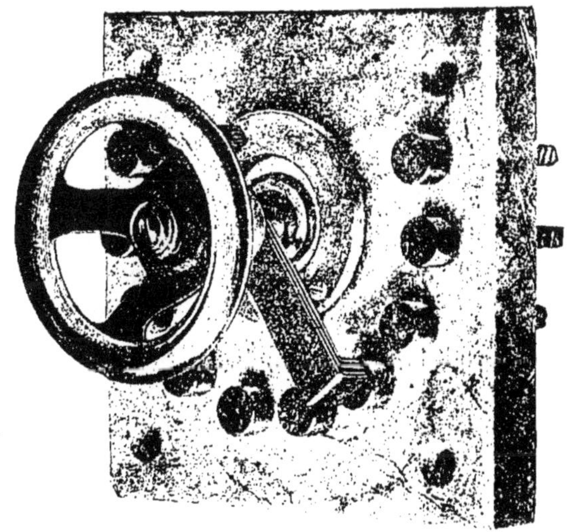

Fig. 143. — Réducteur pour fortes intensités avec volant de manœuvre.

Les rhéostats sont employés pour le démarrage des moteurs électriques afin d'admettre progressivement le courant électrique dans les bobinages et de laisser à l'induit ou *rotor* le temps de démarrer et d'acquérir la vitesse normale ; les rhéostats sont aussi quelquefois employés pour régler le potentiel du courant à un point quelconque et sur une partie de la ligne de distribution quand la dynamo est sujette à des variations de vitesse, comme par exemple dans le cas d'une turbine à eau ou à air. En ce cas, le rhéostat est composé de spires de fil assez gros pour permettre le passage de la totalité du courant qui doit alimenter la ligne ; en interposant un certain nombre de ces spires résistantes, on a la faculté de diminuer le potentiel si la dynamo, souvent placée au loin, prend une vitesse exagérée.

Dans certains cas spéciaux où la vitesse de la dynamo subit des fluctuations périodiques et fréquentes, on emploie un rhéostat commandé automatiquement par un procédé électromécanique approprié. Nous n'entrerons pas ici dans la description de ces appareils dont l'emploi est rarement nécessaire dans les installations à la campagne.

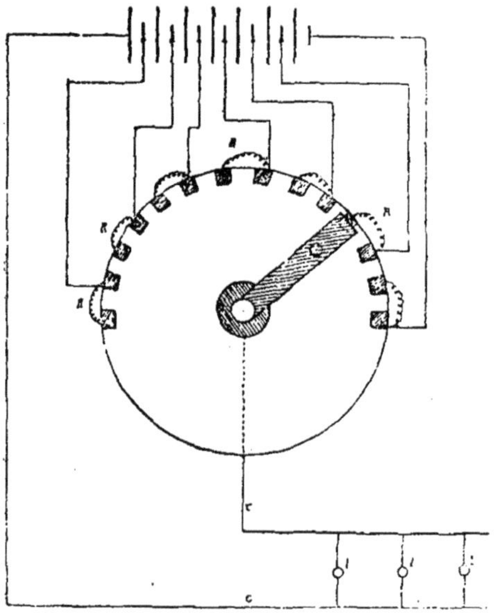

Fig. 144. — Schéma de montage des fils entre la batterie et le réducteur de charge ou de décharge.

Dans le cas où l'installation comporte une batterie d'accumulateurs, le tableau de charge doit être pourvu d'un *réducteur de charge* et d'un *réducteur de décharge*. Ces appareils permettent de mettre en circuit soit les premiers éléments de la batterie, soit, en plus de ces premiers éléments, une partie ou tous les éléments de réduction. Les *réducteurs* sont constitués par des plots en cuivre fixés sur marbre, sur lesquels tourne une manette à frottoir ; les plots des réducteurs sont réunis respectivement chacun par un fil isolé aux éléments *de réduction*; le frottoir de la manette du réducteur de charge sera relié à la dynamo pendant la charge et celui du réducteur de décharge est connecté au circuit de distribution ; l'autre pôle de la batterie est connecté directement à la dynamo et au circuit. Selon la position des manettes sur les plots des réducteurs, tout ou partie de la batterie pourra donc être mis en charge pendant qu'une partie seulement sera en décharge, ce qui permet de régler avec précision le voltage extérieur à 110 volts quoique la charge s'effectue à 160 volts ; au moyen du réducteur de charge, on peut aussi ne charger que les premiers éléments de la batterie en laissant en dehors de la charge les éléments de réduction si ceux-ci, n'ayant pas été utilisés lors de la décharge précédente, n'ont pas besoin d'être chargés.

Le schéma ci-dessus montre seulement 6 éléments en réduction ; il est nécessaire de mettre un peu plus d'éléments en réduction si la batterie doit fournir l'éclairage pendant que

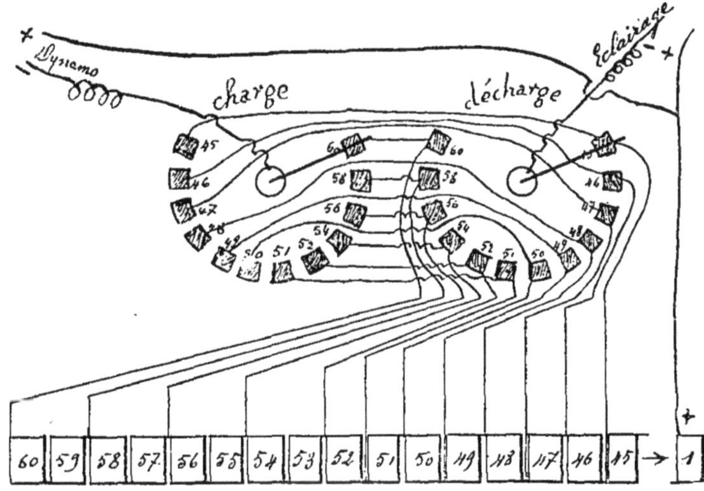

Fig. 145. — Schéma montrant les connexions de deux réducteurs de charge et de décharge : 1° entre eux; 2° avec une batterie de 60 éléments comportant 14 éléments de réduction; 3° avec la dynamo pour le réducteur de charge et 4° avec le circuit extérieur pour le réducteur de décharge. — Le bac n° 1 de la batterie est relié d'une part à la dynamo et d'autre part au circuit extérieur. — La position des manettes des réducteurs est celle de la charge de la batterie quand tous les éléments sont en charge et que 45 éléments seulement fournissent le courant au circuit extérieur.

la charge s'effectue : en ce cas il faut laisser environ un quart de la batterie en réduction, on groupe alors 2 éléments sur le même plot du réducteur.

En effet, si la charge de la batterie s'effectue à 2,5 volts par élément, on a vers la fin de charge, pour les 45 premiers éléments, un voltage de 112,5 volts qui est suffisant pour alimenter le circuit extérieur à 110 volts. Si un plus grand nombre d'éléments était laissé en circuit de décharge, à ce moment-là, le voltage serait trop élevé sur le circuit extérieur.

Le présent schéma montre la manette de charge sur le plot 60 et la manette de décharge sur le plot 45, c'est une position de fin de charge alors que la dynamo charge les 60 éléments de la batterie, tandis que 45 éléments seulement débitent sur le circuit extérieur ; la dynamo donne à ce moment environ 160 volts et la batterie débite environ 140 volts sur le circuit.

Il sera facile à nos lecteurs de déduire de ce qui précède la réduction des batteries de moins de 60 éléments avec lesquelles des réducteurs à 8 ou 10 plots sont suffisants, car il y a moins d'éléments de réduction.

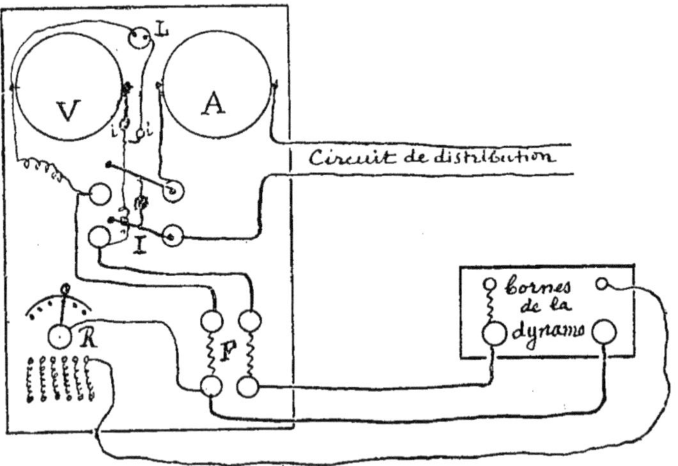

Fig. 146. — Eclairage par la dynamo sans batterie d'accumulateurs.

Composition et connexions d'un tableau de charge pour éclairage direct par la dynamo. — Le tableau se compose en ce cas de :

1 voltmètre ;
1 ampèremètre ;
1 lampe témoin ;
1 coupe-circuit bipolaire ;
1 interrupteur bipolaire ;
1 rhéostat de champ magnétique ou excitation de la dynamo.

Le voltmètre V est connecté aux deux fils du circuit extérieur ainsi que la lampe témoin L, tous deux sont munis d'un petit interrupteur *ii.*

La dynamo est reliée à l'interrupteur bipolaire I par l'intermédiaire d'un coupe-circuit bipolaire F et de là par un de ses pôles dans l'ampèremètre ; l'autre pôle est relié directement au circuit extérieur ; le rhéostat d'excitation R est en dérivation sur un des pôles de la dynamo, pour le cas de dynamo shunt.

Composition et connexions d'un tableau simple pour éclairage par dynamo et batterie d'accumulateurs. — Le tableau que représente la figure 147 est constitué par les appareils *absolument nécessaires* ; il permet :

1° La charge de la batterie ;
2° L'éclairage par la dynamo seule ;
3° L'éclairage par la batterie seule ;
4° L'éclairage par la dynamo et la batterie débitant ensemble sur le circuit ou *marche en parallèle.*

(Quand nous disons ci-dessus *éclairage*, nous comprenons l'alimentation du circuit aussi bien pour l'éclairage que pour la force motrice ou autres usages électriques.)

Ce tableau est composé de deux parties, celle qui fait le service de la dynamo et celle qui dessert la batterie d'accumulateurs.

Il comporte :

1° La lampe témoin avec interrupteur sur la douille de la lampe.

2° Un voltmètre de 200 volts qui peut indiquer à volonté le potentiel de la batterie ou le potentiel de la dynamo, par le moyen d'un petit commutateur à trois directions que l'on voit en bas du tableau.

3° Un ampèremètre indiquant le débit de la dynamo.

4° Un interrupteur bipolaire mettant le courant de la dynamo sur la batterie et sur la ligne de distribution.

5° et 6° Deux coupe-circuits unipolaires interposés entre la dynamo et l'interrupteur bipolaire.

6° Le rhéostat d'excitation de la dynamo n'est pas sur ce tableau ; ce rhéostat permet le réglage de la dynamo entre 110 et 170 volts.

7° et 8° Sur le tableau à droite on voit deux coupe-circuits unipolaires donnant le courant à la ligne d'éclairage.

10° Un ampèremètre indiquant le débit de la batterie dans le circuit extérieur ou son régime de charge.

11° Un interrupteur qui met la batterie d'accumulateurs en débit sur le circuit extérieur.

Au milieu du tableau on trouve :

12° Un disjoncteur automatique qui coupe la communication de la dynamo avec la batterie d'accumulateurs dès que le potentiel ou voltage de la batterie dépasse celui du courant fourni par la dynamo ; ce disjoncteur se relève à la main quand la dynamo tourne et donne un voltage suffisant, il ne doit *jamais être relevé quand la dynamo est arrêtée.*

13° Le réducteur de charge et

14° le réducteur de décharge, sur le même marbre.

Au tableau ci-dessus arrivent :

1° De la dynamo :
 2 câbles de débit ;

2° De la batterie :
 1 câble + ;
 7 câbles —.

3° Du circuit extérieur :
 2 feeders ou câbles de distribution.

Soit 12 câbles ou fils à connecter sur le tableau dont il faut aussi relier entre eux les divers appareils.

La réalisation de ce montage qui pourrait, au premier abord, paraître très compliquée, est en réalité fort simple et ne demande qu'un peu de raisonnement et d'attention de la part de l'ouvrier chargé du travail. Il faut commencer par déterminer les pôles de la dynamo ; pour cela, on opérera comme il a été dit chapitre V.

Lorsque la source d'électricité dont on dispose n'est pas d'un voltage assez élevé pour atteindre 2,6 volts par élément de la batterie au moment de la charge, on peut charger la batterie en la divisant en deux demi-batteries que l'on couple en quantité ou que l'on charge séparément selon les besoins.

TABLEAU NORMAL

pour l'éclairage par accumulateurs

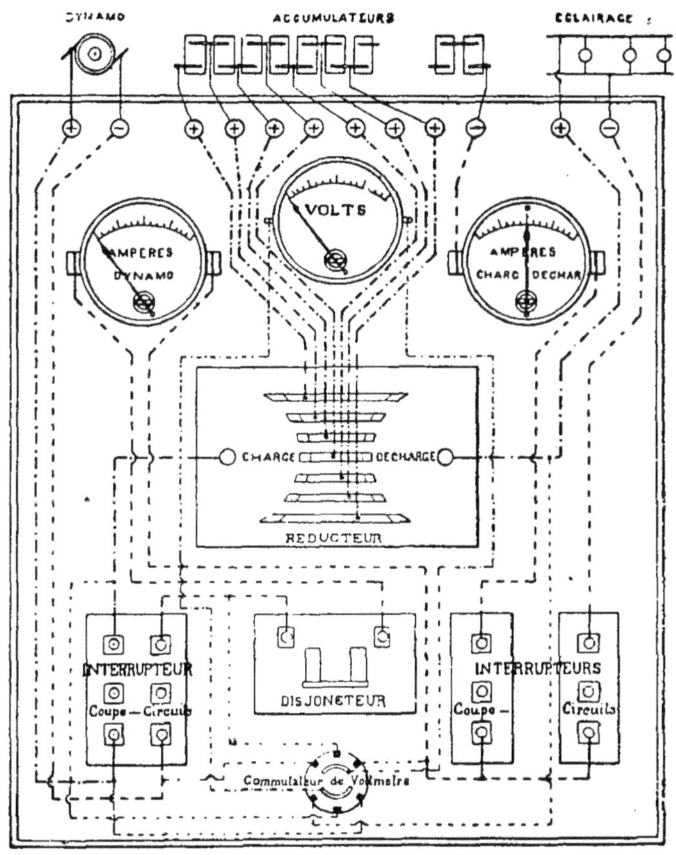

Fig. 147. — Vue du tableau normal tout monté et comportant :

2 Ampèremètres, 1 Voltmètre, un Réducteur double de charge et de décharge, 1 Disjoncteur, 1 Interrupteur bipolaire et un Coupe-circuit bipolaire, 2 Interrupteurs et 2 Coupe-circuits unipolaires, 1 Commutateur de Voltmètre, Bornes de connexion.

Dimensions approximatives : $1^m \times 0^m80$, *variables*, suivant l'intensité du courant qui y circule.

TABLEAU NORMAL

pour l'éclairage par accumulateurs

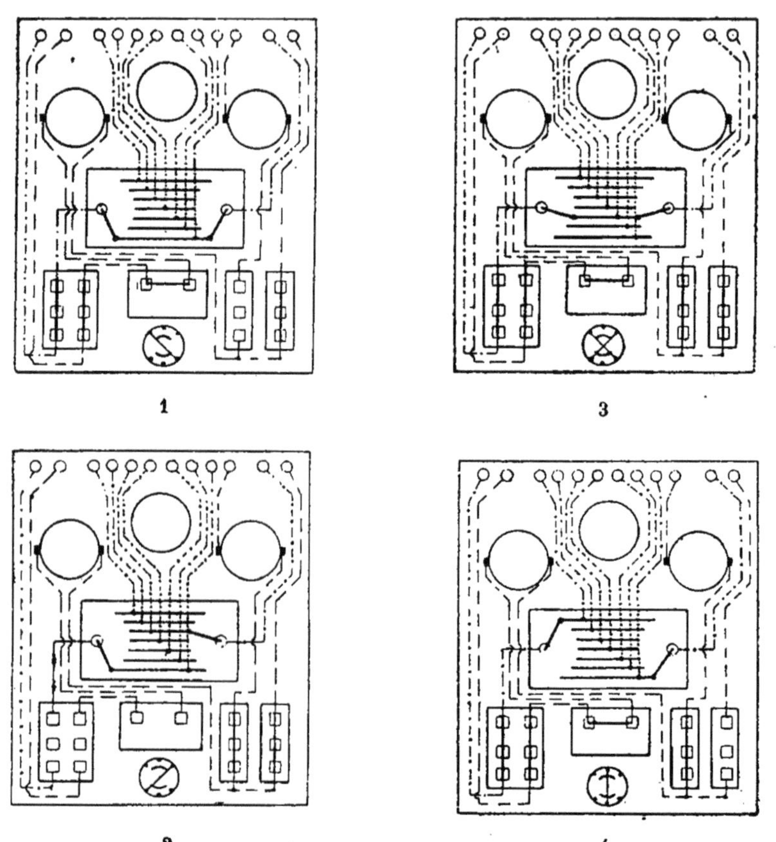

Schémas du tableau normal montrant la position des connexions pour réaliser les combinaisons suivantes :

1. Fig. 148. — Eclairage direct. Dynamo seule.
2. Fig. 149. — Eclairage direct. Batterie seule.
3. Fig. 150. — Marche en parallèle.
4. Fig. 151. — Charge de la batterie.

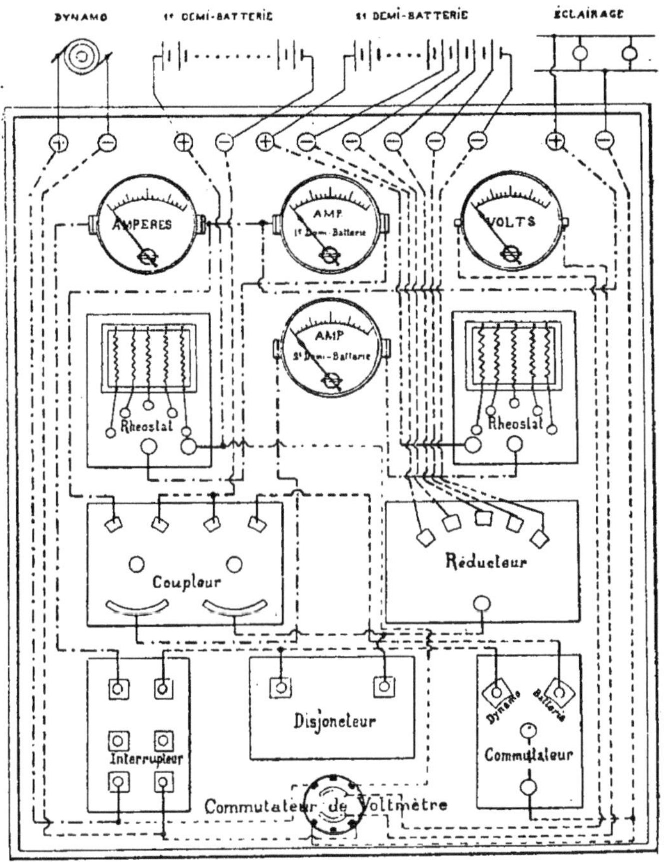

Fig. 152. — Dispositif du tableau spécial pour la charge des accumulateurs en deux demi-batteries couplées en quantité.

Composition : 3 Ampèremètres, 1 Voltmètre, 2 Rhéostats, 1 Coupleur pour la charge, 1 Réducteur, 1 Interrupteur et 1 Coupe-circuit bipolaires, 1 Disjoncteur, 1 Commutateur à 2 directions, 1 Commutateur de Voltmètre, Bornes de connexion.

Dimensions approximatives : $1^m \times 0^m90$, *variables*, suivant l'intensité du courant qui y circule.

Le tableau est en ce cas composé comme le montre la figure 152.

Dans certaines installations importantes, on adjoint à la dynamo principale une petite dynamo appelée *survolteur* qui permet d'augmenter le voltage du courant fourni par la génératrice aux accumulateurs, tandis que la génératrice fournit à la ligne extérieure son courant normal.

Puis on effectuera les connexions comme le montre le schéma ci-contre du *tableau normal* qui permet de réaliser les quatre connexions indiquées ci-dessus ; les petits schémas montrent la position des diverses manettes de commande selon le service demandé au tableau.

Construction et pose des tableaux de distribution. — Les tableaux de distribution et de charge tels que nous venons de les décrire peuvent être confectionnés avec les connexions devant ou derrière le tableau. Pour des raisons d'esthétique, les maisons qui construisent ces tableaux font généralement toutes les connexions derrière le tableau ; si cela est plus agréable à l'œil, parce que tous les fils sont cachés, il ne faut pas croire que cette pratique soit destinée à faciliter les recherches en cas de dérangement. Nous ferons la même observation en ce qui concerne la disposition des divers appareils sur le tableau : pour obtenir un ensemble harmonieux, on dispose symétriquement les appareils au lieu de les grouper selon les organes qu'ils desservent. Ces pratiques ne sont pas pour faciliter la tâche de celui qui se sert de ces tableaux, dont les fils connectés par derrière sont un inextricable enchevêtrement.

Quand on construit un tableau de distribution, on doit s'attacher à mettre du même côté tous les appareils qui desservent la dynamo, et d'un autre côté tous ceux qui sont relatifs à la batterie d'accumulateurs ; il est aussi fort avantageux d'avoir les principaux fils sur le devant du tableau et non par derrière ce tableau, ainsi l'ouvrier sait comment fonctionne son tableau sur lequel il peut suivre facilement la marche du courant dans les divers appareils ; en cas de dérangement, de mauvais contact d'un fil, la recherche est facile ainsi que la réparation. Evidemment un tableau confectionné de cette manière sera moins élégant que ceux vendus par nos grands constructeurs, mais nous ne sommes pas ici pour faire de l'art, mais bien pour avoir nos aises.

On emploie le marbre ou l'ardoise pour la confection des tableaux sur lesquels sont fixés directement les *plots* en cuivre des divers appareils composant le tableau ; il est en effet nécessaire que tous ces plots soient rigoureusement isolés les uns des autres. Dans le cas d'un tableau en marbre ou ardoise avec connexions faites directement sur la matière isolante du tableau, on fait souvent ces connexions avec des barres de cuivre ou des fils de cuivre non isolés passant les uns au-dessus et à quelques centimètres des autres dans leurs croisements.

Quand le tableau est en bois, tous les appareils doivent être montés sur plaques de marbre ou d'ardoise ; ce sont ces plaques que l'on visse sur le tableau en bois. Dans un tableau de ce genre, les connexions doivent être faites avec des fils de cuivre isolés au caoutchouc, afin d'éviter le contact du cuivre et du bois du tableau dont la valeur isolante ne présente pas une sécurité suffisante.

Dans un tableau desservant une dynamo et une batterie d'accumulateurs, il y a, comme on l'a vu, un certain nombre de fils. En faisant les connexions par devant et par derrière, on aura plus de facilité, les gros fils reliant la dynamo et la batterie pourraient être devant, les petits fils de dérivation du voltmètre, de la lampe témoin, le rhéostat de champ d'excitation étant cachés derrière le tableau. Il ne faut pas que les divers fils se touchent, quoiqu'ils soient recouverts de couches isolantes.

Le tableau ne devra pas être fixé contre un mur, mais supporté à une certaine distance du mur par des pattes en fer scellées dans le mur ; la distance entre le mur et le tableau doit être suffisante pour que l'on puisse faire et visiter facilement les connexions faites derrière le tableau ; pour un petit tableau n'excédant pas cinquante centimètres de largeur, cette distance doit être d'au moins 0 m. 25. Pour un très grand tableau, il faut que l'ouvrier puisse passer par derrière et s'y mouvoir à l'aise : 0 m. 50 serait un minimum.

Ces supports de tableau se font facilement, soit avec des tiges de fer filetées d'un bout avec deux écrous qui permettent

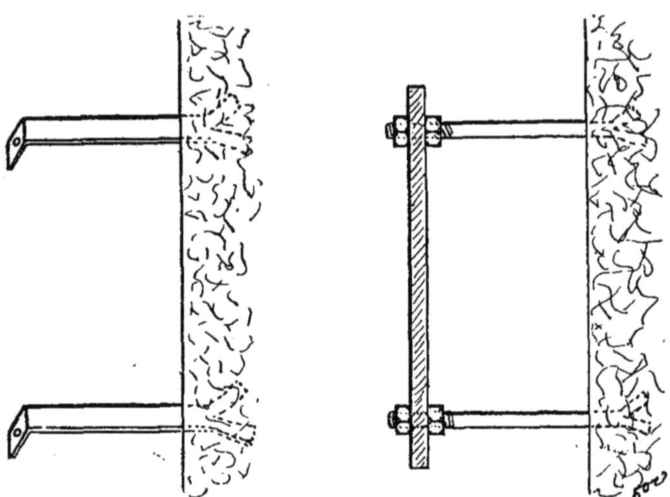

Fig. 153-154. — Supports pour tableaux de distribution.

de serrer bien verticalement le tableau, soit avec des fers plats coudés d'équerre, comme le montre le croquis ci-dessus.

L'espace entre le tableau et le mur n'a pas seulement l'avantage de faciliter la visite des connexions, mais aussi d'empêcher l'humidité du mur de se communiquer au tableau et d'en diminuer l'isolement général ; ceci est très important et même un tableau qui n'aurait pas de connexions par derrière doit être distant du mur de quelques centimètres pour l'aération nécessaire.

Inscriptions sur le tableau. — Il est très bon de fixer sur le tableau de distribution et de charge, à côté de chaque appareil, une petite étiquette indiquant la destination de cet appareil, c'est-à-dire quel organe de l'installation il dessert. Par exemple on mettra à côté de chaque interrupteur et coupe-circuit le nom de la ligne ou de la machine à laquelle il est relié. De simples étiquettes en papier gommé suffisent à défaut d'étiquettes en émail ou en cuivre gravé que l'on peut faire faire exprès. Ces inscriptions telles que : dynamo, château, ferme, serres, accumulateurs, etc., sont susceptibles de rendre des services au cas où la personne chargée de la conduite de l'ins-

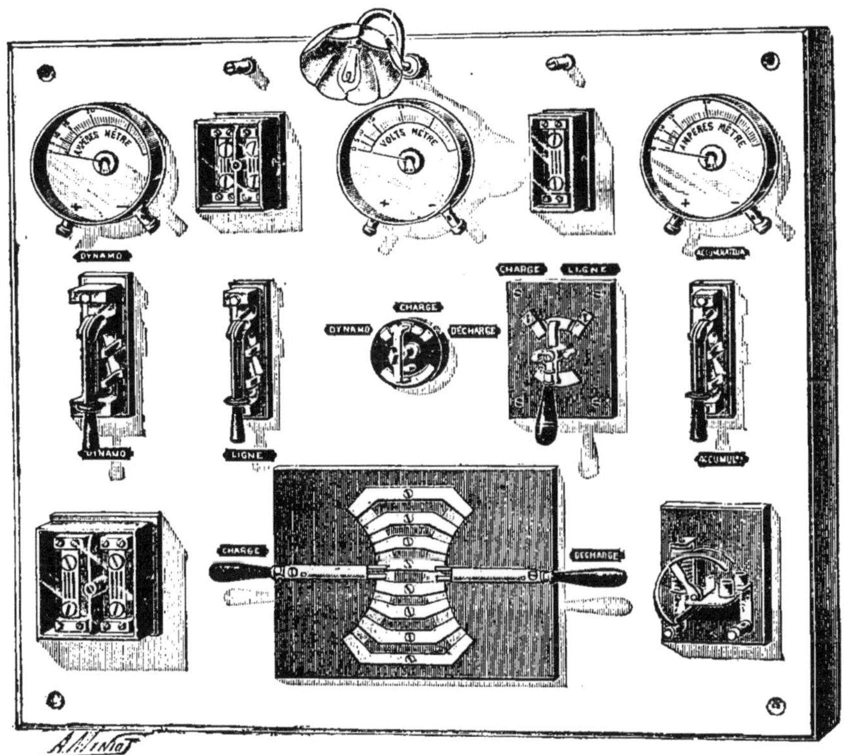

Fig. 155. — Un tableau de distribution et de charge, connexions par derrière et étiquettes indiquant l'usage des appareils de manœuvre.

tallation est absente et où un étranger ne connaissant pas les connexions du tableau est obligé de s'en servir. Il y a là une précaution bonne à prendre et peu onéreuse.

CHAPITRE V

CONDUITE ET SURVEILLANCE DES MACHINES ET DES ACCUMULATEURS

De la sage conduite et du bon entretien d'une installation électrique, dépendent son bon fonctionnement et sa durée.

Nous ne nous occuperons ici que de ce qui touche à la partie électrique de l'installation, ayant donné des instructions détaillées sur la conduite et l'entretien des divers moteurs dans le livre *La Force motrice et l'Eau à la Campagne.*

Nous allons donc voir sur quels points doit se porter l'attention de l'ouvrier pour obtenir la bonne marche des transmissions à la dynamo, de la dynamo ou des moteurs électriques et enfin de la batterie d'accumulateurs.

1° *Transmissions.* — Dans le cas d'accouplement direct de la dynamo avec le moteur, examiner le manchon d'accouplement avant chaque mise en route, voir si aucun de ses boulons n'est desserré, si ses rondelles élastiques (s'il y en a) sont en bon état et essayer à la main si la rotation se fait librement. Si le manchon d'accouplement comporte un graissage, y pourvoir.

Dans le cas de transmission par courroies, s'assurer de la tension convenable des courroies et du bon état des agrafages ; voir si les poulies n'ont pas glissé latéralement sur les arbres intermédiaires, ce qui arrive souvent avec les poulies en bois au moment de la sécheresse de l'été ; en ce cas, remettre les poulies à la place qu'elles doivent occuper pour que la courroie travaille bien normalement, c'est-à-dire que les poulies en relation ensemble soient bien *dégauchies* ; serrer fortement ces poulies sur l'arbre.

Quand les courroies sont neuves ou sèches, elles manquent d'adhérence sur les poulies; en ce cas les enduire et les frotter avec des déchets d'huile ; éviter l'emploi de la résine en poudre et des adhésifs à base de résine, qui forment des masselottes sur les courroies.

Quand les courroies sont trop grasses, elles glissent sur les poulies; en ce cas, les gratter avec un râcloir et les nettoyer avec un chiffon trempé dans l'essence de pétrole ou dans la benzine.

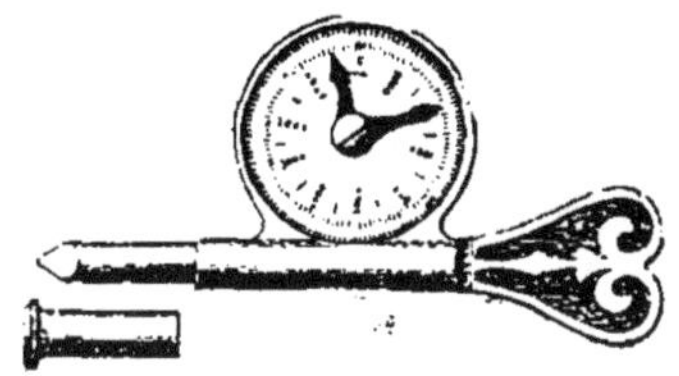

Fig. 156. — Compte-tours marquant jusqu'à 10.000 tours

Retendre fréquemment les courroies neuves, soit en les coupant et en refaisant l'agrafage, soit au moyen du châssis-tendeur de la dynamo.

Vérifier au besoin la vitesse de la dynamo avec un *compte-tours* et si cette vitesse est insuffisante, en rechercher les causes et les faire disparaître afin que la dynamo donne le voltage nécessaire.

2° *Dynamos*. — Les soins à donner aux dynamos génératrices sont les mêmes que ceux à donner aux moteurs électriques.

Avant chaque mise en route, nettoyer la dynamo pour enlever les poussières métalliques qui peuvent s'être déposées sur le collecteur, sur le porte-balais et sur l'induit.

Si le collecteur est noirci par le frottement des balais, le nettoyer avec la toile d'émeri n° 00, comme il a été dit première partie, chapitre V. Régler les balais et les serrer convenablement, garnir d'huile les paliers graisseurs de la dynamo ; vérifier si les fils des balais et du circuit sont bien serrés sur les bornes et prises de courant de la dynamo.

S'assurer que la dynamo tourne librement et que l'induit a un *jeu latéral* convenable (2 millimètres environ).

Pour le graissage des dynamos, employer de l'huile minérale de naphte (huile à moteurs à gaz) ; l'huile ne doit en aucun cas tomber sur le collecteur, les balais, ni l'induit ; les dynamos modernes sont généralement pourvues de paliers graisseurs à bagues avec un tube de trop plein qui laisse écouler sur le sol l'huile qui aurait été mise en excès dans le graisseur.

Pendant la marche, voir si les balais ne donnent pas d'étincelles ; si des étincelles se produisent en grand nombre et très grosses, essayer de décaler légèrement le cadre qui supporte les porte-balais en le faisant tourner de quelques millimètres en avant ou en arrière du sens normal de rotation de la dynamo et l'arrêter, avec sa vis de blocage, dans la position où les balais donnent le moins d'étincelles. Les constructeurs de dynamos fournissent des clefs spéciales à manche isolant avec lesquelles il est facile de serrer plus ou moins les balais, un par un, la dynamo étant en marche, ce qui doit se faire quand il y a une production exagérée d'étincelles aux balais.

Mais si ces étincelles proviennent du mauvais état du collecteur ou de détériorations dans les isolements de l'induit, il faut faire rectifier le collecteur par un tourneur sur métaux et réparer l'induit par un spécialiste.

Veiller à ce que la dynamo ne trépide pas sur son châssis, ce qui peut provenir du desserrage de ses boulons de fixation.

Poser de temps à autre la main nue sur la carcasse de la dynamo pour voir si la température n'est pas exagérée ; cette température ne doit pas excéder 40 à 45 degrés centigrades ; si la dynamo s'échauffait outre mesure, il faudrait l'arrêter car elle risquerait de brûler les isolants de l'inducteur et de l'induit.

L'échauffement de la dynamo peut provenir d'un excès de serrage des paliers de roulement ; d'un excès de tension de la courroie ; d'un manque de ventilation de la salle où elle est placée ; enfin d'une détérioration des isolements des fils produisant des courts-circuits intérieurs.

Remédier au plus tôt à ces diverses causes : une dynamo en bon état ne doit pas chauffer au-delà de 45 degrés même après plusieurs heures de marche à pleine charge.

L'excitation de la dynamo au moment de la mise en route doit se faire progressivement en déplaçant plot par plot la manette du *rhéostat* ou du *démarreur*. En même temps on observe le voltmètre et l'ampèremètre et on règle l'excitation de façon que les indications de ces appareils ne dépassent pas les *constantes* de la dynamo, c'est-à-dire ses capacités électriques.

Les mêmes soins et surveillance doivent être appliqués tant aux moteurs électriques qu'aux génératrices.

3° *Tableau.* — Le tableau doit être tenu proprement, épousseté des poussières ; les fils reliant les divers appareils ne doivent pas être en contact les uns avec les autres ; si deux fils se croisent les séparer par un isolateur en porcelaine ou avec une épaisse feuille de caoutchouc ou encore un tube d'ébonite ou de caoutchouc.

Les coupe-circuits seront garnis de fils de plomb rigoureusement calculés pour le nombre d'ampères qu'ils doivent transmettre (voir deuxième partie, chapitre IV).

Les câbles reliant la dynamo au tableau et le tableau à la batterie d'accumulateurs doivent être parfaitement isolés par deux couches de caoutchouc et ruban isolant, ou alors être montés sur isolateurs en porcelaine, auquel cas on peut les prendre d'un isolement moins fort.

La grosseur de ces câbles doit être calculée à raison d'*un millimètre carré* de section du fil de cuivre pour 2 ampères à transmettre, soit, par exemple, pour 25 ampères, 12 millimètres et demi de section ou 4 millimètres de diamètre. (Voir à ce sujet dans la cinquième partie, les dimensions des conducteurs.)

Les fils allant du tableau à la batterie sont au nombre de 6, 8, 10, 12 ou 13, selon le nombre des éléments de réduction, ces fils doivent être tous de la même grosseur et calculés selon l'intensité de la *décharge* de la batterie. Cette intensité de décharge peut être dans certaines installations plus grande que l'intensité de charge ; ceci arrive quand on prévoit la nécessité de faire subir quelquefois à la batterie une décharge rapide en 3 ou 4 heures, par exemple; il faut en ce cas prévoir, dès le début, des câbles suffisamment gros entre la batterie et le tableau ; en tous cas, le nombre d'ampères passant par ces câbles ne devra jamais dépasser, même pendant un temps très court, 4 ampères par millimètre carré de section.

4° *Accumulateurs.* — Nous avons indiqué dans la première partie, chapitre VI, les soins généraux à donner à la batterie d'accumulateurs et les précautions à prendre lors de son installation et pendant son fonctionnement.

Il nous reste à parler de la conduite de la charge et des irrégularités que le mécanicien peut constater pendant la charge de la batterie.

La charge de la batterie peut se faire soit à *potentiel variable* soit à *potentiel constant.* Si nous prenons par exemple une batterie de 180 ampères de 60 éléments, le voltage total au début de la charge sera d'environ 105 volts et à fin de charge 155 volts. Si la charge se fait à potentiel variable, elle débutera par exemple à 30 ampères 110 volts et, l'ampérage diminuant au fur et à mesure que la batterie se charge, elle se terminera avec 20 ampères 155 volts ; pendant toute la durée de la charge le moteur mécanique aura développé à peu près la même puissance soit 3100 watts environ ou 6 chevaux.

La variation de potentiel de la dynamo sera obtenue au moyen du rhéostat d'excitation et le mécanicien devra suivre la marche de la charge pour manœuvrer à temps la manette du rhéostat, sans cela, à un moment donné, le potentiel de la batterie devenant égal à celui de la dynamo, le disjoncteur automatique tomberait et la charge se trouverait interrompue. La charge à potentiel ou voltage variable demande donc une certaine surveillance, mais elle a l'avantage de prendre au moteur mécanique une force moyenne à peu près constante.

Dans la charge à potentiel constant, la dynamo est réglée dès le début de la charge au voltage final, soit 150 volts pour une batterie de 60 bacs ; l'ampérage du début est très élevé et diminue rapidement pour devenir presque nul en fin de charge ; le moteur mécanique doit donc développer au début une grande puissance et tourner ensuite longtemps à charge très réduite.

Il en résulte la nécessité de disposer d'un moteur mécanique beaucoup plus puissant que pour la charge à potentiel variable.

Cet inconvénient est compensé par une charge plus rapide de la batterie et l'automaticité de la charge qui se fait ici sans surveillance.

Dans les installations à la campagne où l'on ne dispose en général que de moteurs de faible puissance, il conviendra le plus souvent d'adapter le système de la charge à potentiel variable, malgré la nécessité de manœuvrer environ toutes les heures le rhéostat d'excitation de la dynamo pour lui permettre de suivre l'élévation progressive du voltage de la batterie.

Nous allons signaler les principales irrégularités qui peuvent survenir dans la batterie et la manière d'y remédier.

Si l'on constate qu'un élément présente des traces importantes de sulfatation, il faut chercher à y remédier en empêchant la décharge de cet élément de façon qu'il soit contraint de subir plusieurs charges consécutives sans décharge. A cet effet, on isole cet élément au moment de la décharge ; pour cela, on coupe la barre de connexion et on relie les éléments sains ensemble par un fil de grosseur appropriée pendant la décharge de la batterie qui compte ainsi un élément de moins ; pendant la charge, on enlève le fil et on rétablit la communication au moyen d'un système quelconque de pinces ou de serre-fils avec l'élément mis précédemment hors du circuit de décharge.

Si l'on constate qu'un élément ne se charge pas autant que les autres, ce qui se voit au peu de dégagement gazeux en fin de charge, il faut isoler cet élément pendant la décharge de la même manière que ci-dessus.

Si l'on n'a pas employé tous les éléments de réduction dans le cours de la précédente décharge de la batterie, il est inutile de les charger, on ne chargera donc que la partie principale de la batterie et seulement les éléments de réduction déchargés en utilisant pour cela le réducteur *de charge* dont on mettra la manette sur le plot correspondant au dernier élément déchargé ; les éléments de réduction encore chargés se trouveront ainsi hors du circuit de la dynamo.

Rappelons qu'on peut reconnaître qu'un élément est encore chargé au moyen du petit voltmètre qui doit indiquer alors 2,2 volts pour cet élément et encore au moyen du densimètre ou pèse-acides qui indique alors une densité élevée du liquide de l'accumulateur soit 24 degrés pour l'élément chargé au lieu de 21 à 22 pour un élément déchargé.

Il sera bon, vers la fin de la charge, de mettre tous les éléments en circuit de charge, ce qui ne peut que compléter la charge des éléments de réduction.

Nous avons dit au chapitre VI de la première partie de ce livre qu'on doit charger régulièrement au moins toutes les six semaines une batterie non utilisée ; si cette inaction de la batterie devait se prolonger pendant une longue période, il serait préférable d'agir comme suit, afin d'éviter l'obligation de ces recharges périodiques : en ce cas, on charge d'abord fortement la batterie, puis on vide, au moyen d'un siphon, le liquide acide dans des bonbonnes que l'on met de côté. On lave ensuite les plaques avec de l'eau pure plusieurs fois renouvelée dans les bacs que l'on remplit finalement avec une solution à 10 0/0 de sulfate de soude neutre ; la batterie se conserve ainsi en parfait état aussi longtemps qu'on veut et simplement en remplaçant l'eau au fur et à mesure qu'elle s'évapore (avec de l'eau pure).

Lors de la remise en service, on donne une première charge dans la solution sodique que l'on vide et que l'on remplace par le liquide acide conservé dans les bonbonnes.

CHAPITRE VI

CAS OÙ L'ÉLECTRICITÉ EST FOURNIE PAR UN SECTEUR PUBLIC

La multiplication des usines hydrauliques de production d'électricité fait prévoir que dans quelques années un certain nombre de villages et hameaux seront pourvus d'une distribution publique d'électricité à bon marché, les forces motrices naturelles étant gratuites. Nous croyons donc devoir dire quelques mots au sujet de l'emploi du courant des secteurs publics.

La compagnie concessionnaire amène ses fils conducteurs jusqu'à proximité de l'habitation à desservir, puis elle établit un *branchement*, aérien ou souterrain, selon que les *feeders* sont aériens ou souterrains, pour entrer chez l'abonné.

Si le secteur distribue le courant à la tension d'utilisation qui est généralement 110 volts et quelquefois 220 volts, le branchement aboutit à un *coffret d'abonné* contenant un *coupe-circuit* à plomb fusible, et passe dans un *compteur* des *watts électriques* consommés par l'abonné ; il y a ensuite un second coupe-circuit et deux bornes de prise de courant sur lesquelles l'abonné attache les fils de son propre circuit de distribution.

Si le secteur emploie le courant à haute tension de 550 à 3000 volts et même davantage, un *transformateur* est placé, par les soins de la compagnie d'éclairage, avant l'entrée des fils chez l'abonné. Ce transformateur reçoit le courant à haute tension et restitue du courant à 110 volts pour l'usage de l'abonné ; ce dernier n'a donc jamais à entrer en relation avec le courant de haute tension, il n'a pas de précautions spéciales à prendre en dehors de celles que nous avons indiquées pour l'usage des courants à 110 volts, ou courants de moyenne tension, puisque, grâce à des dispositifs spéciaux et offrant toute sécurité, le courant de haute tension n'entrera jamais dans sa maison.

Les courants de haute tension sont toujours des courants *alternatifs* et sont transformés soit en courant alternatif à 110 ou 220 volts, soit en *courant continu* à 110 volts.

Les secteurs distribuent généralement des courants alternttifs à 110 ou 220 volts. La nature de ces courants est variable et son étude n'a rien à faire dans ce livre qui est destiné aux propriétaires désirant produire eux-mêmes leur électricité ; nous ferons seulement observer ici que, dans le cas où le courant devra être pris sur un secteur public, le propriétaire devra se renseigner exactement sur la nature de ce courant avant d'acheter ses appareils, car les appareils et moteurs électriques varient de construction avec le courant auquel ils sont destinés.

On demandera donc à la Compagnie du secteur public quel genre de courant elle donne aux abonnés :

Continu 110 ou 220 volts ?

Alternatif, monophasé, diphasé ou triphasé, le *voltage* de ces courants et leur *fréquence*, c'est-à-dire le nombre de fois que le courant change de sens par seconde.

Muni de ces renseignements précis, vous pourrez acheter convenablement les appareils d'utilisation, lampes ou moteurs électriques appropriés à la nature du courant dont vous disposerez.

La suite de cet ouvrage sera consacrée spécialement au courant continu de moyenne tension, mais les indications que le lecteur y trouvera sont applicables aux courants alternatifs en ce qui concerne l'isolement des conducteurs et le mode général d'installation du secteur particulier de distribution et d'utilisation.

Il est du reste toujours facile de transformer le courant alternatif distribué par un secteur public en courant continu 110 volts. Un propriétaire qui aurait une installation électrique faite chez lui pourra s'abonner à un secteur public comme secours à ses propres machines : avec un transformateur, il pourra toujours amener le courant du secteur public à être de même nature que le courant qu'il fabrique lui-même de façon à n'avoir rien à changer aux appareils et moteurs électriques déjà installés.

Les bornes de prise de courant du secteur public remplacent ici tout simplement les bornes de prise de courant de la dynamo ou de la batterie d'accumulateurs ; un simple commutateur permettra de mettre le circuit de distribution de la propriété en relation soit avec la salle des machines, soit avec le secteur public dont le courant aura déjà passé par le transformateur installé par les soins de la Compagnie du secteur public.

TROISIÈME PARTIE

Circuits extérieurs et intérieurs

CHAPITRE PREMIER

CONSIDÉRATIONS GÉNÉRALES SUR LES CIRCUITS ÉLECTRIQUES

Les canalisations ou circuits de distribution conduisent le courant électrique depuis la salle des machines où il est produit et depuis la salle des accumulateurs où il est emmagasiné, jusqu'aux appareils qui emploieront ce courant électrique à l'éclairage, au chauffage ou à la force motrice.

Les fils ou câbles de fils toronnés ensemble qui conduisent le courant doivent être d'autant plus gros que l'intensité du courant sera plus grande, de même qu'un tuyau de conduite d'eau doit avoir un diamètre d'autant plus grand que la quantité d'eau qu'il doit débiter est plus grande.

Ces fils conducteurs du courant électrique doivent, en outre, être soigneusement isolés les uns des autres, car un contact direct entre eux formerait un court-circuit qui occasionnerait la fusion des fils au point de contact et la production d'étincelles et de flammes dangereuses ; ils doivent être aussi isolés de tout corps conducteur du courant électrique, car l'électricité se perdrait à la terre par l'intermédiaire de ce conducteur ; enfin le contact des fils doit être évité aux personnes et aux animaux.

Il y a donc lieu d'étudier une canalisation électrique à deux points de vue principaux :

1° La grosseur des fils ou câbles à employer ;

2° L'isolement de ces fils ou câbles dans la traversée des cours, des locaux de la ferme et des chambres de l'habitation.

Détermination du diamètre des fils conducteurs. — Nous avons dit au début de ce livre que les fils conducteurs opposent une certaine résistance au passage du courant électrique et que l'unité de mesure des résistances électriques se nomme *ohm*. Il est facile de comprendre que plus un fil sera long plus sa résistance sera grande ; plus le fil sera fin, moins il offrira de surface au passage du courant, plus aussi sa résistance sera grande proportionnellement à l'intensité de ce courant électrique.

Le calcul et l'expérience ont démontré que la résistance qu'offre un fil conducteur au passage d'un courant d'intensité donnée, augmente proportionnellement à la longueur du fil et diminue proportionnellement à sa section.

C'est ainsi par exemple qu'un fil de 400 mètres de longueur et de 4 millimètres carrés de section aura la même résistance qu'un fil de 100 mètres de longueur et d'un millimètre carré de section.

Les fils ou câbles électriques sont généralement en cuivre rouge pour lequel la résistance approximative est d'environ un ohm pour un fil de 1 millimètre carré de section et de 50 mètres de longueur ; nous pourrons donc calculer la résistance des fils de cuivre par le tableau suivant :

1 mètre de	1	mm. carré de section	=	0,02 ohm
50	—	1	—	=	1
100	—	1	—	=	2
200	—	1	—	=	4
etc.					
1 mètre de	2	mm. carrés de section	=	0,01 ohm
50	—	2	—	=	0,50
100	—	2	—	=	1
200	—	2	—	=	2
etc.					

Nous donnons ci-après un tableau indiquant la section, le poids et la résistance des fils et câbles en cuivre rouge commercial, selon leur diamètre ; ce tableau nous sera d'une grande utilité dans la détermination des éléments d'une ligne de distribution électrique.

Quand un fil conducteur est parcouru par un courant dont l'intensité est exagérée pour le diamètre du fil, ce fil s'échauffe par suite de la difficulté que le courant éprouve à vaincre la trop grande résistance qui lui est opposée ; cet échauffement peut aller dans certains cas jusqu'à faire rougir et fondre le conducteur, mais le plus souvent cet échauffement est minime et n'a pour effet que de dessécher et détériorer peu à peu les isolants dont le fil est recouvert : ces isolants perdent ainsi de leur efficacité et un *court-circuit* ou bien une *perte à la terre* sont imminents.

D'un autre côté, la chaleur ainsi engendrée provient de la transformation d'une notable partie de l'énergie électrique en chaleur et ceci en pure perte. Cette perte se traduit par une baisse du *potentiel* ou *voltage* du courant. C'est ainsi que le voltmètre indiquant 110 volts à la dynamo ou à la batterie d'accumulateurs, le courant pourra ne plus être que de 105 ou même 100 volts et moins après 2 ou 300 mètres de parcours dans des fils insuffisamment gros pour la quantité *d'ampères* à transmettre.

Il se passe ici un phénomène tout à fait comparable à la baisse de pression que subit l'eau en circulant dans des tuyaux de trop petit diamètre pour la quantité d'eau à débiter.

Le moyen d'éviter l'échauffement des fils électriques et la perte de voltage signalée ci-dessus est très simple : il faut employer des fils assez gros pour que le courant électrique trouve en eux un passage proportionné à son importance. La pratique a démontré qu'il convient de ne jamais *charger* un conducteur en fil nu ou faiblement isolé au-delà de 4 ampères par millimètre carré de section ; encore cette charge de 4 ampères n'est-elle acceptable ici que parce que le fil nu ou recouvert de couches isolantes minces se refroidit facilement et disons de suite qu'un conducteur en cuivre chargé à 4 ampères par millimètre carré occasionnerait une perte de tension inacceptable si la distance à parcourir était de quelque longueur.

Nous n'entrerons pas ici dans le calcul des pertes de potentiel dues aux conducteurs, nous dirons seulement que dans la pratique des installations électriques à la campagne, on doit se tenir fort au-dessous de cette limite de 4 ampères par millimètre carré de section et adopter les intensités suivantes, selon la longueur des lignes et leur isolement :

Ampères par millimètre carré pour des lignes en fil de cuivre

Longueur totale entre la salle des machines et le point d'utilisation	ISOLEMENT	Par millimètre carré de section
100 m. et au-dessous	fil nu	3
— —	isolement léger	3
— —	isolement fort	2
— —	sous-plomb	1
Jusqu'à 300 m.	fil nu	2
— —	isolement léger	2
— —	sous-plomb	1
— 400 m.	fils nus ou isolés	1 ½
— 500 m. et au-dessus .	fils nus ou isolés.	1

Ces chiffres sont applicables quelle que soit la *tension* du courant, 110, 220 ou 440 volts, etc., le diamètre des fils devant être proportionnel à l'*intensité* ou *ampérage* du courant et non pas à la *différence de potentiel* ou *voltage*.

En construisant les lignes de distribution électrique d'une installation selon les données ci-dessus, on sera conduit à employer des fils de gros diamètre si la distance entre la salle des machines et les appareils d'utilisation est grande, mais le courant ne subira qu'une baisse de potentiel insignifiante du fait des conducteurs : il y aura une dépense assez importante pour l'achat des gros fils, mais elle sera récupérée peu à peu par l'économie du courant. Dans le cas où ce courant ne coûte rien ou presque rien, si l'on a par exemple une turbine hydraulique, il devient peu intéressant de l'économiser et en ce cas particulier il est préférable de n'employer que des conducteurs assez fortement chargés qui dépenseront, il est vrai, un peu plus de courant, mais dont l'achat sera moins élevé.

On pourra donc ici adopter sur tout le circuit les chiffres de 3 ampères par millimètre carré pour les fils nus ou isolés avec des couches légères de caoutchouc et de ruban et de 2 ampères pour les fils isolés avec d'épaisses couches, quelle que soit la longueur de ces fils. Seulement, la dynamo devra fournir le courant à un potentiel de quelques volts plus élevé que ne le nécessiteront les appareils d'utilisation ; si le courant est fourni par la dynamo à 120 volts, il n'arrivera par exemple qu'à 110 volts après 300 mètres de parcours dans ce circuit en fils chargés fortement. Nous verrons plus loin comment on réglera la tension du courant à chaque point de la distribution.

Fils de cuivre rouge

DIAMÈTRE en mm.	SECTION en mmq.	POIDS en grammes par mètre	LONGUEUR en mètres par kilogr.	RÉSISTANCE en ohms à 0° par kilomètre
0.5	0.19	1.75	572	81.6
0.6	0.28	2.52	397	56.6
0.7	0.38	3.42	292	41.5
0.8	0.50	4.47	223	31.8
0.9	0.63	5.66	176	25.1
1	0.78	6.99	143	20.3
1.2	1.13	10.06	99.34	14.1
1.5	1.76	15.72	63.58	9.0
1.8	2.54	22.64	44.15	6.3
2	3.14	27.96	35.76	5.1
2.5	4.91	43.68	22.89	3.2
3	7.06	62.91	15.89	2.2
3.5	9.62	85.62	11.67	1.7
4	12.56	111.84	8.94	1.3
4.5	15.90	141.51	7.06	1.0
5	19.63	174.74	5.72	0.81
5.5	23.75	211.45	4.73	0.67
6	28.27	251.64	3.97	0.56
6.5	33.18	295.33	3.38	0.48
7	38.48	342.51	2.92	0.41
7.5	44.17	393.19	2.54	0.36
8	50.26	447.36	2.23	0.31
8.5	56.74	503.03	1.98	0.28
9	63.61	566.19	1.76	0.25
9.5	70.88	630.85	1.38	0.22
10	78.53	699.00	1.43	0.20

Câbles en fils de cuivre rouge

Nombre de fils du câble	Diamètre des fils en mm.	Section totale en mmq.	Nombre de fils du câble	Diamètre des fils en mm.	Section totale en mmq.
7	0.5	1.37	19	0.8	9.51
7	0.6	1.97	19	0.9	12.08
7	0.7	2.69	19	1	14.92
7	0.8	3.53	19	1.1	18.05
7	0.9	4.45	19	1.2	21.48
7	1	5.50	19	1.3	25.21
7	1.1	6.71	19	1.4	29.24
7	1.2	7.98	19	1.5	33.57
7	1.3	9.38	19	1.6	38.19
7	1.4	10.88	19	1.7	43.11
7	1.5	12.51	19	1.8	48.33
7	1.6	14.21	19	1.9	53.70
7	1.7	15.88	19	2	59.67
7	1.8	17.81	19	2.1	65.80
7	1.9	19.84	19	2.2	72.22
7	2	21.99	19	2.3	78.94
19	0.5	3.73	19	2.4	85.75
19	0.6	5.37	19	2.5	93.26
19	0.7	7.31			

Nous ne donnons ici que la section en millimètres carrés selon le nombre et le diamètre des fils; on se reportera au tableau précédent pour les poids et résistances des fils de cuivre de section équivalente.

Fig. 157. — Calibre ou Palmer pour mesurer le diamètre des fils.

Pour mesurer exactement le diamètre des fils, on emploie un *micromètre* ou *Palmer*, donnant le 1/100e de millimètre.

Isolement des conducteurs. — Nous avons indiqué au commencement de ce chapitre les raisons qui nécessitent d'isoler parfaitement les fils et câbles de cuivre ou autre métal qui conduisent le courant électrique ; cet isolement qui doit être fait partout et sur toute la longueur du fil, peut être réalisé de différentes manières et au moyen de matières très diverses.

On nomme *matière isolante* une substance qui offre au passage du courant électrique une résistance si considérable que cette substance peut être considérée pratiquement comme ne conduisant pas le courant, c'est-à-dire comme étant imperméable à l'électricité.

L'air sec est un bon isolant ; quand il est humide, il est légèrement conducteur de l'électricité.

L'eau distillée est difficilement traversée par le courant électrique, mais l'eau contenant des matières salines en dissolution devient conductrice de l'électricité, c'est ce qui fait que la terre, toujours plus ou moins humide, conduit l'électricité.

Les corps solides employés à l'isolement des conducteurs électriques sont :

Le verre ;
La porcelaine ;
La faïence ;
Le caoutchouc ;
La gutta-percha ;
Diverses compositions à base de caoutchouc et de gutta-percha appelées de noms divers par les fabricants : l'*ébonite*, la *vulcanite*, la *verrite*, par exemple ;
Le soufre ;
La fibre de bois vulcanisée ;
L'ardoise ;
Le carton bitumé ;
Certains vernis à base de résine.

Telles sont les matières généralement employées à la confection des isolants.

Le marbre employé pour les tableaux de distribution est aussi un isolant.

Le bois *très sec* est un isolant assez bon, mais dès qu'il est humide tant soit peu, il devient conducteur du courant ; il faut donc se garder d'employer du bois comme isolant direct des fils électriques.

Les conducteurs électriques doivent être isolés d'une manière d'autant plus efficace qu'ils sont le siège de courants de plus haute tension. C'est ainsi qu'on se contente pour les sonneries et les téléphones de fils recouverts de gutta-percha et de coton, parce qu'ils ne reçoivent que des courants de 5 ou 6 volts, tandis que les fils de lumière et de force motrice doivent être posés sur isolateurs en porcelaine ou bien recouverts de plusieurs couches de caoutchouc et de coton enduit de vernis isolant, si l'on doit les poser sur des murs ou des boiseries.

La manière d'isoler convenablement les fils électriques dépend donc de plusieurs considérations qui sont surtout la tension du courant à transmettre et le milieu que traversent les fils : cour, jardin, cave, hangar, atelier, habitation, etc.

Pour répondre à ces divers besoins, nous trouvons dans le commerce d'abord des fils de cuivre rouge dit cuivre de *haute*

Fig. 158. — Fil isolé à une couche de caoutchouc, 1 guipage et 1 tresse enduite.

conductibilité ; ces fils nus sont vendus au poids selon le cours du métal, ils conviennent pour les lignes aériennes posées sur isolateurs à *cloches* de porcelaine ; puis des câbles toronnés en fils de cuivre rouge ayant quelquefois une *âme* en fil d'acier pour augmenter la résistance à la rupture et permettre la pose des lignes sur des poteaux à grande distance les uns des autres. Ces câbles nus sont posés, comme les fils nus, sur cloches ou sur isolateurs de porcelaine dans les canalisations en caniveaux sous terre, ce qui se fait couramment pour les secteurs parisiens.

Ensuite toutes les séries de fils et câbles isolés, composés d'un, sept, dix-neuf ou trente-sept fils toronnés et recouverts de couches isolantes en plus ou moins grand nombre et ainsi qu'il suit :

Séries 1 et 2. — *Isolement léger*, dit *isolement ministériel* :
Fil de cuivre non étamé recouvert de :

Un guipage de jute goudronné ;
Une tresse de jute goudronné ;
Et un enduit en vernis isolant.

(Dans la série 2 le jute est remplacé par du coton).

Les fils et câbles de ces séries ne doivent être posés que sur isolateurs en porcelaine, les couches de jute et de vernis dont ils sont recouverts ne sont destinées qu'à empêcher le contact direct des fils avec les personnes, les animaux ou avec des corps étrangers accidentels.

Série 3. — *Isolement moyen :*

Fil de cuivre étamé recouvert d'une couche de caoutchouc pur, deux guipages coton enduits et une tresse enduite de vernis isolant.

Série 4. — *Isolement moyen :*

Fil de cuivre étamé recouvert d'une couche de caoutchouc vulcanisé et d'un ruban caoutchouté enduit de vernis isolant.

Les deux sortes ci-dessus sont employées soit sur isolateurs

Fig. 159. — Fil isolé à 2 couches de caoutchouc et 2 guipages enduits.

en porcelaine, soit pour des installations provisoires ; dans des installations définitives, on ne doit les mettre sous moulures que dans des endroits très secs ; les secteurs publics ne les acceptent pas sous moulures.

Série 5. — Fil de cuivre étamé recouvert d'une couche de caoutchouc pur, une couche de caoutchouc vulcanisé, un ruban caoutchouté ou tresse, un enduit ou vernis isolant.

Fig. 160. — Fil isolé à 3 couches de caoutchouc, 1 guipage et une tresse enduite.

Série 6. — Fil de cuivre étamé, deux couches de caoutchouc vulcanisé, deux rubans caoutchoutés ou bien un ruban caoutchouté et une tresse, un enduit en vernis isolant.

Les deux séries ci-dessus sont généralement employées pour

la pose sous moulures et dans les tubes de carton bitumé ainsi que pour les endroits humides ; ces fils sont ceux exigés par les secteurs d'éclairage public.

Les fils et câbles de ces deux séries se font aussi sous gaîne de plomb pour les passages souterrains ou dans les endroits très humides ; ces câbles sous plomb constitueront la série 7 de notre nomenclature.

Série 8. — Fil de cuivre étamé, recouvert d'une couche de caoutchouc pur, deux couches de caoutchouc vulcanisé et

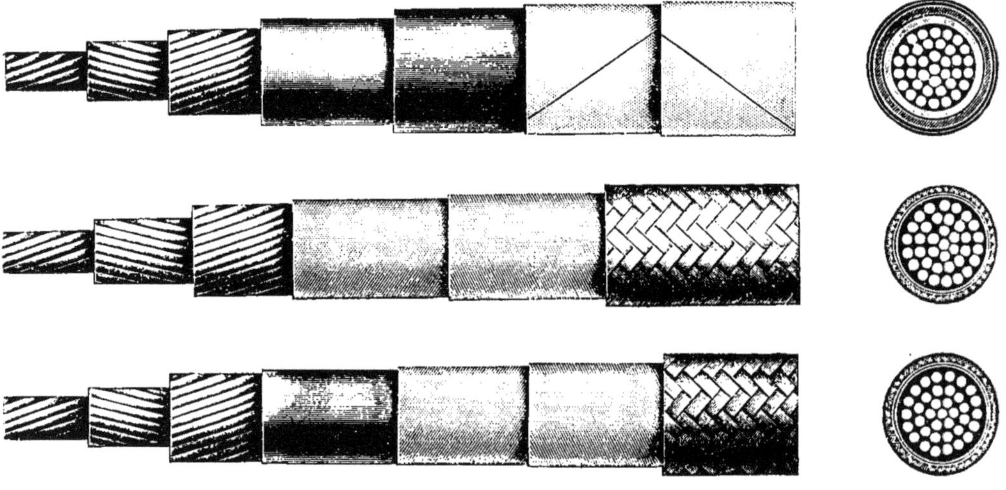

Fig. 161 à 163. — Câbles isolés à deux et trois couches de caoutchouc sous rubans ou tresses enduites de vernis isolant.

deux couches de ruban caoutchouté recouverts d'un enduit isolant.

Ces fils, très fortement isolés, sont convenables pour les courants au-dessus de 110 volts (220, 440, 550 volts et au-delà) et pour les lignes placées dans les endroits très humides.

Les fils et câbles de cette série se font avec gaîne de plomb pour les passages souterrains.

Nous allons voir dans quels cas il convient de choisir tel ou tel genre de fil, nu ou plus ou moins isolé, pour une installation rurale d'électricité.

Jonction des fils et câbles. Epissures. — La réunion des fils et câbles les uns au bout des autres et l'exécution convenable des prises de dérivations demandent des soins tout particuliers; les règles à observer sont les suivantes :

1° Ne pas diminuer la section des fils conducteurs à l'endroit de la jonction ;

2° Assurer le contact parfait des deux câbles ou fils métalliques ;

3° Donner à la jonction une solidité suffisante pour qu'elle puisse supporter la tension du câble ou fil ;

4° Recouvrir la jonction d'un isolement équivalent à celui des conducteurs reliés entre eux, tout en observant dans le cas de la pose sous moulures que la jonction isolée puisse être contenue aisément dans la rainure du bois.

Nous allons indiquer sommairement les procédés à employer.

Pour réunir bout à bout deux fils au-dessous de deux millimètres de diamètre, on dénude environ trois à quatre centimètres de chaque bout de fil que l'on *décape* avec un morceau de toile d'émeri ; on tord ensemble les deux bouts de fil au moyen de deux paires de pinces à bouts plats, puis on soude à l'étain en employant de la résine ou de la bougie et non pas du chlorure de zinc ; ce dernier sel, dont il reste toujours des traces après la soudure effectuée, favorise l'oxydation des fils, ce qui détruit les couches isolantes.

Si le fil est recouvert de couches isolantes, il faut isoler la jonction : pour cela nous disposons de ruban de caoutchouc pur ou *feuille anglaise*, de ruban de coton caoutchouté et enfin de ruban dit *chatterton* qui est du ruban de coton trempé dans un mélange fondu de gutta-percha et de goudron de Norwège.

Enroulez d'abord le ruban de caoutchouc tout autour de la jonction, en deux épaisseurs, puis recouvrez d'un enroulement de ruban caoutchouté ou de ruban chatterton ; ces enroulements doivent se prolonger légèrement sur les parties isolées du fil, de façon que la jonction soudée soit totalement invisible et que l'isolement soit continu.

JONCTIONS ET ÉPISSURES

Fig. 164. — Ligature simple de deux fils dénudés au moyen de petit fil de cuivre recuit; cette ligature est ensuite soudée à l'étain.

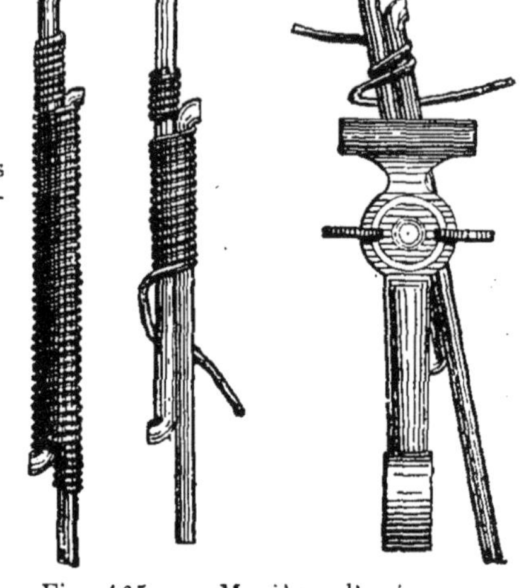

Fig. 165. — Manière d'opérer une solide ligature en faisant un petit crochet au bout du fil; les deux fils à ligaturer sont serrés dans un étau à main pendant que l'on fait la ligature.

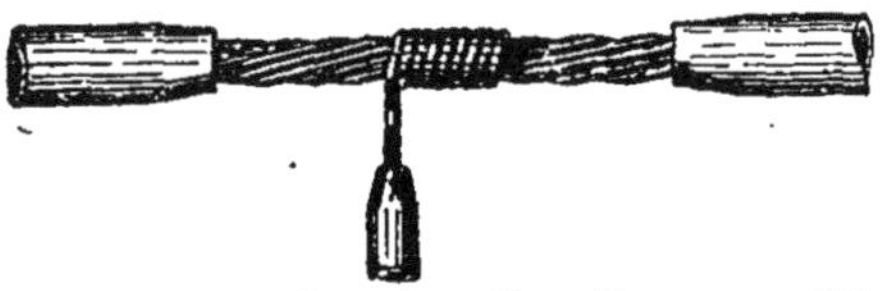

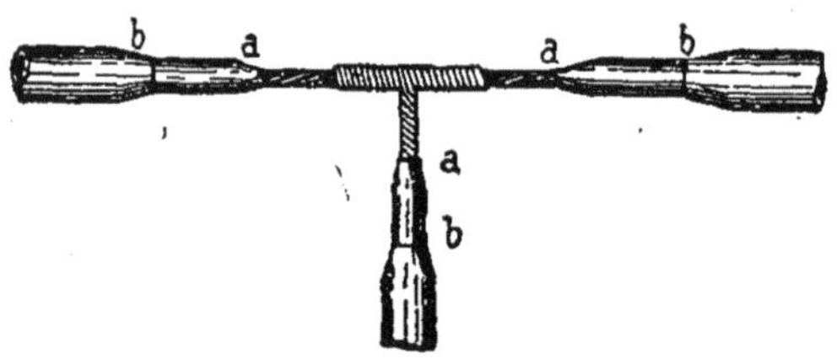

Fig. 166. — Jonction d'un fil sur un câble par simple torsion du fil autour du câble.

Fig. 167. — Jonction de deux petits câbles par torsion des brins de l'un des câbles à droite et à gauche sur l'autre câble.

Fig. 168. — Jonction d'un fil au travers d'un gros câble : le fil est ici inséré dans l'épaisseur du câble.

Fig. 169. — Epissure de deux câbles bout à bout par insertion des brins d'un câble dans les brins de l'autre câble.

Si le diamètre des fils à jonctionner dépasse deux millimètres, il est difficile de les tordre ensemble ; on les dénude et décape sur trois ou quatre centimètres de longueur et on les retourne au bout en forme de crochet, puis on fait une ligature serrée avec du petit fil de cuivre *recuit* de 8 dixièmes ou 9 dixièmes de millimètre de diamètre ; souder ensuite à l'étain et refaire l'isolement comme ci-dessus.

Pour réunir ensemble des câbles de 7 ou 19 fils, il faut confectionner une *épissure*. A cet effet, les fils des bouts des câbles sont dénudés et écartés en forme des baleines d'un parapluie à demi fermé ; les fils sont alors entrecroisés et tordus ensemble ; souder l'épissure à l'étain et refaire l'isolement comme il a été dit.

La jonction des petits fils de dérivation sur les conducteurs principaux se fait soit en tordant le fil de dérivation autour du gros fil dénudé, soit en introduisant le fil de dérivation entre les brins du câble, dénudés et préalablement écartés avec un poinçon ; le fil de dérivation ou le petit câble est tordu ensuite autour du gros câble et toutes ces jonctions doivent être soudées à l'étain si l'on désire avoir un travail parfait. Les couches isolantes sont ensuite refaites en croisant les rubans isolants tout autour de la jonction de dérivation.

Nous avons spécifié qu'il fallait toujours souder à l'étain les jonctions de fils et câbles : cette pratique est excellente, mais nous devons reconnaître qu'elle est rarement appliquée dans la pratique ; les ouvriers électriciens se contentent généralement de bien serrer les ligatures avec les pinces pinces et de refaire les isolements.

CHAPITRE II

PLAN GÉNÉRAL
DE LA DISTRIBUTION D'ÉLECTRICITÉ

L'idée qui doit dominer dans l'étude de la distribution électrique pour l'éclairage et la force motrice d'une installation rurale est celle de permettre au chef d'exploitation ou au propriétaire de contrôler facilement tout ce qui peut se passer sur les diverses parties du petit secteur domestique.

A cet effet, nous recommandons le dispositif qui consiste à faire partir d'un *tableau central* plusieurs lignes qui desservent chacune un local spécial, au lieu de faire donner le courant à toutes les parties du domaine par une seule canalisation principale.

Si la petite usine électrique est dans les bâtiments mêmes de la ferme ou du château, ce *tableau central* sera tout naturellement le tableau de distribution et de charge de la salle des machines ; si, au contraire, le moteur et la dynamo sont éloignés de l'agglomération des bâtiments d'habitation et d'exploitation, ce qui est souvent le cas lorsque la force motrice est fournie par une chute d'eau, le courant sera conduit depuis la salle des machines jusqu'à un tableau central placé dans la maison du maître. Ceci suppose une ligne importante depuis le bâtiment des machines jusqu'à ce tableau central d'où partiront les dérivations allant aux diverses parties du domaine.

Je ne puis mieux comparer l'installation générale du circuit qu'à un arbre dont le moteur, la dynamo et les accumulateurs sont les racines ; le tronc de l'arbre est la grosse ligne qui amène le courant au tableau central d'où partent les branches dans tous les sens. A l'origine de chacune de ces *dérivations* se trouveront, sur le tableau central, un interrupteur et un coupe-circuit à plombs fusibles ; si le maître le juge à propos, il coupe une ou plusieurs des lignes sans interrompre les autres ; si un dérangement se produit sur une des lignes on le constate de suite par la fusion d'un plomb et la réparation peut se faire sans interrompre le service des autres dérivations.

Mais ce système a encore un précieux avantage au point de vue technique : il évite les grandes différences de potentiel entre les diverses parties de l'installation, car les lignes de dérivation partant toutes d'un tableau central sont bien plus courtes qu'une seule ligne de distribution contournant tout le domaine.

Dans une ligne de ce dernier genre, ayant forcément plusieurs centaines de mètres de longueur, il y aura par exemple 110 volts au voisinage des machines et seulement 105 volts au bout de la ligne, ce qui donnera une inégalité fâcheuse dans l'éclairage et un mauvais rendement dans les moteurs électriques. Au contraire, le potentiel restera pratiquement constant dans toute la longueur des petites lignes de dérivation partant d'un tableau central, la longueur de ces lignes étant relativement faible.

Quant à la dépense d'achat et d'installation de l'ensemble de ces petites dérivations, en fils relativement faibles de diamètre, elle ne sera certainement pas plus élevée que celle d'une distribution par gros câbles circulant dans toutes les parties des locaux.

Pour être complets dans l'étude de la distribution d'électricité, nous examinerons le cas d'un circuit unique aussi bien que le cas d'un tableau central desservant plusieurs circuits ; nous limiterons bien entendu ces études à ce qui peut s'appliquer à une installation privée plus ou moins importante.

Pour nous faire bien comprendre de nos lecteurs, nous supposerons un domaine composé de divers locaux :

Un château avec un parc ;
Une ferme et ses cours ;
Des écuries ;

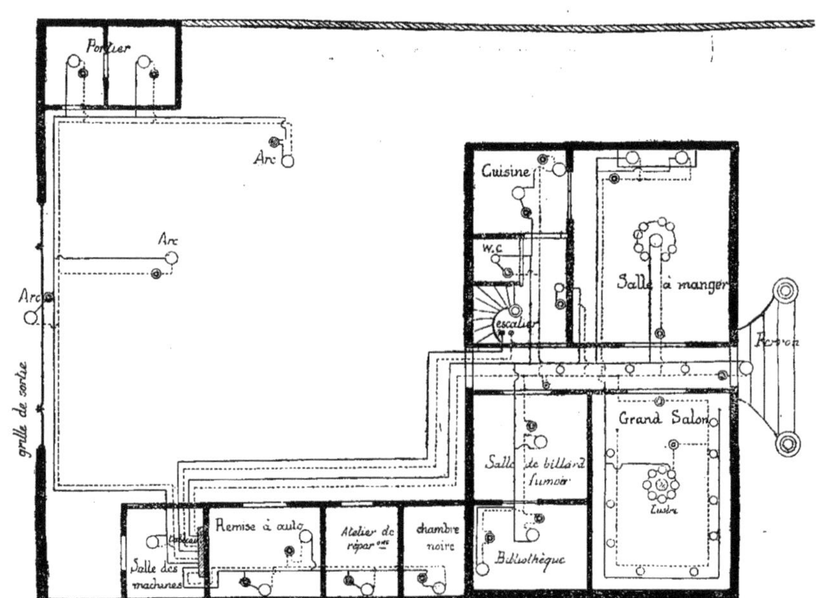

Fig. 170. — Exemple de distribution électrique par quatre lignes partant du tableau central situé dans la salle des machines : 1° pour l'extérieur; 2° pour les communs; 3° pour l'escalier et le service; 4° pour les appartements des maîtres.

Des communs ;

Un puits avec pompe ;

Un atelier de réparations et de moteurs électriques ;

et nous appliquerons à ce même plan les divers systèmes de distribution qui nous paraissent les plus favorables ; le lecteur verra ainsi clairement quel est le procédé qui doit être appliqué à son cas particulier.

1° *Distribution par un seul circuit.* — Deux câbles partent du tableau de distribution et traversent la propriété dans le sens de sa longueur ; les dérivations sont prises aux points convenables de cette ligne principale, pour desservir les divers locaux. La grosseur des câbles principaux est proportionnée à l'intensité du courant qui les traverse ; ces câbles, très gros en partant du tableau, diminuent de diamètre au fur et à mesure qu'ils s'en éloignent.

Il est certain qu'au point de vue de l'économie du métal, ce procédé est le meilleur, mais il a le grave inconvénient de créer une grande différence de potentiel entre le début et l'extrémité de la distribution électrique, car la résistance que subit le courant augmente au fur et à mesure que l'on s'éloigne du tableau central.

Pour remédier à cet inconvénient on adoptera, si la topographie des lieux le permet, le système du circuit *bouclé* représenté. Ici les deux câbles principaux font en sens inverse l'un de l'autre le tour de la propriété, en conservant sur toute leur longueur la même grosseur qui est celle correspondante à la plus forte intensité débitée par les machines : le courant a le même chemin à parcourir pour arriver à toutes les dérivations, la tension de la ligne entière est donc régularisée. Mais la dépense de métal est plus élevée que dans le système précédent ;

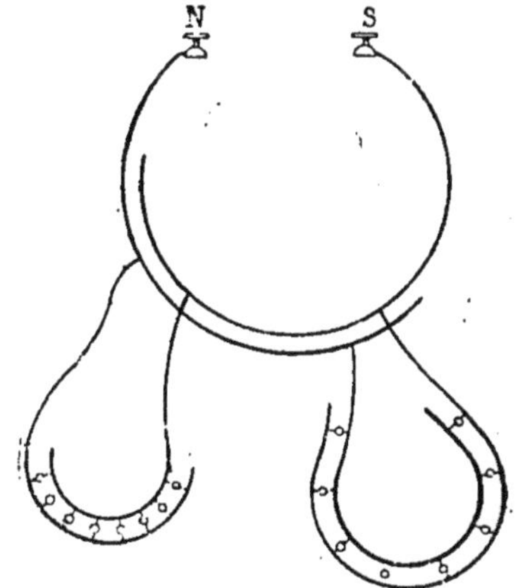

Fig. 171. — Schéma d'un circuit *bouclé*.

nous conseillons de faire ce petit sacrifice en vue de la régularité de l'éclairage sur tout le circuit.

L'établissement des grandes dérivations sera fait selon l'un des systèmes ci-dessus exposés.

2° *Distribution par circuits multiples.* — Le système d'un seul circuit ne permet pas au chef d'exploitation de contrôler facilement ce qui se passe sur le petit réseau dont il a la responsabilité, c'est pourquoi nous conseillons d'adopter, toutes les fois que cela sera possible, la distribution par circuits multiples aboutissant tous au tableau central dont nous avons parlé au début de ce chapitre. A chacun de ces circuits multiples on appliquera les règles d'établissement données au paragraphe précédent, pour ce qui concerne la forme et les diamètres des fils.

La figure 170 montre un exemple de la disposition de ces circuits multiples ; sur le tableau central sont autant d'interrupteurs et de coupe-circuits qu'il y a de lignes y aboutissant. Si le propriétaire veut exercer un contrôle plus efficace, il munit chaque circuit d'un ampèremètre qui indique à chaque instant la consommation de chaque circuit : le total des indications de ces petits ampèremètres est contrôlé par l'ampèremètre de la salle des machines.

Dans le cas où il y a entre les divers circuits de grandes différences de débit électrique, il est utile de munir les plus importants de rhéostats ou résistances qui permettront de régler le potentiel sur ces lignes afin que leur mise en service ne produise pas une baisse subite de tension dans les autres lignes.

Ce système des circuits multiples n'a qu'un seul inconvénient, celui de former au départ du tableau central un rassemblement de fils nombreux ; nous verrons plus loin les divers moyens propres à assurer l'isolement convenable de ces fils.

Dès que les circuits sont sortis du bâtiment central, ils s'en vont chacun de leur côté et ne sont pas embarrassants ; on peut souvent faire suivre le même parcours à deux circuits, sur une partie du chemin, pour les établir tous deux sur les mêmes poteaux isolateurs.

Tout cela est à voir selon les conditions locales et le petit plan de distribution doit être établi avant d'entreprendre le travail, en s'inspirant des observations ci-dessous et des schémas ci-dessus.

Examen des locaux à desservir. — Les circuits de distribution électrique doivent être établis de façon que leur surveillance et au besoin leur réparation soient très faciles. Il faut éviter de faire passer les fils dans des endroits humides ou obscurs et de les exposer à être accrochés ou heurtés par des objets quelconques.

C'est en s'inspirant de ces considérations que le propriétaire devra tracer le plan du circuit de distribution, tout en cherchant à réduire la longueur des fils en vue de l'économie de matière et de la diminution de la résistance du circuit.

Autant que possible on fera passer les fils principaux sous les plafonds ou planchers, en lignes apparentes posées sur *taquets* isolateurs en porcelaine, et au dehors, dans la traversée des cours et jardins, en lignes aériennes posées sur cloches de porcelaine.

Dans les endroits où la décoration des chambres ne permet pas de faire autrement et où il faut protéger les fils du contact des habitants, on emploiera le montage sous moulures ou mieux en tubes isolants.

Enfin on évitera les passages sous terre et, s'il est impossible de les éviter, on les fera aussi courts que possible.

Le tracé du plan général de la distribution révélera les petites difficultés de l'installation telles que percements de murs, passages souterrains, proximité d'arbres dont il faut éviter les branchages, tuyaux d'eau ou de gaz dont les fils électriques doivent être tenus éloignés. On déterminera ainsi l'emplacement des poteaux ou potelets destinés à supporter les isolateurs des lignes aériennes ; si quelques-uns de ces potelets doivent être scellés sur un mur mitoyen, le propriétaire devra se rappeler qu'il n'a droit que sur la moitié du mur qui lui appartient.

Le tracé des lignes principales étant fait, il faudra calculer le nombre et la force des lampes nécessaires à chaque partie du domaine et aussi la consommation électrique des moteurs et autres appareils d'utilisation. On déterminera ainsi le nombre d'ampères qui doit passer dans chaque partie des lignes principales, d'où l'on déduira le diamètre à donner aux fils constituant ces lignes, selon les indications que nous avons données précédemment.

Eclairage des locaux. — Le nombre de bougies nécessaires à l'éclairage d'une chambre ou d'un local quelconque dépend des dimensions de ce local et de l'intensité lumineuse dont on a besoin ; il est très difficile de donner des indications précises à cet égard et nous dirons seulement que l'on peut compter entre une et cinq bougies par mètre carré de plancher selon que l'on désire obtenir un éclairage modeste ou brillant. Ainsi, par exemple, dans une chambre de domestique, dans les water-closets, les cabinets de débarras, la salle de bains, une seule lampe de 5 bougies suffira ; dans les écuries, les remises, les communs, les escaliers et corridors, on pourra appliquer la règle d'une bougie par mètre carré de surface de parquet ; dans les chambres à coucher une ou deux lampes de 5 ou 10 bougies seront nécessaires. Les salons, la salle à manger seront éclairés brillamment à raison de 3 à 5 bougies par mètre carré de surface. Quant aux parcs et jardins, les lampes ne seront placées qu'aux carrefours et croisements d'allées ou bien en des points spéciaux : serres, tonnelles, kiosques, etc.

Le mode de répartition des lampes dans un local déterminé a une grande importance : dans un salon l'éclairage doit être uniforme, on mettra donc des plafonniers à une ou plusieurs lampes aux angles et un lustre au milieu du plafond, ou bien des appliques tout autour des murs, deux petites lampes au piano et à la cheminée ; dans une salle à manger il faut un éclairage général assez faible et un fort éclairage de la table ; dans une chambre à coucher, une lampe au milieu du plafond et une autre près du lit assurent généralement un éclairage agréable et suffisant ; dans les cuisines, corridors, escaliers, communs, les lampes doivent être réparties également sur toute la surface à éclairer de façon à éviter la production de recoins obscurs. Nous donnons un schéma faisant voir la répartition des lampes dans une installation rurale ; voir à ce sujet ce qui a été dit sur les lampes à arc (première partie, chapitre VII).

Colonnes montantes. — Pour la répartition du courant électrique dans un bâtiment à plusieurs étages, on installe une colonne *montante* qui suit le corridor d'entrée et la cage de l'escalier ; de ce branchement principal partent à chaque étage une ou plusieurs dérivations desservant les différentes pièces. Parce que les corridors et escaliers sont des endroits de grand passage où l'on manipule souvent des objets encombrants, il est nécessaire d'assurer une excellente protection aux fils de la colonne montante ; à cet effet, nous conseillons le montage de ces fils dans des tubes isolants ou, à défaut de ces tubes, dans de fortes moulures. On verra plus loin la manière d'installer convenablement les tubes isolants et les moulures ; ces dernières doivent autant que possible être posées sous les angles des plafonds où elles risquent le moins de recevoir des chocs (ceci est dit aussi bien pour la colonne montante que pour toutes les dérivations du réseau).

CHAPITRE III

INSTALLATION ET POSE DES LIGNES DE DISTRIBUTION DU COURANT ÉLECTRIQUE

Nous avons à étudier successivement les lignes aériennes pour l'extérieur ;

Les lignes sur taquets isolateurs pour l'extérieur ou l'intérieur des bâtiments;

Les lignes souterraines pour la traversée des routes, chemins, cours ou jardins;

Les lignes intérieures sous moulures ;

Les lignes intérieures sous tubes isolants ;

Enfin les passages dans les murs et planchers.

Lignes aériennes pour l'extérieur. — Ces lignes se font en fil de cuivre *nu* ou faiblement isolé par des couches de jute ou de coton goudronné.

Le fil ou câble est posé sur des isolateurs en forme de cloche en verre ou en porcelaine ; ces cloches isolantes sont scellées avec du soufre fondu sur un support en fer galvanisé terminé à son autre extrémité par une *queue de carpe* pour sceller dans un mur, par une patte avec trous ou par une grosse vis à bois. Pour fixer les supports des cloches sur les poteaux en bois, on emploie des vis ou des tire-fonds *galvanisés* pour éviter la formation rapide de rouille.

Les supports à cloches sont scellés dans les murs des bâtiments ou bien fixés contre des poteaux plantés en terre ou des *potelets* scellés eux-mêmes dans les murs par des pattes ou barres de fer.

CLOCHES EN PORCELAINE POUR LIGNES EXTÉRIEURES AÉRIENNES

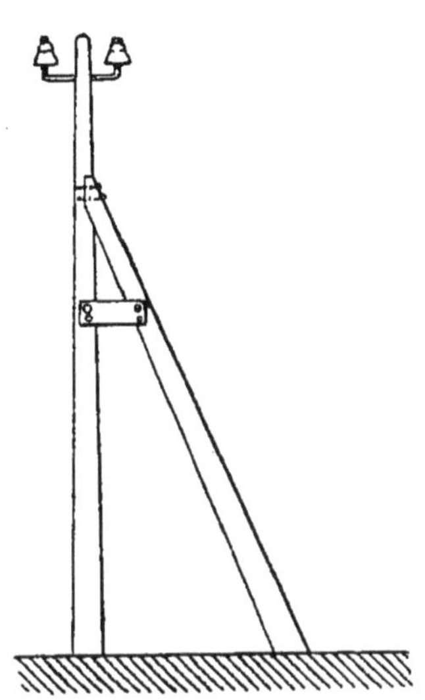

Fig. 171. — Montage des cloches sur poteau vertical.

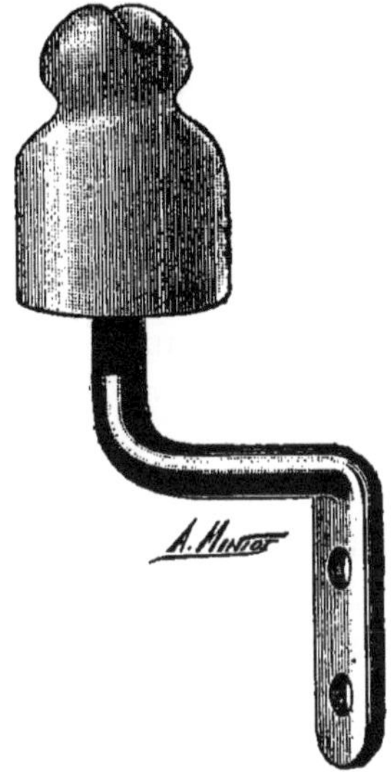

Fig. 172. — Cloche espagnole sur ferrure à patte.

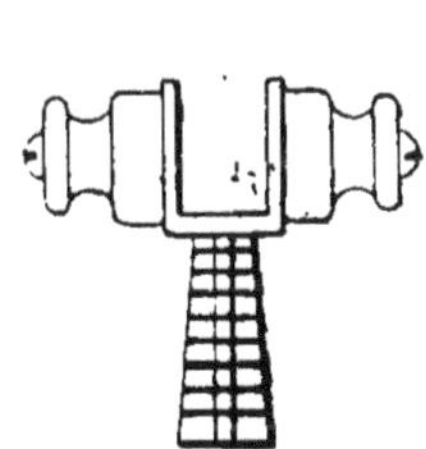

Fig. 173. — Support métallique à scellement pour deux poulies porcelaine.

Fig. 174. — Isolateur pour descente verticale du fil.

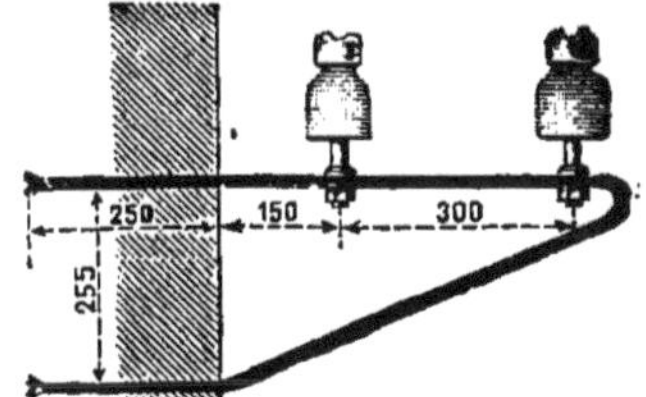

Fig. 175. — Montage des cloches sur support à scellement.

Fig. 176. — Cloche à oreilles sur tige à scellement.

Les poteaux à planter dans le sol se font en bois injecté au sulfate de cuivre, en fer galvanisé profilé ou tubulaire et enfin en ciment armé ; ces derniers sont précieux pour une installation permanente, car le ciment armé dure indéfiniment et ne demande aucun entretien.

Les poteaux ou potelets en fer se font avec du fer à I à larges ailes sur lequel les isolateurs à cloches se fixent facilement avec deux petits boulons, les deux isolateurs étant serrés l'un derrière l'autre dans deux trous percés dans le poteau.

On trouve aussi dans le commerce des poteaux en tôle enroulée en forme de tube légèrement conique ayant l'aspect d'un poteau en bois.

Tous les poteaux en fer doivent être galvanisés ou tout au moins peints à plusieurs couches de minium et peinture à l'huile pour prévenir l'oxydation ; ces poteaux doivent être scellés en terre avec quelques pierres et du béton de ciment dans lequel le fer ne se rouille pas.

Les poteaux en bois injecté convenablement se font avec des troncs de sapins ou mélèzes ; il faut calciner puis enduire de goudron chaud la partie qui doit être enfouie dans le sol et prolonger le goudronnage à cinquante centimètres au-dessus du sol.

La longueur de poteau à enfouir dans le sol dépend de la hauteur du poteau et de la compacité du sol ; selon que le terrain est meuble ou compact il faut compter enfouir entre un quart et un sixième de la longueur totale du poteau. En entourant le pied des poteaux en bois de quelques pierres scellées au béton de chaux lourd ou ciment dans le sol, on assurera la conservation à peu près indéfinie de ces poteaux dont le pied sera ainsi préservé de la pourriture que n'empêchent pas complètement le goudronnage ni la calcination.

Les *potelets* sont fixés dans les murs au moyen de barres en fer rond à queue de carpe d'un bout et avec filetage et deux écrous à l'autre bout ; quand ces potelets sont lourds et chargés de gros câbles, on renforce l'un des supports au moyen d'un bras de force oblique, comme le montre notre gravure.

Les fils ou câbles sont tendus sur les cloches d'un bout à

ENTRÉES DE POSTES ET CROCHETS ISOLÉS

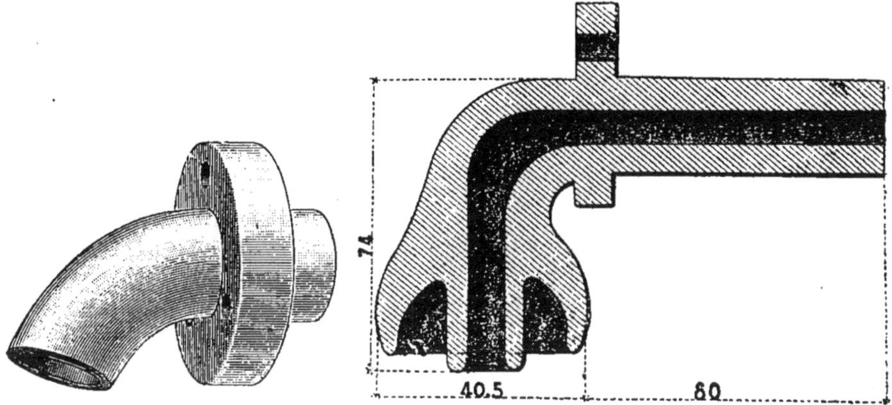

Fig. 177-178. — Pipes ou entrées de postes pour la pénétration des fils aériens dans les maisons : la forme recourbée du tube de porcelaine empêche l'eau de la pluie de pénétrer dans le mur.

Fig. 179-180. — Entrées de postes en porcelaine prolongées par un tube en carton isolant.

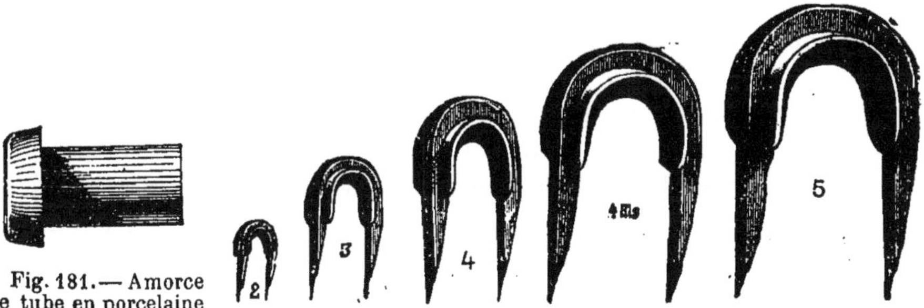

Fig. 181. — Amorce de tube en porcelaine pour la traversée des murs.

Fig. 182. — Cavaliers garnis de fibre isolante pour l'attachement des fils.

l'autre des lignes droites, au moyen d'un palan, puis ils sont arrêtés à chaque extrémité de la ligne. Ensuite on les fixe sur chaque cloche par une ligature faite avec du fil de cuivre recuit d'un millimètre de diamètre ; cette ligature est faite autour de la tête de la cloche, de façon que le câble soit bien maintenu dans l'entaille de la cloche.

Dans les coudes ou tournants de la ligne, il est quelquefois nécessaire de mettre un ou plusieurs *poteaux doubles* ou poteaux renforcés par une jambe de force inclinée, afin que le poteau puisse résister à la traction oblique des fils. On voit des exemples fréquents de ces poteaux sur les lignes télégraphiques de nos routes et chemins de fer.

Dans le montage des lignes aériennes en fil nu ou recouvert de couches isolantes, on doit éviter que les branches des arbres voisins ne viennent frotter ou toucher les fils ; les arbres agités par le vent ne tardent pas, par le frottement de leurs branches sur les fils isolés, à arracher l'isolant de ceux-ci et il en résulte des pertes à la terre.

Les lignes aériennes sur cloches isolantes sont les plus économiques à cause de l'emploi possible de fil nu, elles sont faciles à surveiller et leur isolement reste toujours parfait. A notre avis, on doit employer ce système de transmission du courant électrique toutes les fois que cela est possible et préférer les fils montés sur isolateurs à cloches à tout autre procédé d'isolement.

Lignes sur taquets isolateurs. — Les lignes en fil de faible isolement monté sur taquets serre-fils ou poulies en porcelaine, sont d'un emploi avantageux quand la ligne est à l'abri de la pluie et qu'il n'y a pas d'inconvénient à laisser les fils apparents ; ces lignes se montent sous les auvents des toitures, sous les combles des greniers, sous les plafonds des ateliers et magasins, le long des murs des salles des machines, caves, magasins, serres, écuries, etc. L'isolement de ces lignes est bon à condition que les taquets ou poulies ne soient pas humides, le fil ou câble doit être isolé au caoutchouc et coton enduit (séries 3 ou 4). La surveillance des lignes sur taquets ou poulies en porcelaine est facile et les réparations y sont

ISOLATEURS EN PORCELAINE, POUR L'INTÉRIEUR
(Modèles des Etablissements GRIVOLAS)

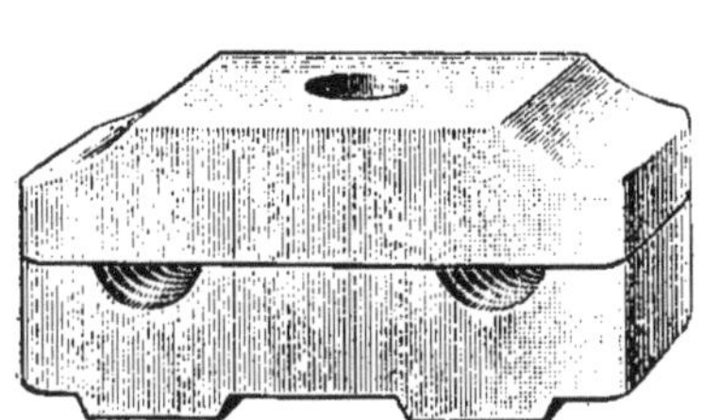

Fig. 183. — Taquet ordinaire rond ou rectangulaire à deux ou trois rainures.

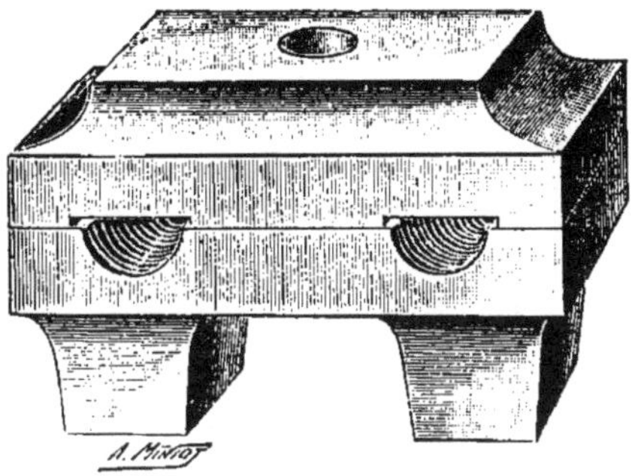

Fig. 184. — Taquet surélevé à deux ou trois rainures.

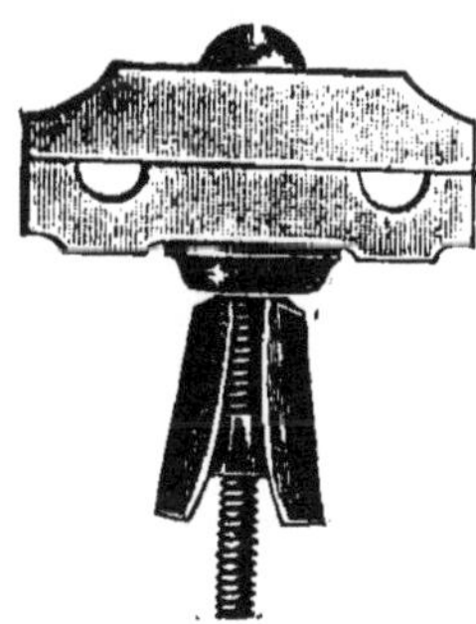

Fig. 185. — Montage d'un taquet sur piton en fer à scellement pour plafonds ou murs.

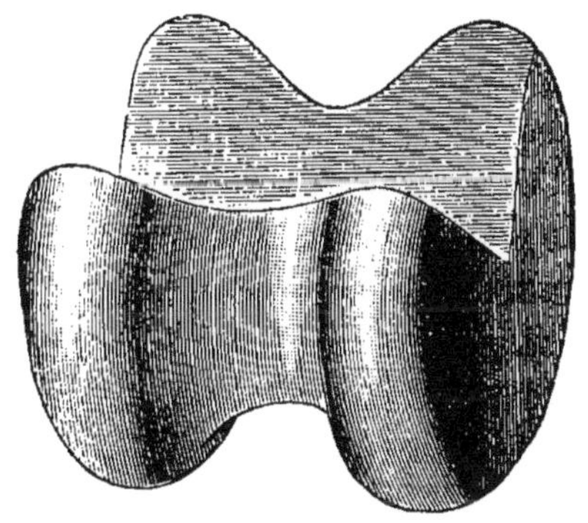

Fig. 186. — Poulie d'angle pour passer les fils sur les angles des poutrelles de plafond et des murs,

Fig. 187. — Taquet porcelaine en une seule pièce.

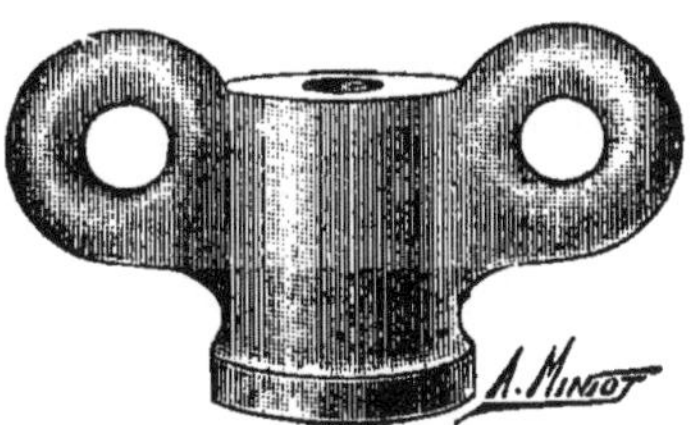

Fig. 188. — Isolateur à oreilles pour un ou deux fils.

aisées ; ces lignes sont recommandables toutes les fois que le fil ne peut pas être accroché au passage des gens ou des animaux.

Les taquets ou poulies isolantes doivent être très rapprochés les uns des autres, de façon que les fils soient bien soutenus et sûrement maintenus écartés l'un de l'autre et éloignés du mur ou cloison sur lequel sont fixés les taquets ; la distance entre les taquets ou poulies ne doit pas excéder 0 m. 75 ; les fils doivent être bien tendus sur tout le parcours.

Lignes souterraines. — Lorsqu'il est impossible de faire autrement et qu'il faut se résigner à faire passer sous terre les conducteurs électriques, on doit prendre les précautions nécessaires pour que ces fils soient à l'abri des mouvements de terrain, des outils des ouvriers jardiniers, des accumulations d'eau et autres causes qui pourraient amener la détérioration des isolements.

Une ligne souterraine pour petite installation à la campagne sera faite en fil ou câble fortement isolé (série 6), recouvert d'une gaîne de plomb ; ce câble sous plomb sera placé dans un tuyau en terre cuite ou en fonte ou bien dans un caniveau en maçonnerie, ou encore dans un conduit en bois injecté au sulfate de cuivre et à la créosote. Ces conduits en bois sont très recommandables, ils coûtent peu et durent à peu près indéfiniment.

Le fil ou câble sous plomb doit être déroulé doucement et normalement avec précaution, de façon à éviter de torsionner l'enveloppe de plomb qui se fend facilement sous l'influence des torsions répétées ; les fentes de cette enveloppe de plomb laissent alors pénétrer l'humidité qui compromet l'isolement.

Généralement il est possible de placer le fil sous plomb dans les tubes ou caniveaux avant que ceux-ci ne soient recouverts, mais s'il s'agit de passer un fil sous plomb dans un tuyau ou caniveau existant déjà on éprouvera certaines difficultés. Il faudra d'abord passer une tringle semi-rigide dans le tuyau ou caniveau ; au bout de cette tringle on attache les deux conducteurs sous plomb et on les tire doucement jusqu'à ce qu'ils aient abouti de l'autre côté. Dans certains cas, on a recours à des procédés ingénieux pour arriver d'abord à passer une petite ficelle dans le caniveau ; nous avons vu opérer ce passage avec le secours d'un malheureux rat à la queue duquel la ficelle était attachée : l'animal étant chassé dans le tuyau souterrain avec de la fumée, il ne tarda pas à sortir de l'autre côté en entraînant avec lui la ficelle ; cette petite ficelle permit alors de faire passer une corde avec laquelle on put tirer les conducteurs sous plomb.

Quand on doit visiter une ligne souterraine, il faut avoir soin, avant de la retirer du caniveau ou tuyau dans lequel elle est logée, d'attacher au bout du conducteur que l'on retire une corde qui servira à replacer le conducteur dans le caniveau après que la visite et la réparation auront été faites.

Les câbles sous plomb doivent être achetés en longueurs assez grandes pour qu'il n'y ait pas lieu d'y opérer des jonctions, l'exécution de celles-ci présentant certaines difficultés. Si cependant il était nécessaire de joindre bout à bout deux câbles sous plomb, on commencerait par faire la ligature ou épissure des conducteurs et rétablir l'isolement comme il a été dit précédemment ; ensuite on place, par dessus la ligature isolée, un fourreau formé d'un morceau de tube de plomb à gaz, ce fourreau étant assez long pour recouvrir de chaque côté les gaînes de plomb des conducteurs sur sept à huit centimètres de longueur ; on soude ensuite le fourreau avec les gaînes de plomb au moyen de soudure très fusible et en chauffant le moins possible les conducteurs. On peut encore se contenter de bourrer entre le fourreau de plomb et les gaînes de plomb du mastic d'asphalte fondu ou bien du mastic chatterton fondu (on trouve ce mastic en bâtons chez les marchands d'accessoires).

A sa sortie de terre, le fil ou câble sous plomb est conduit jusqu'à un isolateur en porcelaine où il est raccordé à la canalisation aérienne de façon que l'eau de pluie ne puisse pas pénétrer entre la gaîne de plomb et l'isolement. La gaîne de plomb doit être coupée deux centimètres plus courte que l'isolant du câble, de façon qu'un court-circuit ne puisse pas se produire entre le câble conducteur et la gaîne de plomb.

Nous recommandons d'observer les plus minutieuses précautions dans le montage des lignes souterraines dont la visite est impossible à moins de relever les câbles sur toute leur longueur ; les caniveaux ou tuyaux contenant ces câbles seront placés assez profondément dans le sol pour que les outils des

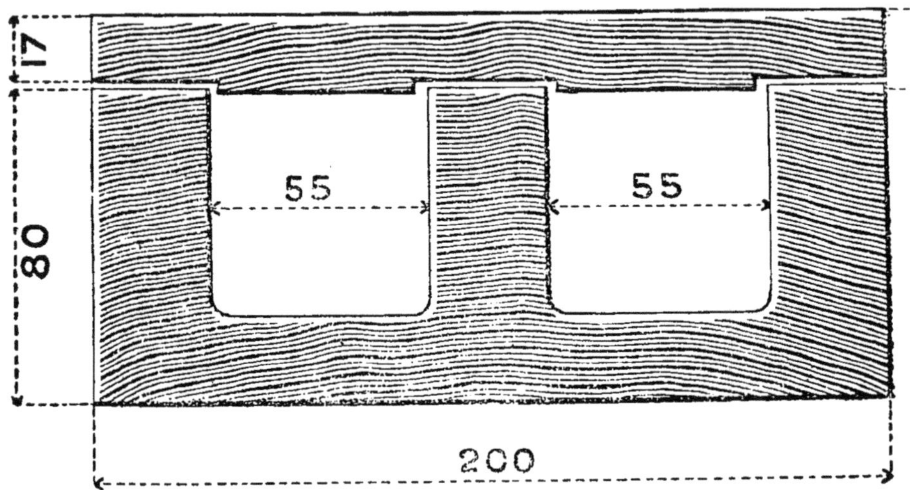

Fig. 189. — Caniveau double en bois injecté, imputrescible, de M. Ulmann, pour canalisations souterraines.

jardiniers ne puissent pas les atteindre ; si des charrettes passent au-dessus, on recouvrira le caniveau à cet endroit avec de larges pierres plates posées sur sol battu.

La traversée des chemins et routes par des câbles électriques aériens ou souterrains est soumise à une autorisation préalable qui dépend du maire, du préfet, du service des Ponts et Chaussées, selon que le chemin est communal, départemental ou national ; on devra se procurer l'autorisation avant d'entreprendre les travaux.

Lignes sous moulures en bois. — La pose des câbles isolés sous moulures en bois est réservée aux endroits non humides et spécialement aux appartements où les nécessités de la décoration ne permettent pas la pose de câbles apparents.

Les fils et câbles posés en moulures doivent être fortement solés par deux couches de caoutchouc (séries 5 et 6). La moulure proprement dite, avec des rainures proportionnées à la grosseur du câble, est d'abord clouée, avec de longues pointes fines à petites têtes, contre le mur et au besoin sur des tamponnages ; les fils isolés sont insérés dans les rainures, puis les couvercles sont cloués par dessus avec de petites pointes fines et courtes : bien faire attention en clouant ces pointes qu'elles ne dévient pas et ne viennent pas détériorer l'isolement des fils contenus dans la moulure.

Les moulures sont généralement posées dans les angles des plafonds et des murs ; s'il faut passer par dessus des tuyaux d'eau ou de gaz, on contourne ces tuyaux métalliques avec de petites longueurs de moulures, clouées ensemble, de façon que le câble ne puisse en aucun cas venir en contact avec le tuyau.

La coupe des moulures pour la confection des angles, des dérivations et raccordements divers, se fait avec une *boîte à onglets* comme celles dont se servent les encadreurs pour la coupe des baguettes.

Si les moulures doivent être placées dans des endroits un peu humides tels que cuisines, laveries, buanderies, il est nécessaire de les enduire intérieurement et extérieurement avec un vernis spécial à base de goudron et de résine pour les rendre isolantes malgré la pénétration des vapeurs d'eau.

Emploi des tubes isolants. — Depuis quelques années l'usage des tubes en carton bitumé, avec ou sans enveloppe métallique extérieure, s'est beaucoup répandu grâce à la sécu-

Fig. 190. — Câbles jumelés pour lignes en tubes isolants.

rité d'isolement qu'offre ce procédé. Les tubes isolants, destinés à recevoir les fils ou câbles eux-mêmes isolés, sont quelquefois noyés dans l'épaisseur de l'enduit des murs et cloisons ; d'autres fois ils sont posés sur l'enduit au moyen de cavaliers garnis de fibre de bois ou avec des agrafes spéciales.

Les tubes isolants, leurs coudes, leurs boîtes de jonction et leurs accessoires de pose constituent un appareillage tout à fait spécial, fort ingénieux et très recommandable, car il donne une sécurité absolue contre les pertes à la terre et les courts-circuits ; il empêche toute chance d'incendie et il n'y a rien de plus parfait qu'une installation d'appartement ou d'atelier faite en tubes isolants.

A la campagne, on doit surtout en recommander l'emploi dans les écuries, greniers, fenils, remises et granges, en dehors des appartements où ces tubes sont tout indiqués.

Nos gravures représentent les diverses pièces de l'appareillage spécial aux tubes isolants qui se réunissent bout à bout avec des manchons et des coudes spéciaux collés à chaud sur les tubes par la fusion du bitume. Les tubes se courbent facilement au moyen de pinces spéciales et se coupent avec un coupe-tubes approprié. Les boîtes de connexion, les coupe-circuits et les interrupteurs se posent noyés dans l'enduit du mur ou apparents sur le mur.

On peut poser un seul câble dans chaque tube ou bien deux câbles jumelés dans une même tresse ; la pose du câble dans les tubes s'effectue par tirage du câble isolé après la pose des tubes ; on emploie pour cela un ruban en acier muni d'une petite boule à l'une de ses extrémités et d'un œil à l'autre bout. Ce ruban d'acier élastique est introduit dans les tubes dont il suit facilement les sinuosités, il sert alors à tirer le fil conducteur attaché à l'œil terminal.

En raison de l'importance qu'a pris l'emploi des tubes isolants dans les installations électriques, nous reproduisons ci-après les instructions de montage données par les fabricants de ces tubes :

Les tubes isolateurs sont établis en 7, 9, 11, 13[5], 16, 23, 29, 36 et 48 millimètres de diamètre intérieur.

Le tube de 7 millimètres est particulièrement destiné aux installations de sonneries, de téléphonie et de télégraphie et doit, en raison de son faible diamètre, être évité dans les installations de tension élevée. Le tube de 9 millimètres ne doit être admis que pour les canalisations en tubes séparés (1 conducteur par tube). Il importe, et nous insistons particu-

TUBES ISOLANTS EN CARTON ARMÉ OU NON ARMÉ
(de M. ADT).

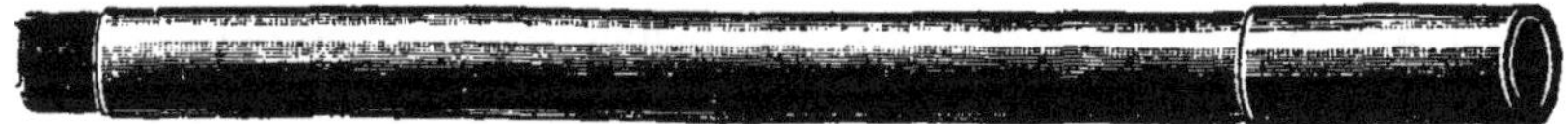

Fig. 191. — Tube avec son manchon.

Fig. 192. — Jonction de deux tubes par un manchon.

Fig. 193. — Manchon en carton isolant.

Fig. 194. — Tube armé cintré au moyen de pinces spéciales.

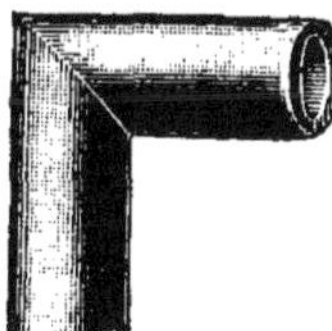

Fig. 195. — Coude en tôle plombée.

Fig. 196. — Raccord de dérivation.

Fig. 197. — Pinces spéciales pour cintrer les tubes isolants.

lièrement sur ce point, de ne pas faire usage de tube de diamètre inférieur à 11 millimètres, pour des canalisations doubles (2 conducteurs par tuyau).

Dans le but d'éviter des canalisations de grande longueur et de réduire le nombre de coudes par circuit au minimum, nous préconisons la division de l'installation, c'est-à-dire, selon l'importance de celle-ci, la création de plusieurs colonnes montantes, indépendantes les unes des autres, installées en des endroits propices du bâtiment.

Les colonnes montantes seront établies en tubes séparés ; nous recommandons la même disposition pour les circuits de lampes à arc ou de moteurs. En général, pour les canalisations, dont l'intensité est inférieure à 20 ampères, les conducteurs d'aller et de retour peuvent être tirés dans un même tube ; nous conseillons à cet usage, des conducteurs jumeaux de grande souplesse, spécialement fabriqués à cet effet.

Pour les installations à courants alternatifs mono ou polyphasés, exécutées en tubes isolateurs armés d'acier ou de fer, nous préconisons, en vue d'obtenir une sécurité plus grande, de tirer tous les conducteurs composant un circuit dans un seul et même tube.

Les tubes des canalisations entaillées dans les murailles, sont fixés à l'aide de liens en fils de fer tortillés, maintenus par des clous à têtes plates enfoncés directement dans la maçonnerie, sans intervention de blochets en bois.

La fixation des tubes des canalisations apparentes, c'est-à-dire de ceux posés sur le plafonnage ou la tapisserie, s'effectue au moyen de pattes en laiton ou en fer étamé, fixées à l'aide de vis ou de clous à têtes rondes, ou de blochets en acier.

Fig. 198. — Pattes en fer étamé pour le fixage des tubes sur les murs.

L'usage de cavaliers ou de crampons ne doit être toléré que dans le cas où l'emploi des pattes est considéré comme impossible.

L'établissement d'une jonction entre deux longueurs de tubes, exige les soins les plus minutieux. Il importe que les tubes présentent au point de raccord, une section vive et perpendiculaire à l'axe du tube ; l'on dépose, à cet effet, le tube dans un gabarit à découper et on le tranche à l'aide d'une

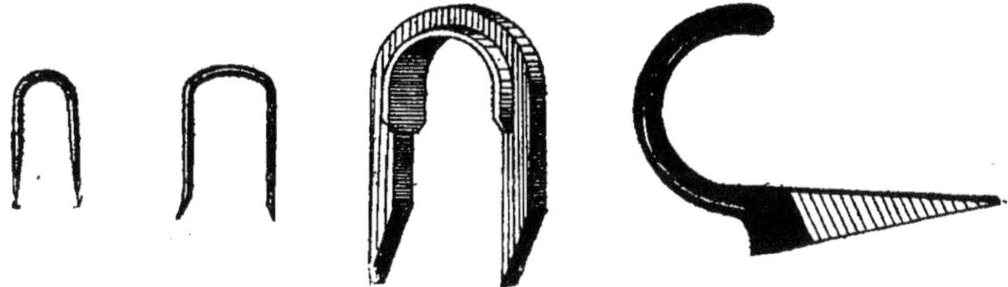

Fig. 199. — Cavaliers et crampons pour le fixage des tubes.

bonne scie à métaux ; les bavures doivent être enlevées au moyen d'un couteau bien affilé ou d'une fraise.

Le raccord proprement dit consiste, pour les tubes de 7 à 23 millimètres de diamètre, en un manchon en laiton dans lequel, après qu'il a été légèrement chauffé, sont introduites les extrémités des tubes à raccorder et ce de façon qu'elles se rencontrent à peu près au milieu du manchon.

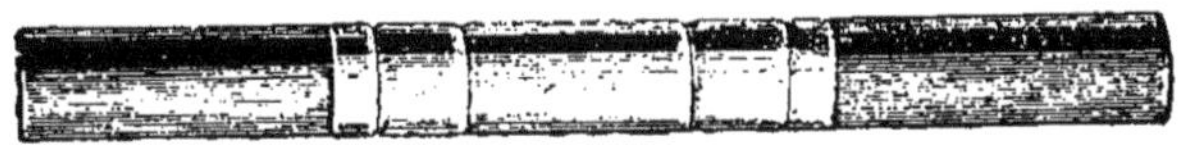

Fig. 200. — Jonction de deux tubes par manchon en laiton ou en tôle plombée.

Dans les constructions nouvelles, où les canalisations doivent être noyées dans le plafonnage, ou pour les canalisations apparentes d'installations de fabriques de produits chimiques, de salines, ou en général de locaux renfermant des vapeurs acides, ammoniacales ou d'autres substances attaquant les métaux, les manchons de raccord en laiton doivent être absolument rejetés et remplacés par des manchons en matière isolante.

Des ponts en porcelaine doivent, dans ce cas, être substitués aux attaches ordinaires.

Les coudes et les changements de direction sont effectués soit à l'aide de tubes cintrés à la pince, soit avec des coudes préparés d'avance, soit avec des tubes flexibles Adt représentés ci-après.

Les dérivations des canalisations partant des centres de

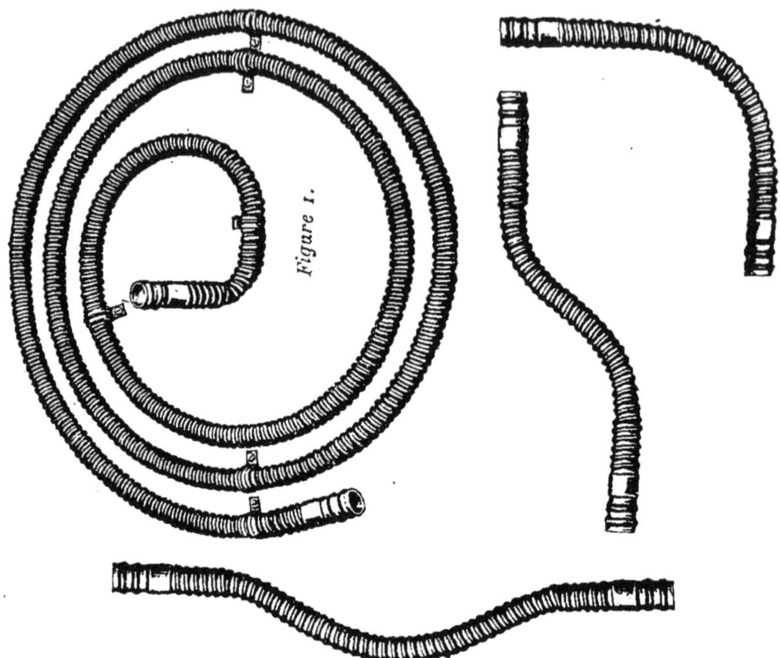

Fig. 201. — Tubes flexibles de M. ADT.

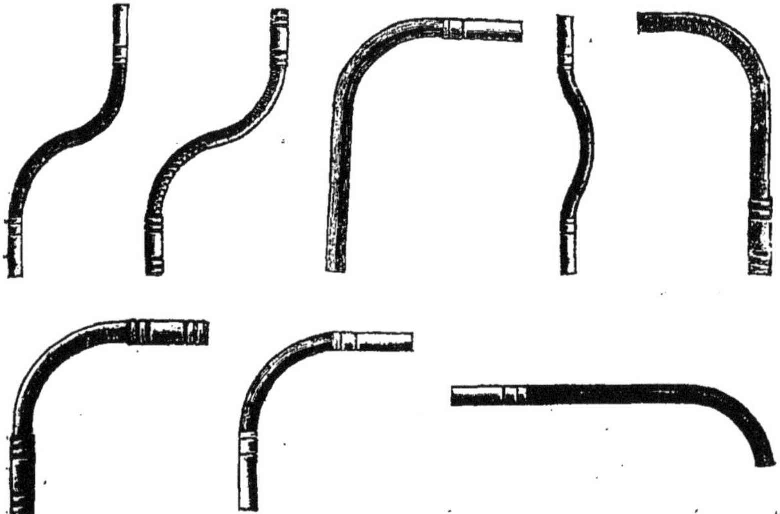

Fig. 202. — Coudes fabriqués à l'usine ADT pour canalisations tubulaires.

distribution, sont prises à l'aide de caisses de dérivation spécialement aménagées à cet effet et munies d'embouchures dans lesquelles viennent s'emmancher les tubes. Ces caisses, pourvues de couvercles en laiton ou en tôle, restent toujours accessibles.

A l'intérieur des appartements, il importe pour l'aspect, de prendre des dispositions telles que les boîtes se trouvent

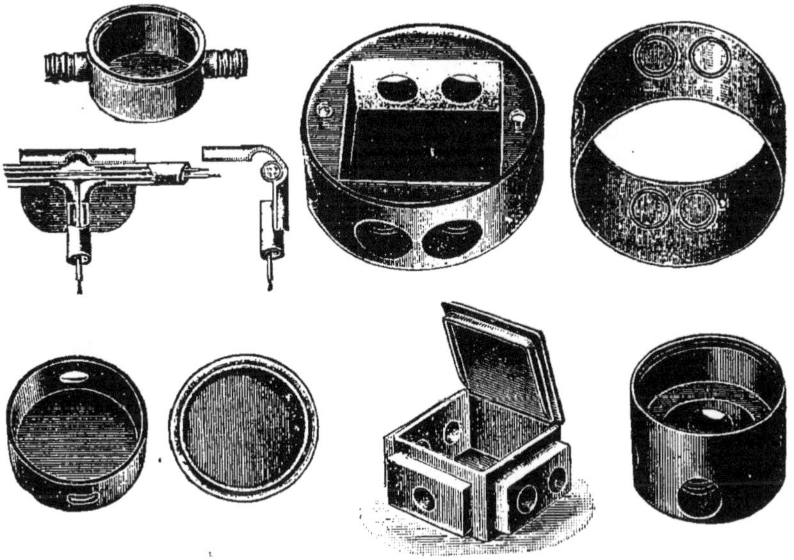

Fig. 203. — Spécimens de boites de dérivation et manière d'y jonctionner les tubes et les fils.

réduites au minimum ; dans les plafonds, elles doivent être absolument évitées, en tant que boîtes de dérivation, et tolérées seulement comme bases d'attache et de connexion pour des pendants ou des plafonniers.

Le raccordement des tubes aux boîtes demande quelques soins : appliquer à chaud, sur tout le pourtour de l'extrémité du tube, une légère couche de mastic et introduire ensuite le tube dans l'embouchure ; le tube doit pénétrer dans l'embouchure sur toute la longueur de cette dernière, sans toutefois faire saillie à l'intérieur de la boîte; le mastic en excès suintant à l'extrémité de l'embouchure doit être pétri à l'aide du doigt légèrement humecté, afin d'assurer l'étanchéité du joint. Le mastic qui est fourni en petits bâtons fond à une température très peu élevée; la chaleur émise par une lampe ou une bougie suffit.

Le tirage des conducteurs s'effectue à l'aide d'un ruban ressort en acier pourvu à l'une de ses extrémités d'une petite boule et à l'autre d'un œillet. Les rubans-ressorts en acier mesurent 4, 10 et 20 mètres de longueur.

Afin de faciliter l'introduction et le glissement du ruban d'acier, nous recommandons d'insuffler dans les tubes une petite quantité de talc, ce qui adoucit également de façon notable le passage du conducteur. Le ruban d'acier étant introduit dans le tube, fixer le conducteur à l'œillet du ressort et procéder ensuite au tirage du câble.

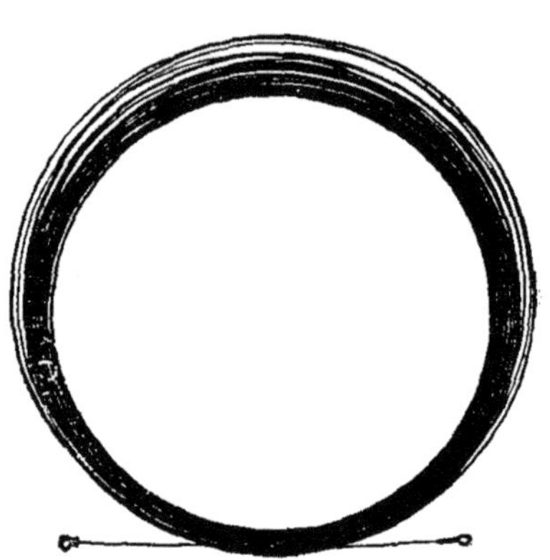

Fig. 204. — Ruban en acier pour le tirage des fils isolés dans les tubes.

Si par suite d'un accident quelconque, il s'est introduit de l'eau dans une canalisation, et que la position de celle-ci soit telle que l'eau ne puisse s'écouler, il faut sécher l'intérieur du tube, en procédant de la façon suivante : introduire le ruban-ressort en acier dans le tube et fixer à l'œillet un tampon de coton, de section égale à celle du tuyau : tirer le tout au travers de la canalisation et renouveler cette opération jusqu'à ce que le coton à la sortie ne présente plus aucun trace d'humidité. Laisser la canalisation ouverte aux deux extrémités afin d'y établir une circulation d'air et s'assurer avant d'effectuer le tirage des conducteurs que le tube est bien séché.

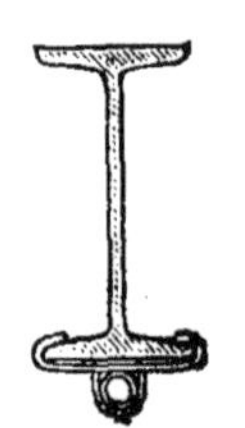

Fig. 205. — Pose d'un tube sous une poutrelle en fer.

(Les instructions ci-dessus sont empruntées aux Usines Bergmann.)

Les coupe-circuits et les interrupteurs se placent directement sur les boîtes de dérivation ; ils sont construits spécialement à cet effet par les usines qui fabriquent le matériel de tubes isolants.

ACCESSOIRES POUR LES CANALISATIONS TUBULAIRES ISOLANTES

Fig. 206. — Entrées de postes ou pipes et manchon de raccord en tôle plombée.

Fig. 207. — Boîte de dérivation munie de coupe-circuits à plombs fusibles.

Emploi des torsades. — Pour conduire le courant aux lampes et autres petits appareils, on emploie de la torsade composée

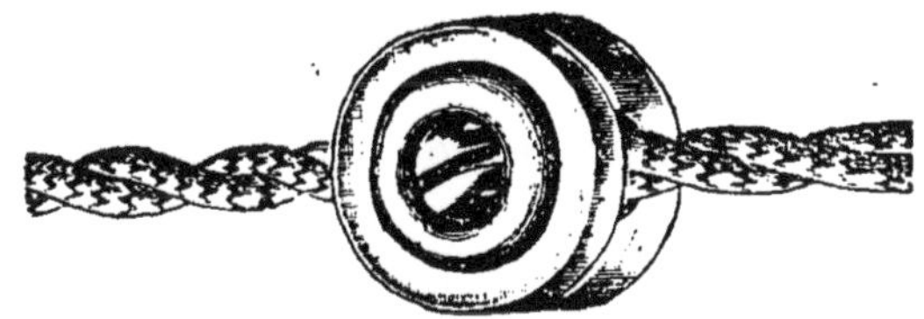

Fig. 208. — Equipement des torsades sur taquets ronds en porcelaine.

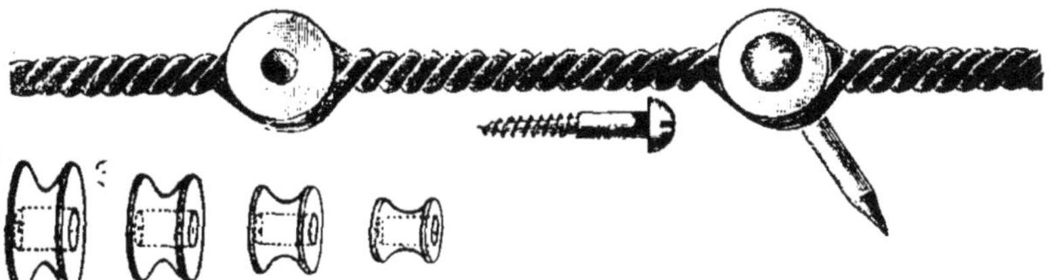

Fig. 209. — Petites poulies en os ou en porcelaine pour le montage des torsades et mode d'emploi de ces petits isolateurs.

de deux câbles souples bien isolés entre eux. Cette torsade se fait en toutes couleurs pour s'harmoniser avec les tentures de l'appartement ; elle se pose sur petites poulies isolantes en porcelaine, en os ou en ébonite. Il faut limiter l'emploi de la torsade au strict minimum, car son isolement ne vaut pas celui des câbles séparés sous moulures ou sous tubes ; éviter de faire passer des torsades près des tentures d'étoffe, rideaux, tapisseries, etc., non plus que sur des pièces métalliques.

Passage des murs. — Ici deux cas sont à considérer selon qu'il s'agit de l'entrée des fils conducteurs dans une maison ou bien du passage au travers d'un mur intérieur.

Pour l'entrée dans une maison, il faut poser dans le mur un tube à *pipe* en porcelaine ou tout au moins en carton bitumé avec *pipe* en porcelaine ; l'ouverture de la *pipe* est tournée vers le sol afin de rejeter les eaux pluviales à l'exté-

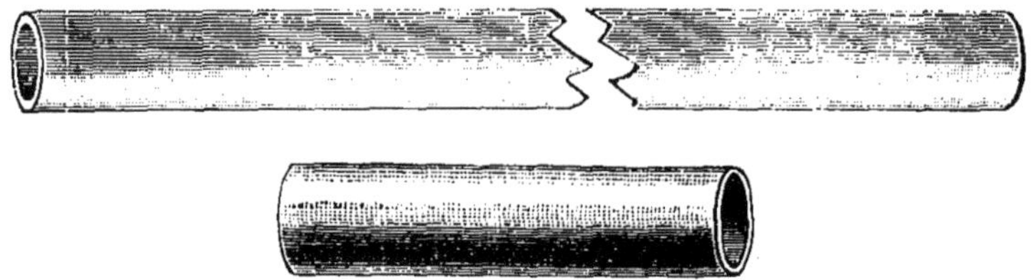

Fig. 210. — Tube et manchon en porcelaine ou en ébonite pour la traversée des murs et planchers.

rieur et de les empêcher de mouiller le câble dans la traversée du mur.

Pour la traversée des murs intérieurs, on pose des fourreaux en tubes de carton bitumé avec ou sans enveloppe métallique, ou bien des tubes en porcelaine de diamètre approprié à la grosseur du fil isolé. Pour les petits fils, on se contente de les passer dans un tube de caoutchouc vulcanisé à raison d'un seul fil par tube de caoutchouc.

Il faut mettre autant de fourreaux qu'il y a de câbles à passer et ne pas faire passer deux câbles dans le même tube.

On peut aussi poser un gros tube dans lequel on place plusieurs petits tubes qui reçoivent chacun un câble isolé.

Passage au travers des planchers. — L'emploi de fourreaux en tubes isolants, en aussi grand nombre qu'il y a de fils à passer, s'impose dans le passage des planchers pour conduire les fils et câbles d'un étage à un autre. Prendre ici des tubes en papier ou carton bitumé recouvert d'un tube-enveloppe en tôle ou en laiton afin d'éviter que les vibrations du plancher ou les chocs des passants ne puissent détériorer les câbles électriques.

CHAPITRE IV

APPAREILS DE SÉCURITÉ

Nous avons décrit, dans la première partie, chapitre IV, les parafoudres et les coupe-circuits à fils fusibles. Toute ligne aérienne extérieure doit être branchée sur un parafoudre à chacune de ses entrées dans un bâtiment ou à chacune de ses liaisons avec un moteur électrique, si ce dernier n'est pas dans un bâtiment déjà protégé par un parafoudre.

Quant aux coupe-circuits à fils fusibles, ils doivent être posés en grand nombre sur le circuit de distribution du courant électrique et spécialement aux points suivants :

A l'origine du secteur ;

A l'origine de toutes les dérivations ;

Avant chaque moteur ;

Avant chaque groupe de 2 à 3 lampes et en principe avant tout appareil d'utilisation du courant et avant chaque prise de courant.

La grosseur des plombs de ces coupe-circuits sera rigoureusement calculée selon le débit prévu pour chaque dérivation et chaque appareil. Les coupe-circuits doivent être facilement accessibles et placés loin des tentures ou boiseries facilement inflammables ; ils doivent toujours être recouverts d'un couvercle en porcelaine ou faïence pour éviter la projection d'étincelles en cas de fusion des plombs.

A l'origine de chaque dérivation il faut placer un interrupteur bipolaire permettant de mettre à volonté cette dérivation hors circuit, pour la réparation des appareils d'utilisation et le remplacement des plombs fusibles.

COUPE-CIRCUITS A PLOMBS OU FILS FUSIBLES

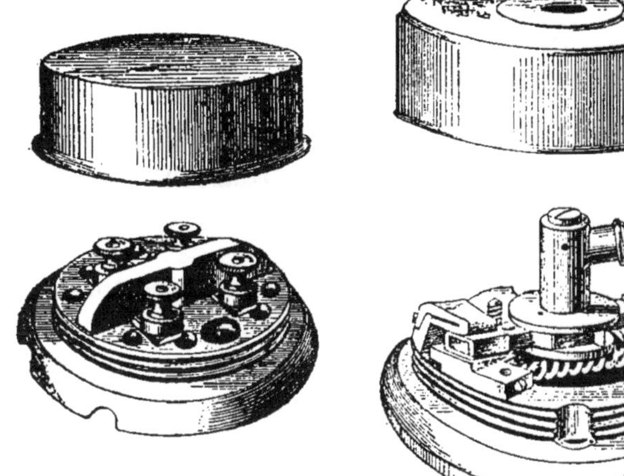

Fig. 211. — Coupe-circuit bipolaire pour petite dérivation de 1 à 3 ampères.

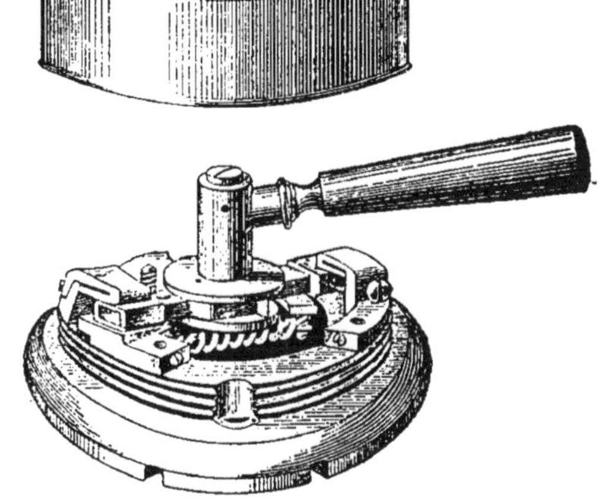

Fig. 212. — Interrupteur à manette pour dérivations.

Fig. 213. — Coupe-circuit avec bouchon à vis Edison : Le fil fusible est contenu dans le bouchon à vis et étalonné pour un ampérage déterminé par le constructeur.

CHAPITRE V

ESSAI ET CONTRÔLE DES LIGNES ÉLECTRIQUES

Lorsqu'une canalisation électrique est établie avec toutes les précautions que nous avons indiquées concernant la jonction des divers fils et câbles et l'isolement des diverses parties de la ligne, il faut, avant de mettre cette ligne en service, s'assurer que le courant électrique y circule bien, que l'isolement en est bon, et qu'il n'y a ni court-circuit ni perte à la terre.

Pour vérifier si le courant passe normalement dans la ligne, on se sert d'une petite sonnerie électrique et d'une pile de deux ou trois éléments Leclanché, d'une pile sèche ou encore d'un accumulateur de 4 volts (2 éléments). En branchant la pile et la sonnerie à l'une des extrémités de la ligne, on constate si le courant passe lorsqu'on ferme successivement les interrupteurs des divers appareils et si le courant est interrompu quand tous les interrupteurs sont ouverts : si à ce moment le courant passait encore, ce que la sonnerie décélerait, c'est qu'il y aurait un court-circuit entre les fils de la ligne ; on opère de même dans les dérivations pour contrôler le montage des appareils d'utilisation. La recherche de l'emplacement du court-circuit se fait avec la même sonnerie et ses piles : les interrupteurs étant ouverts et les lampes enlevées de leurs douilles, on se branche successivement sur les diverses dérivations allant aux appareils et on trouve le mauvais montage quand la sonnerie sonne. Généralement les courts-circuits se produisent dans l'attache des fils à l'intérieur des douilles ou supports des lampes électriques ; pour éviter cette éventualité, il est prudent d'essayer avec la sonnerie chaque douille de lampe quand on en fait le montage. Les coupe-circuits se produisent aussi dans le passage des fils à l'intérieur des bras des lustres ; on les décèle avec la sonnerie.

Une fois la ligne en service, les courts-circuits sont révélés par la fusion des plombs des coupe-circuits : lorsque ceux-ci sont convenablement répartis et en assez grand nombre, les recherches sont circonscrites immédiatement sur une ou deux lampes ou un seul appareil d'utilisation du courant.

Remarquons ici que la fusion d'un plomb n'indique pas forcément un court-circuit, mais qu'elle peut se produire par suite d'une détérioration quelconque du fil de plomb, ou bien à cause d'une surcharge momentanée de la dérivation que commande ce plomb fusible, par exemple le démarrage trop brusque d'un moteur électrique.

Quand un plomb fond dans un coupe-circuit, on peut d'abord essayer de le remplacer par un plomb neuf de diamètre convenable pour le courant à transmettre, puis on remet le courant électrique sur la dérivation : si ce plomb neuf fond à son tour c'est qu'il y a réellement un court-circuit qu'il faut aussitôt rechercher.

Lorsque l'on s'est assuré que le courant passe bien dans toutes les parties de la ligne et qu'il n'y a aucun court-circuit, il faut mesurer la valeur de l'isolement du circuit, c'est-à-dire vérifier s'il n'y a aucune communication entre les fils conducteurs et la terre ou, autrement dit, aucune *perte à la terre*. L'existence des pertes à la terre dans un circuit de distribution d'électricité cause de graves perturbations en augmentant considérablement la dépense de courant et en produisant une baisse de potentiel souvent considérable ; c'est pourquoi nous recommandons de munir les circuits d'appareils révélateurs des pertes à la terre tels qu'ils ont été décrits deuxième partie, chapitre IX, et, en outre, de contrôler très souvent l'isolement des lignes par les procédés ci-après : cette opération doit se faire au moins une fois par an dans une petite installation rurale, car les pertes à la terre peuvent se produire d'un jour à l'autre par l'action de l'humidité, par des chocs ou des dépôts de poussières sur les isolateurs et toutes sortes de causes bizarres et imprévues.

La mesure de l'isolement des circuits se fait soit au moyen

d'un voltmètre sensible, soit avec un *pont d'électricien* que nous décrirons ci-après.

Si l'on ne dispose que d'un voltmètre, on attache aux bornes de cet appareil deux fils fins isolés assez longs pour que l'un d'eux puisse être raccordé à la ligne à essayer et l'autre mis en contact avec une pièce métallique plongeant dans la terre : un tuyau d'eau ou de gaz par exemple, ou bien un pieu en fer planté dans la terre humide. Le courant électrique étant sur la ligne, l'un des fils du voltmètre est accroché à l'un des fils de la ligne à essayer et l'autre fil du voltmètre est *mis à la terre.* Si le voltmètre indique un voltage quelconque, c'est que le fil de ligne, *sur lequel le voltmètre n'est pas branché*, a une perte à la terre.

En effet, le voltmètre indique que le courant du fil revient à l'autre fil par l'intermédiaire de la terre et du voltmètre. Plus l'indication du voltmètre est forte, plus la perte est importante ; en effet, le potentiel du courant qui passe par le voltmètre est inversement proportionnel à la résistance du circuit.

Pour faire la recherche des pertes à la terre, il faut avoir un *pont d'électricien* qui permet de mesurer facilement et sans calculs la valeur de l'isolement des lignes. Cet appareil est constitué par une boîte dans laquelle se trouve une batterie de piles sèches dont un des pôles est relié à un galvanomètre très sensible. *Le courant étant coupé* sur la portion de ligne à essayer, on attache le fil du galvanomètre au câble à essayer et on met à la terre le pôle libre de la pile : si la ligne est mal isolée, le circuit de la pile se trouve fermé par la terre et le câble essayé et l'indication du galvanomètre est inversement proportionnelle à la résistance de l'isolement du câble. Une table placée à côté du galvanomètre indique la valeur des isolements en *ohms* pour les divers degrés du galvanomètre.

Lorsque le galvanomètre indique un mauvais isolement de la ligne, il faut couper les fils de cette ligne en plusieurs points et essayer successivement chacune des sections ainsi formées ; on finira par trouver le point faible de la ligne et par découvrir ainsi la perte à la terre : ce travail demande quelquefois beaucoup de temps et de patience, mais il est nécessaire de le faire dès que la valeur d'isolement de la ligne baisse d'une façon anormale, la perte à la terre qui s'est alors produite peut en effet déterminer plus tard un court-circuit. Dans une installation privée du genre qui nous occupe dans ce livre, l'isolement général des lignes ne doit pas descendre au-dessous de 100000 ohms, sinon il faut procéder à la recherche des points faibles de l'installation afin d'en améliorer l'isolement ; ces points faibles se trouveront le plus souvent aux endroits humides, aux parafoudres par le dépôt de poussières ou encore aux points où les fils de ligne peuvent prendre contact avec des corps voisins.

Après avoir mesuré l'isolement des conducteurs par rapport à la terre, on mesurera l'isolement des conducteurs entre eux : pour cela, le *courant étant interrompu sur la ligne*, on branchera les deux fils du *pont* entre les deux conducteurs comme le montre le schéma ci-joint (fig. 216).

Nota. — Quand on se sert du *pont*, pour la vérification des lignes et pour la recherche des pertes à la terre, il faut avoir soin, quoique le courant électrique soit interrompu sur la ligne que l'on essaie, de ne pas poser les doigts sur les fils dénudés de la ligne ni sur ceux du galvanomètre : en effet, il se produirait immédiatement une *perte à la terre* par l'intermédiaire même du corps humain, ce qui fausserait absolument les indications du galvanomètre et ferait croire que l'isolement de la ligne est mauvais, tandis qu'il n'en serait réellement rien.

Nous empruntons à M. Ullmann l'instruction détaillée qui suit sur l'emploi des galvanomètres pour la recherche des pertes à la terre.

Instructions pour l'emploi des galvanoscopes. — Disons de suite qu'on ne doit procéder aux essais d'isolement avec les appareils que lorsque le courant électrique ne circule pas sur les circuits en observation.

La figure schématique ci-après représente au figuré une installation d'éclairage électrique complète, indifféremment d'un appartement, magasin, usine, etc.

On remarquera que les circuits de dérivation sont désignés

LES PONTS D'ÉLECTRICIEN OU GALVANOSCOPES

Fig. 214. — Pont d'électricien avec batterie de piles sèches contenues dans la boîte sous le galvanomètre.

Fig. 215. — Pont d'électricien de la Cie F. A. C. dans lequel le courant est fourni par une petite magnéto que l'on actionne à la main.

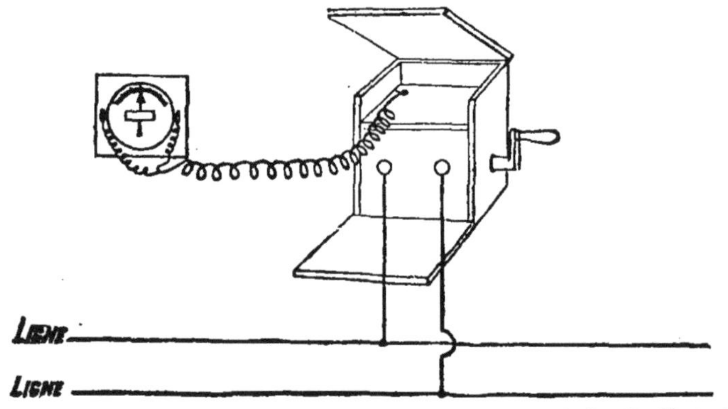

Fig. 216. — Schéma du montage du pont d'électricien de la Cie F. A. C.

par les lettres A, B et C, et qu'à l'entrée de la dérivation sur chacun de ces circuits, sont placés deux coupe-circuits uni-

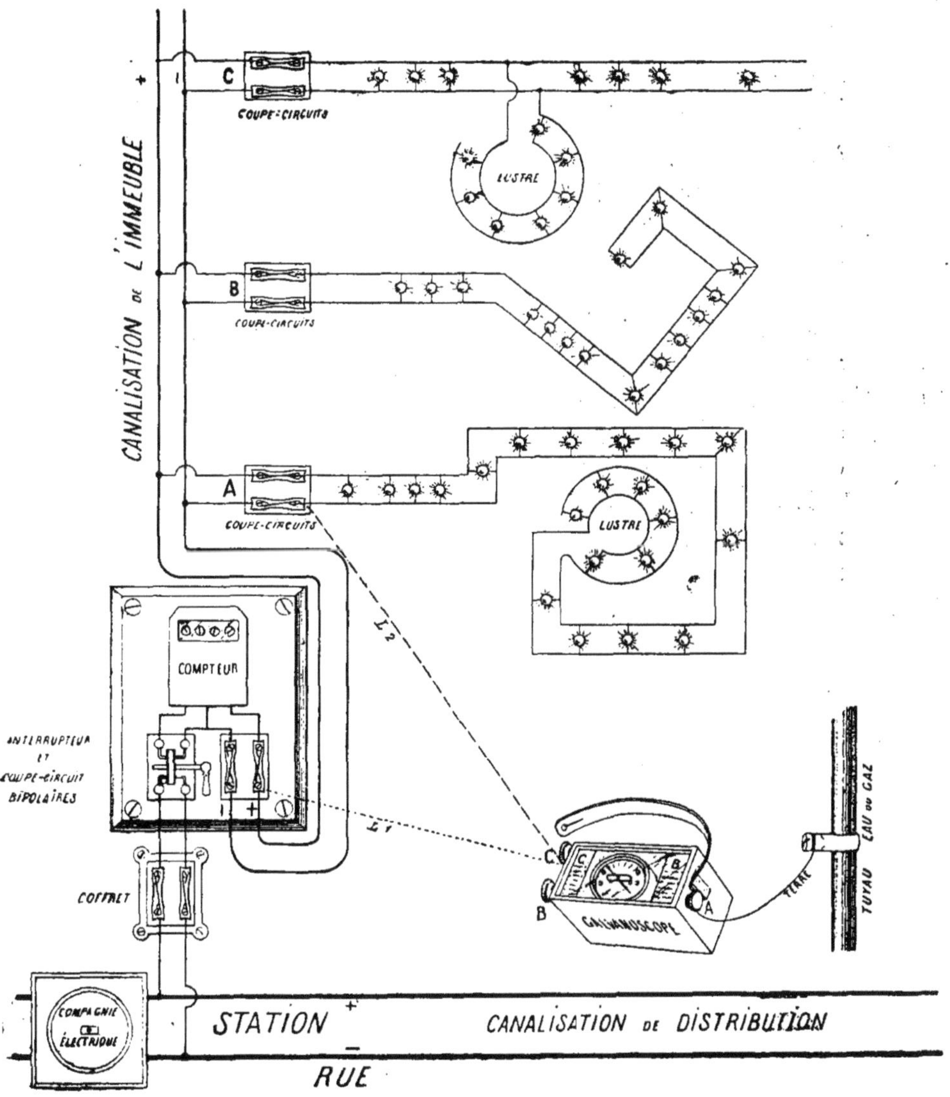

polaires, ou simplement un coupe-circuit bipolaire comme cela se pratique le plus souvent.

La canalisation de distribution est représentée venant de la rue et sortant d'un regard. Au-dessus, se trouve le coffret apposé ordinairement sur l'immeuble, relié au tableau qui commande l'installation générale.

Le tableau comporte un compteur, un interrupteur général bipolaire et un coupe-circuit général bipolaire. La canalisation principale desservant tout l'immeuble part de ce tableau.

L'installation étant établie complètement et disposée prête à fonctionner, désire-t-on en connaître les conditions d'isolement, de façon à éviter tout accident ou pertes et se conformer en cela aux exigences des cahiers des charges des secteurs ? On devra procéder de la façon suivante :

1° Premier essai général de la canalisation totale. — Le galvanoscope devra d'abord être orienté, c'est-à-dire que l'aiguille doit être amenée sur le 0 du cadran du galvanomètre. Ceci s'obtient par le déplacement de l'appareil à droite ou à gauche, de façon à bien orienter l'aiguille.

Il est bon de ne pas placer l'appareil dans le voisinage de masses métalliques pour éviter d'influencer l'aiguille et l'aimant dont il est pourvu.

Il est superflu de recommander que cet appareil soit placé dans une position absolument fixe, d'aplomb et parfaitement à l'abri de toutes vibrations pour empêcher toute déviation de l'aiguille, car il en résulterait de fausses indications.

Ces précautions prises, on coupera d'abord l'interrupteur général du tableau qui commande l'installation pour que le courant n'existe absolument pas sur toute cette canalisation générale ; puis on enlèvera les barrettes du coupe circuit-bipolaire principal, et on fixera un fil volant, comme il est indiqué par L_1.

Ce fil volant sera relié ensuite au galvanoscope utilisé avec la petite table B par la borne B.

Si l'isolement est inférieur à la graduation de cette table, l'aiguille déviera ; ceci révélera que l'installation est faible comme isolement.

Il sera alors inutile de faire l'essai sur la table C dont les mesures d'isolement sont trop importantes pour le cas.

Si par contre l'aiguille ne dévie pas, on déplacera le fil volant sur la borne C ; cette opération fera dévier l'aiguille sur le chiffre du galvanomètre d'après lequel on se reportera sur la table C pour connaître la résistance d'isolement qu'on recherche.

Il va sans dire qu'on aura eu soin préalablement d'établir un second fil volant qui partira de la borne A et qui sera mis en contact avec une masse métallique quelconque en communication directe avec le sol, *tige de fer à la terre franche*, ou de préférence relié à une pièce métallique telle que poutre, poutrelle, ou mieux encore à un tuyau d'eau ou de gaz (il faut que cette connexion sur le tuyau de gaz assure un contact aussi intime que possible).

Il est très important pour la bonne marche de l'appareil de commencer toujours l'essai d'isolement par la table la plus faible, car en cas de court-circuit direct à la terre (terre franche) on évite la détérioration rapide des éléments contenus dans le galvanoscope.

2° *Deuxième essai du second fil de la canalisation générale.* — Si ces premières vérifications ont indiqué un isolement appréciable au pôle positif +, on reprendra le pôle négatif — pour lui faire subir les mêmes essais.

En supposant que l'isolement constaté soit le même qu'avec la première ligne essayée, l'installation serait acceptable, puisque les indications auront démontré un isolement suffisant.

Mais, si au contraire, le premier essai ou le deuxième avait révélé des différences assez sensibles entre ces deux isolements, il y aurait lieu de poursuivre les mêmes essais et de la même façon en détail sur les trois circuits A, B et C pour reconnaître lequel de ces circuits est défectueux ou d'un isolement plutôt faible ; ce qui résulterait d'une mauvaise épissure, d'une dérivation insuffisamment connectée, d'un clou touchant à l'isolement d'un fil, d'un mauvais montage de douilles, d'interrupteurs, d'une soudure ou d'un contact mal établi, de l'humidité ou encore d'un isolement inférieur ou insuffisant des fils.

3° *Essais distincts des circuits de dérivation* A, B, C. — En procédant de même façon qu'il a été décrit précédemment, on essaiera un des fils du circuit A, puis on reprendra ensuite le deuxième fil de ce même circuit, toujours après avoir enlevé les barrettes fusibles du coupe-circuit. On procédera de même pour les circuits B et C ; il sera donc facile de trouver de quel circuit vient la perte, le défaut d'isolement ou le montage défectueux.

C'est à ce moment là, seulement, après que tous les essais auront été concluants comme isolement, que l'installation pourra être mise en service.

On devra bien se garder de mettre en marche une installation électrique quelconque sans une vérification, car d'un mauvais montage pourraient résulter des accidents graves dans l'immeuble.

Nota. — On comprendra, par la description ci-dessus, que ces appareils ne doivent pas servir à mesurer la résistance en ohms d'un conducteur, fil ou câble, ou d'une canalisation électrique en général, mais à faire connaître seulement l'importance de la résistance d'isolement des canalisations par rapport à la terre, et indiquer conséquemmment si cet isolement est bon et constitué de façon à éviter toute perte de courant par la terre.

Ces galvanoscopes sont indispensables aux bronziers ou monteurs en bronze, pour les essais d'isolement des fils conducteurs passés dans les tubes des appareils d'éclairage, et pour éviter des pertes à la masse. Avec ces instruments, bien des déboires, des fausses manœuvres, des pertes de temps de démontage et de remontage seront supprimés, une sûreté d'isolement obtenue et tout souci de refus des appareils pour défectuosités de l'isolement écarté.

QUATRIÈME PARTIE

Montage et conduite des appareils d'utilisation du courant électrique

CHAPITRE I

ARRIVÉE DU COURANT

Tout appareil utilisant le courant distribué par l'usine électrique doit être précédé d'un coupe-circuit à plombs fusibles et d'un interrupteur de courant. Nous recommandons d'employer les coupe-circuits et interrupteurs *bipolaires* de préférence aux *unipolaires*, ces derniers ne devant être appliqués qu'à de petits appareils, aux lampes à incandescence, par exemple.

Les coupe-circuits seront garnis de fils de plomb juste assez gros pour l'intensité du courant qui est nécessaire aux appareils desservis (voir deuxième partie, chapitre IV).

La force des interrupteurs sera proportionnée aussi à l'intensité du courant. Nous recommandons d'employer des interrupteurs dans lesquels on voit facilement si la communication est ou non établie.

Les coupe-circuits à plomb fusible doivent être munis d'un couvercle en porcelaine ou faïence afin d'éviter les chutes de plomb fondu en cas de court-circuit. Nous recommandons l'emploi de coupe-circuits à *barrettes mobiles* sur lesquelles le fil de plomb fusible est fixé. On peut retirer ces barrettes sans interrompre le courant de la ligne, changer les plombs en toute liberté et remettre ensuite les barrettes en place sans risquer de recevoir le courant électrique dans les doigts.

Avant de brancher un appareil d'utilisation du courant électrique sur une dérivation, il faut s'assurer que les fils de cette dérivation sont *largement* assez gros pour alimenter l'appareil en question dont on devra toujours connaître exactement la puissance en *ampères* et *volts*.

A l'entrée des fils conducteurs du courant électrique dans n'importe quel bâtiment, on doit placer un coupe-circuit bipolaire garni de plombs fusibles calculés pour l'intensité du courant à fournir dans ledit bâtiment.

DIVERS TYPES DE COUPE-CIRCUITS

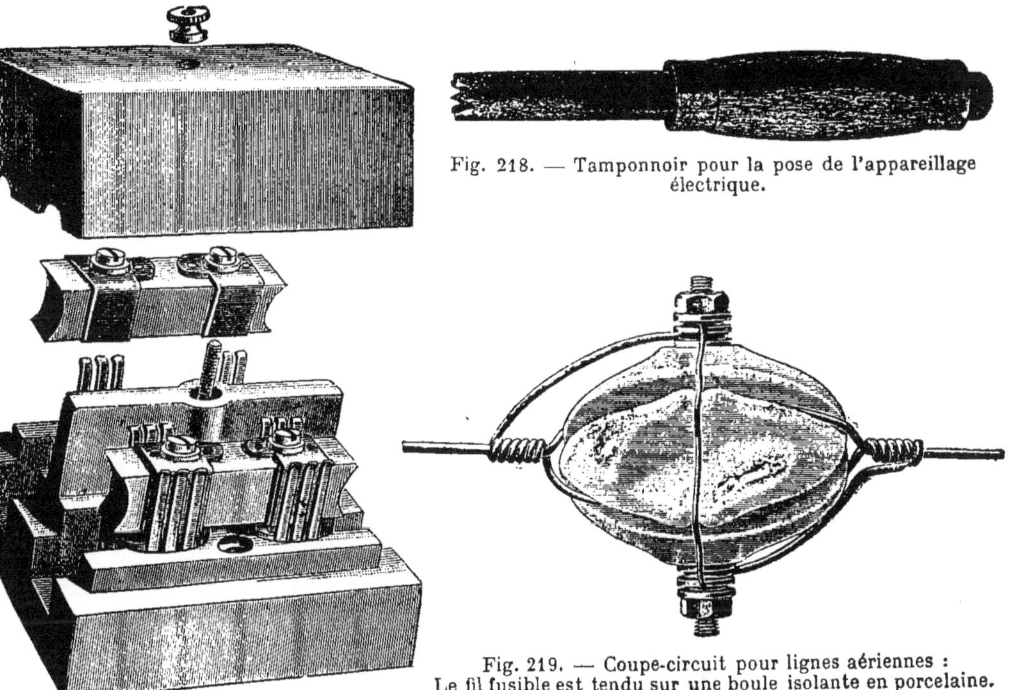

Fig. 218. — Tamponnoir pour la pose de l'appareillage électrique.

Fig. 219. — Coupe-circuit pour lignes aériennes : Le fil fusible est tendu sur une boule isolante en porcelaine.

Fig. 217. — Coupe-circuit bipolaire à barrettes mobiles.

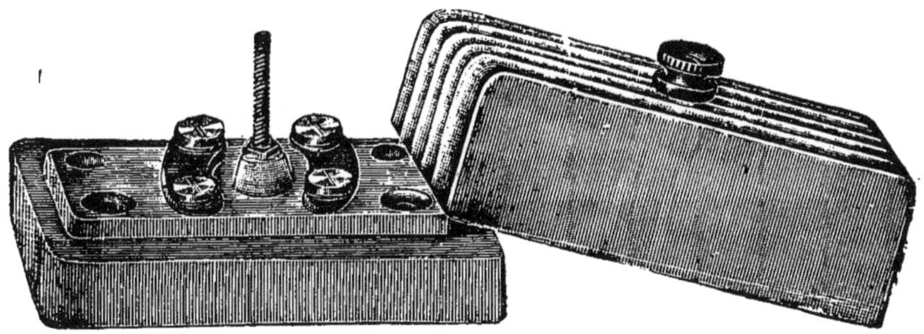

Fig. 220. — Coupe-circuit unipolaire à couvercle porcelaine.

CHAPITRE II

MONTAGE DES LAMPES A INCANDESCENCE

Le courant est amené aux douilles ou supports des lampes à incandescence au moyen de petit fil souple spécial, appelé *fil d'équipement* ou fil à équiper les lustres ; on trouve dans le commerce ce fil depuis 7/10e jusqu'à 20/10e de millimètre de diamètre, le plus petit convient pour les lampes de 5 à 24 bougies.

On dénude les extrémités des fils d'équipement d'une longueur strictement nécessaire au serrage dans les écrous de la douille ; pour faire commodément le serrage de ces écrous, il est bon d'avoir une petite clef 6 pans *en bout.*

Faites attention en montant ces fils sur la porcelaine de la douille qu'aucun brin de fil de cuivre ne vienne toucher le métal de la douille, ce qui occasionnerait un court-circuit lors de la mise en service.

Quand plusieurs lampes doivent s'allumer ensemble on met un seul coupe-circuit et un seul interrupteur pour ce groupe de lampes ; on opère ainsi quand plusieurs lampes sont dans la même pièce ou réunies sur un lustre.

L'appareillage pour le montage des lampes à incandescence est très varié, nos lecteurs n'auront qu'à demander les catalogues des marchands d'appareillage pour être documentés à l'égard des supports, suspensions, plafonniers, baladeuses, lustres, etc.

Quand une même lampe doit servir en plusieurs endroits, on dispose à ces points des *prises de courant* et la lampe est munie d'une *torsade* en fil souple double : ce montage est commode pour les lampes de bureau, lampes de lit, lampes baladeuses d'atelier ou de cave.

Pour l'éclairage des grands espaces, ateliers, cours, jardins, caves, magasins, etc., où l'on ne peut pas prévoir de lampes installées à poste fixe à cause de la grande diversité des besoins d'éclairage, le système des prises de courant et des lampes baladeuses est très commode ; on emploie encore avec avantage, dans ce cas, le procédé d'une distribution en fils nus suspendus assez haut en l'air sur isolateurs en porcelaine : le courant est pris sur les deux fils nus avec une perche isolante à deux cornes en métal reliées à la lampe suspendue en bas de la perche.

Les interrupteurs et coupe-circuits pour lampes à incandescence se font en porcelaine ou faïence avec couvercle à vis pour intensités de 1 à 5 ampères; ils se placent à côté des moulures d'où les fils conducteurs sortent par une petite échancrure faite sur le côté de la moulure.

Lorsque la douille en cuivre qui supporte la lampe doit être montée sur une torsade, il faut prévoir que le frottement de la torsade contre le cuivre de la douille peut détériorer l'isolement des fils souples ; il faut ici munir la douille d'un *raccord isolateur* en buis, corne ou os, qui se visse à la partie supérieure de la douille et empêche le contact de la torsade avec le métal.

MONTAGE DES LAMPES A INCANDESCENCE

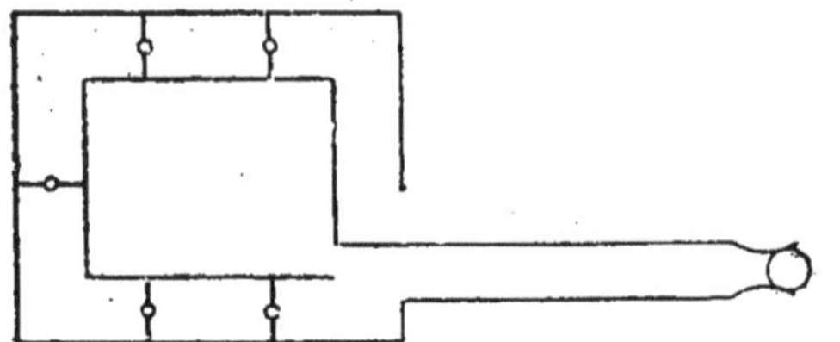

Fig. 221. — Les lampes à incandescence sont montées en *dérivation* sur le circuit.

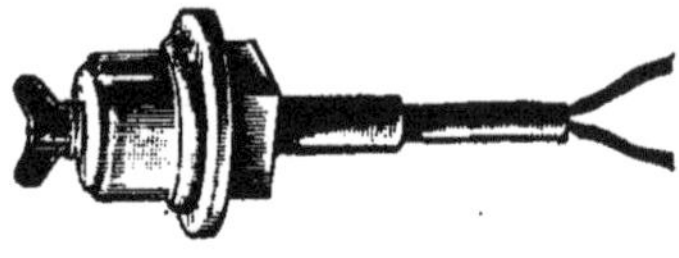

Fig. 222. — Montage d'un petit interrupteur pour 1 à 3 lampes.

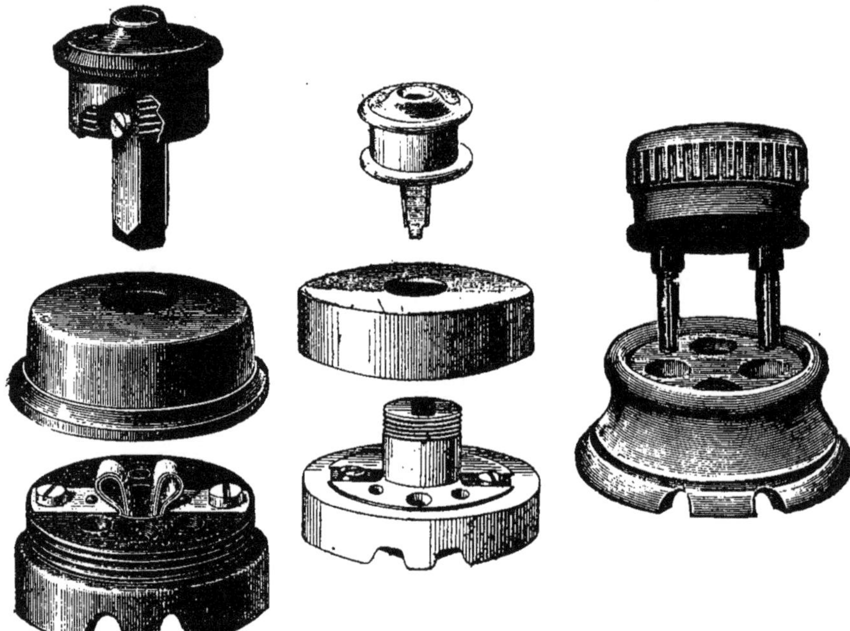

Fig. 223. — Prises de courant murales pour lampes ou petits moteurs de M. Grivolas.

Fig. 224. — Prise de courant sur torsade.

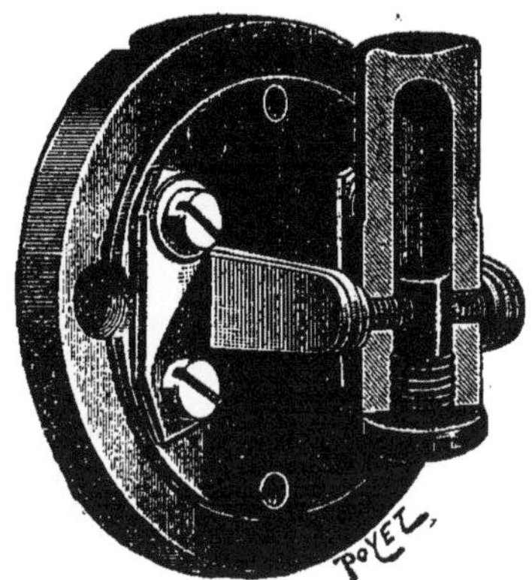

Fig. 225. — Petit interrupteur à mercure de M. ULMANN.

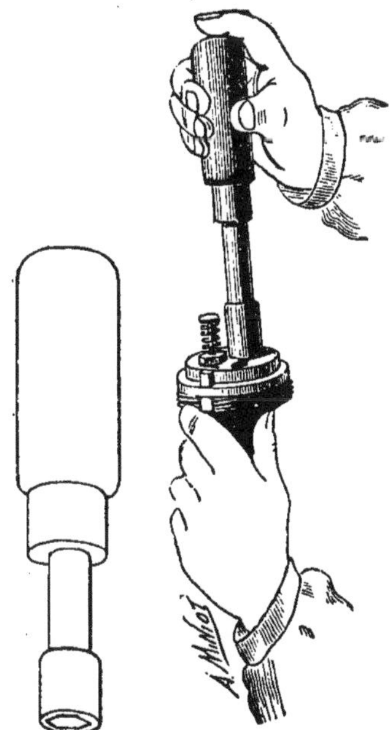

Fig. 226. — Clef spéciale pour le montage des fils d'équipement sur les supports des lampes.

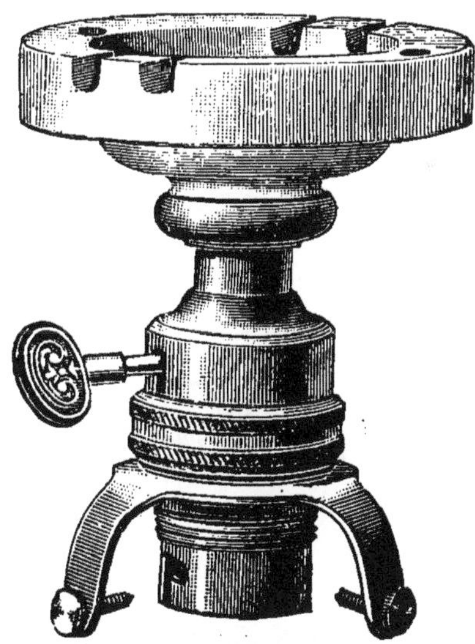

Fig. 227. — Support monté sur plafonnier ou applique porcelaine avec interrupteur dans le support et griffes pour abat-jour.

MONTAGE DES LAMPES A INCANDESCENCE

Fig. 228. — Le fil torsade doit être protégé du contact de la douille par une bague isolante en os ou ébonite.

Fig. 229. — Petite prise de courant pour douille à baïonnette.

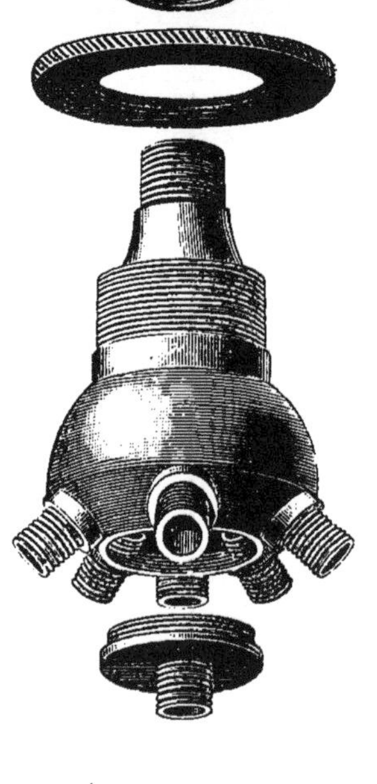

Fig. 230. — Support à crochet pour lampe baladeuse.

Fig. 231. — Plafonnier pour 2 à 8 lampes.

Fig. 232. — Prise de courant pour brancher une dérivation d'éclairage ou de force motrice sur une ligne aérienne pour un emploi temporaire.

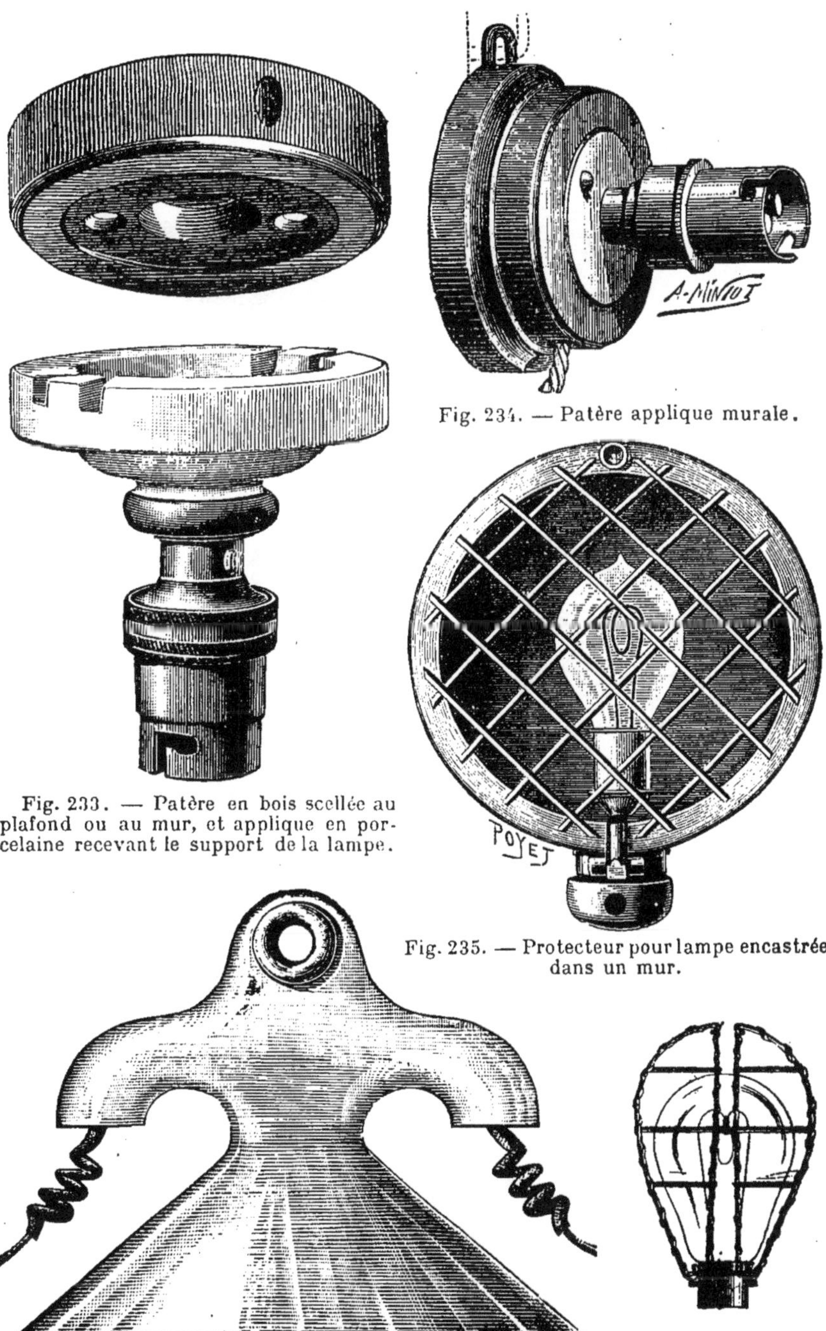

Fig. 233. — Patère en bois scellée au plafond ou au mur, et applique en porcelaine recevant le support de la lampe.

Fig. 234. — Patère applique murale.

Fig. 235. — Protecteur pour lampe encastrée dans un mur.

Fig. 236. — Support en porcelaine pour lampe d'extérieur ou endroits humides.

Fig. 237. — Protecteur en fil de fer pour lampe baladeuse.

MONTAGE DES LAMPES A INCANDESCENCE

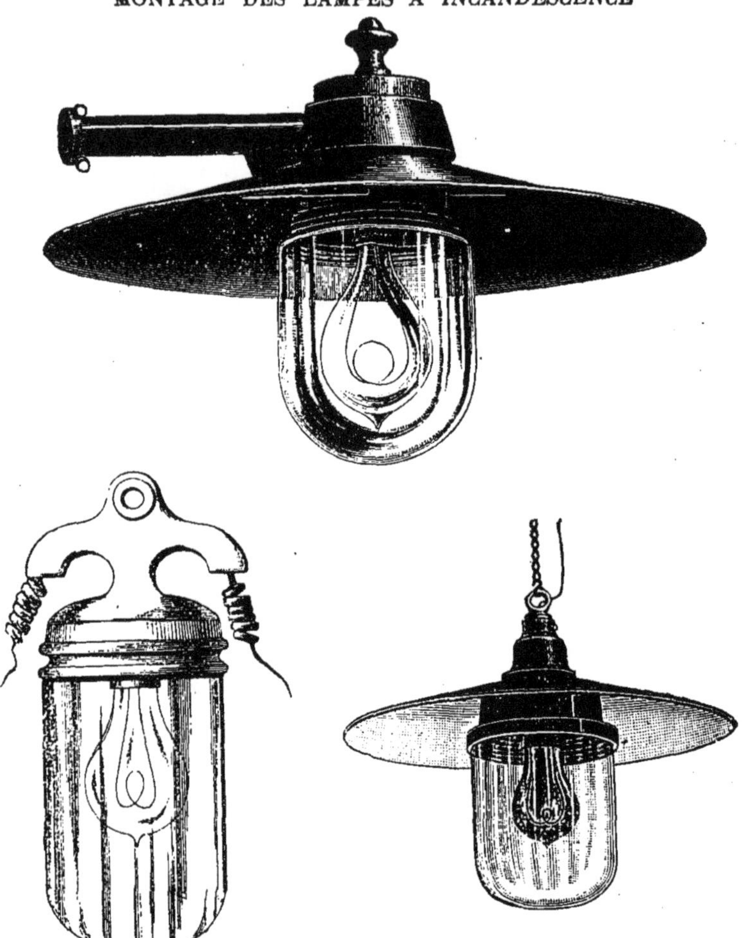

Fig. 238. — Protecteurs en cristal pour l'extérieur.

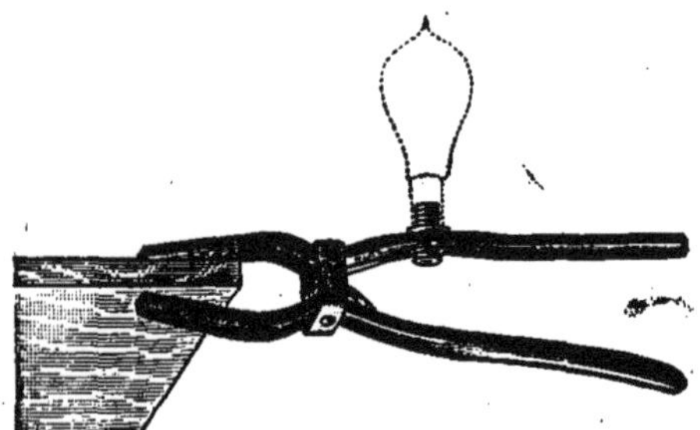

Fig. 239. — Support-pince pour lampe d'établi.

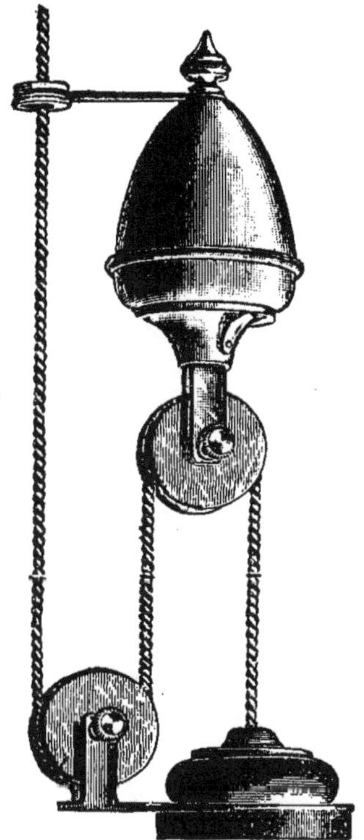

Fig. 240. — Petite suspension à contrepoids pour une lampe.

Fig. 241. — Lampe portative pour bureau ou atelier.

Fig. 242. — Lampe à verre rouge pour la photographie.

CHAPITRE III

MONTAGE DES LAMPES A ARC

Les fils amenant le courant au rhéostat de réglage et d'une lampe à l'autre, sont calculés selon l'intensité absorbée par

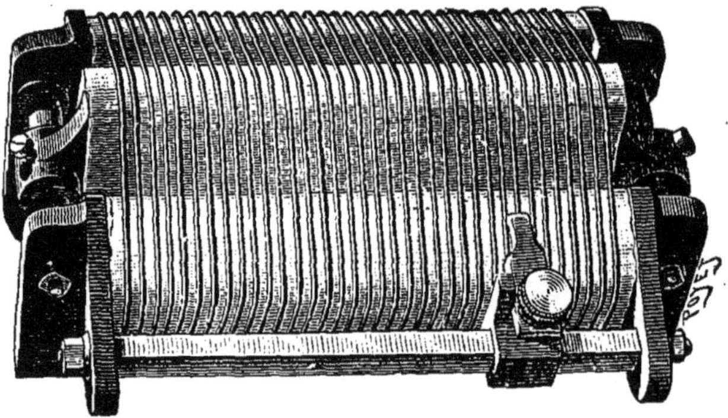

Fig. 243. — Rhéostat ou résistance intercalée dans le circuit des lampes à arc pour régler l'intensité du courant.

les lampes. Le rhéostat est placé commodément pour permettre le réglage facile des lampes ; il est bon que la personne placée près du rhéostat puisse voir les lampes que ce rhéostat commande pour qu'elle puisse juger si le réglage est bon ou mauvais et agir en conséquence sur le rhéostat.

Fig. 244. — Le réglage des lampes à arc nécessite l'examen de l'arc électrique ; à cet effet l'ouvrier doit protéger ses yeux par des lunettes spéciales à *verres noirs* que représente cette gravure.

On devra veiller particulièrement à l'isolement des fils conducteurs, à leur liaison sur les lampes surtout lorsque ces lampes sont à l'extérieur : en ce cas, l'enveloppe ou *habillage* de la lampe, doit protéger ces connexions de la pluie,

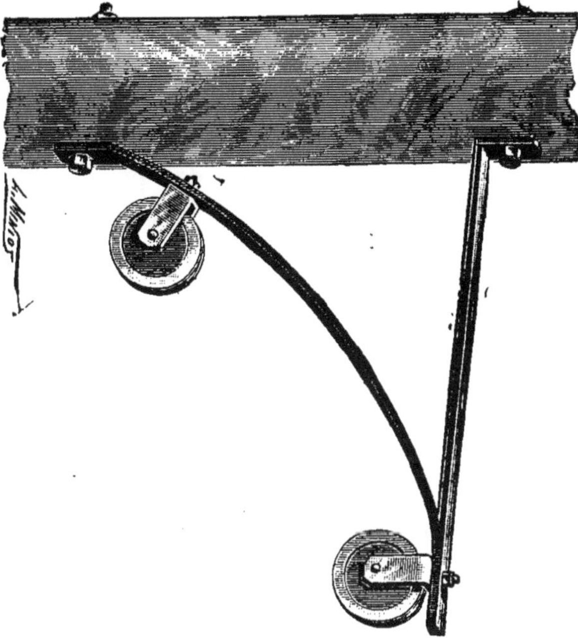

Fig. 245. — Potence avec deux poulies pour accrocher les lampes à arc au moyen d'un câble en acier toronné.

Fig 246. — Treuil pour monter ou descendre les lampes à arc.

car l'eau répandue sur les isolants des bornes de la lampe occasionnerait un mauvais fonctionnement.

Les lampes à arc sont montées en tension, comme il a été dit dans la première partie, chapitre V. On les accroche généralement à des cordes passant sur des poulies fixées aux poteaux, potences ou solives qui les supportent. Ces cordes sont enroulées sur des petits treuils ou bien accrochées à des clous à portée de la main pour permettre de descendre les lampes pour la rechange des charbons et pour le réglage du mécanisme. Un autre procédé consiste à accrocher la lampe à poste fixe à un crochet fixé sur la potence ou solive et, en ce cas, on se sert d'une échelle double pour donner les soins nécessaires à la lampe à arc.

Les habillages (abat-jour, globes, etc.) varient selon le local auquel est destinée la lampe à arc.

CHAPITRE IV

INSTALLATION DES MOTEURS ÉLECTRIQUES

Les moteurs électriques sont, ainsi que nous l'avons expliqué dans la première partie de ce livre, des dynamos dans lesquelles on envoie le courant du secteur de distribution et qui transforment cette électricité en force motrice. Ces moteurs sont appelés à rendre les plus grands services à la campagne aussi bien dans les petits travaux de la ferme que pour le puisage des eaux et les grands travaux de labourage et de culture du sol : de nombreuses et concluantes applications sont faites dès maintenant des moteurs électriques à la campagne et, le jour où les forces motrices naturelles seront logiquement utilisées partout, le moteur électrique deviendra le véritable moteur agricole et il remplacera dans la majeure partie des cas les forces de l'homme et des animaux dans tous les travaux de culture et de préparation des produits.

Le moteur électrique est léger, silencieux, peu coûteux, transportable, d'usure et d'entretien à peu près nuls, il peut être conduit par n'importe qui, sans connaissances spéciales, il démarre et s'arrête instantanément, enfin il se construit depuis la force d'un homme jusqu'à plusieurs centaines de chevaux et ne comporte aucun risque d'incendie ; sa dépense n'excède pas celle d'un autre moteur, car elle s'arrête avec le moteur lui-même et l'économie de surveillance vient en déduction du prix de l'électricité absorbée.

Les moteurs électriques se placent dans toutes les positions, sur le sol ou sur tablette scellée au mur, contre un mur, au plafond et même, s'ils sont construits spécialement pour cela, avec l'axe vertical.

APPLICATIONS DU MOTEUR ÉLECTRIQUE

Fig. 247. — Petits moteurs pour machines à coudre, scies à découper, etc.

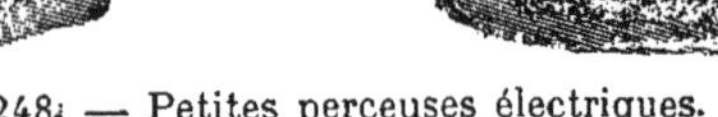

Fig. 248. — Petites perceuses électriques.

Fig. 249. — Perceuse électrique portative.

Fig. 250. — Machine à repasser et à polir les couteaux.

Les moteurs électriques sont donc remarquables non seulement par leur simplicité de mécanisme et leur économie d'entretien, mais aussi par leur facilité d'emploi.

Nous avons indiqué dans le chapitre V de la première partie la manière de brancher les moteurs électriques sur le circuit en interposant un rhéostat de démarrage qui sera toujours précédé d'un coupe-circuit à plomb fusible et d'un interrupteur.

Le démarrage d'un moteur électrique doit se faire *autant que*

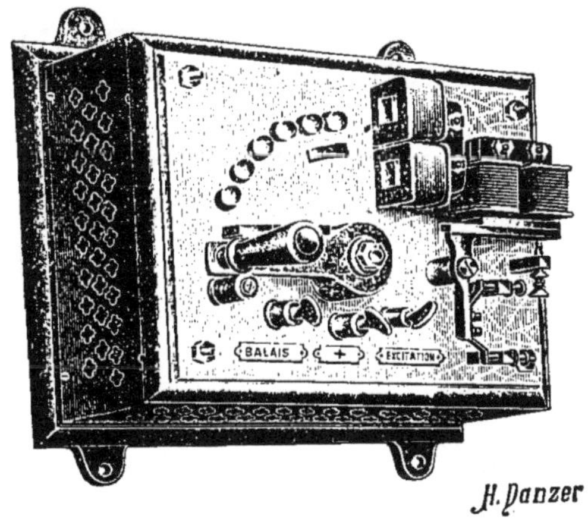

Fig: 251. — Rhéostat à déclanchement automatique en cas d'arrêt du courant.

possible à vide, c'est-à-dire le moteur tournant seul ; on agit sur la manette du rhéostat en passant d'un plot à un autre de seconde en seconde, pour laisser au moteur le temps de prendre sa vitesse.

Quand le moteur est en vitesse on embraye sur la machine à entraîner. Si la machine commandée est constamment en prise avec le moteur électrique, par une transmission par engrenages par exemple, il faut démarrer le moteur en agissant très lentement sur le rhéostat et ne mettre la machine commandée en travail qu'après qu'elle aura démarré avec le moteur électrique : par exemple, s'il s'agit d'un hache-paille ou d'un broyeur-concasseur, on attendra pour engrener la paille ou les grains que la machine tourne à sa vitesse.

Fig. 252. — Commande directe par engrenage d'une pompe à piston à grande vitesse.

Fig. 253. — Commande par courroie et engrenages démultiplicateurs d'une petite pompe agricole.

Sans ces précautions, le moteur électrique produirait au démarrage de fortes étincelles qui détérioreraient le collecteur de l'induit et les balais.

Les petits moteurs sur courant alternatif n'ont généralement pas besoin de rhéostat de démarrage lorsqu'ils ne doivent pas démarrer en charge ; mais tous les moteurs à partir d'une certaine force ont besoin d'un rhéostat de démarrage : on devra prendre ici l'avis du constructeur du moteur et s'y conformer strictement.

Fig. 254. — Pompe à piston pour puits profond. On descend cette pompe et son moteur au bout d'un câble dans les puits.

Les soins à donner aux moteurs électriques concernant le graissage, le nettoyage, le collecteur et les balais sont identiques à ceux indiqués précédemment pour les dynamos génératrices ; le lecteur voudra bien s'y reporter (première partie, chapitre V.)

La commande des machines par moteurs électriques se fait :

1° Par courroie avec ou sans arbre intermédiaire ou avec *enrouleur*.

2° Par galet de friction calé sur l'induit du moteur ou *rotor* et agissant sur un grand tambour lisse calé sur un arbre auxiliaire.

3° Par engrenages réducteurs.

4° Par *flexible* ou câble souple travaillant à la torsion.

5° Par accouplement direct.

Nos gravures représentent les diverses transmissions applicables aux moteurs électriques ; elles ont généralement pour

Fig. 255. — Pompe à purin mue électriquement.

Fig. 256. — Commande d'un hache-paille par un moteur électrique transportable.

but de réduire la vitesse considérable du moteur (1000 à 2500 tours par minute) et de la ramener aux vitesses usuelles, de 150 à 200 tours par minute, des machines agricoles.

1° Dans le cas de commande des pompes centrifuges l'accouplement direct peut le plus souvent se faire entre la pompe et le moteur électrique ; on emploie alors un plateau élastique d'accouplement ou bien un embrayage élastique permettant de démarrer le moteur seul et de ne mettre qu'ensuite la pompe en travail.

2° Si la commande se fait par une courroie, le moteur est monté sur un châssis-tendeur semblable à celui qui est décrit pour les génératrices.

3° Les galets de friction sont formés de rondelles de cuir comprimées entre deux rondelles d'acier, un châssis à glissière permettant de donner au galet de friction le serrage convenable contre le tambour qu'il doit entraîner.

4° Les engrenages se font généralement avec un *pignon en cuir vert* calé sur le moteur et une grande roue dentée en fonte ou en bronze, à denture taillée à la fraise, calée sur l'arbre de commande de la machine à entraîner. Le pignon en cuir vert est constitué par des rondelles en cuir spécial serrées entre deux flasques en acier ou en bronze puis taillées à la fraise.

5° Enfin la transmission par flexible peut s'employer pour la commande de petites machines tournant à la vitesse du moteur, telles que perceuses à main, ventilateurs, etc... ; elle peut aussi rendre des services par l'adjonction au moteur d'un *réducteur de vitesse* qui permet de ne donner au flexible qu'une vitesse de rotation du quart ou cinquième de la vitesse du moteur ; le flexible peut alors être employé directement à la commande des petites machines de la ferme : barattes, écrémeuses, etc.

Cette transmission ne s'applique pas généralement aux grandes machines.

Réducteurs de vitesse. — Les constructeurs de moteurs fournissent sur demande les moteurs électriques avec un réducteur

Fig. 257 — Moteur électrique avec réducteur de vitesse construit par M. Piat.

de vitesse installé sur le socle même du moteur. Les réducteurs de vitesse se font par galet de friction, par engrenage ou

Fig. 257. — Engrenages et frictions en cuir pour réduction de vitesse.

encore par vis hélicoïdale et donnent la réduction de 1/4 à 1/10e de la vitesse du moteur à un arbre auxiliaire sur lequel est calée la poulie, l'engrenage ou l'amorce du flexible qui transmettront la force aux machines.

Arrêt des moteurs. — Pour arrêter un moteur électrique, il faut *d'abord* ramener en arrière la manette du rhéostat de démarrage jusqu'au *plot mort*, puis couper le courant à l'interrupteur.

On ne doit jamais se borner à couper simplement le courant à l'interrupteur, car on risque ainsi de laisser le rhéostat à son plot maximum ce qui ferait *brûler le moteur* dès qu'on abaisserait de nouveau l'interrupteur.

Les rhéostats démarreurs perfectionnés ont, du reste, la propriété de revenir automatiquement au plot mort dès que le courant se trouve interrompu ; quoi qu'il en soit, on devra *toujours*, avant de mettre le courant électrique sur un moteur, s'assurer que la manette du démarreur est bien sur le *plot mort* ou *plot minima.*

Sens de rotation des moteurs électriques. — Les moteurs électriques jouissent de la précieuse propriété de pouvoir tourner

APPLICATIONS DU MOTEUR ÉLECTRIQUE

Fig. 258. — Pressoir à raisins mû par moteur transportable.

Fig. 259. — Pompe électrique pour remplissage des foudres de vin.

indifféremment dans un sens ou dans l'autre : il suffit, pour obtenir la rotation en sens inverse du sens primitif, de changer le sens du courant dans les bobinages de l'inducteur ou dans les bobinages de l'induit.

Pour cela, il suffit de connecter les fils d'excitation en sens inverse de leur connexion primitive. Ainsi considérons les deux bornes A et B correspondant aux balais d'un moteur et E et F correspondant à l'inducteur, si la borne A est réunie à la borne d'excitation E le moteur tournera dans un certain sens, puis quand la borne A sera réunie à la borne F le moteur tournera en sens contraire.

Il est donc facile, lorsqu'on installe un moteur électrique, de le faire tourner dans le sens qui convient à la commande des machines à desservir.

Quand ces machines doivent pouvoir tourner à volonté dans un sens ou dans un autre, ce qui est le cas pour certains treuils de labourage ou de monte-charge, on munit le moteur électrique d'un inverseur de courant et d'un rhéostat de démarrage. L'inverseur établit les connexions des fils d'excitation soit dans un sens, soit dans l'autre, et le rhéostat sert pour démarrer dans les deux sens de rotation : il doit être ramené au plot mort avant l'inversion du courant, ce qui assure l'arrêt complet du moteur avant qu'il ne soit remis en marche en sens contraire.

Amortissement des vibrations des moteurs électriques. — A cause de leur grande vitesse de rotation, les moteurs électriques font entendre un léger ronflement qui peut être désagréable dans les locaux habités. Pour éviter cet inconvénient, on doit installer le moteur sur un plateau en bois dur assez épais et interposer entre le socle en maçonnerie et le plateau de bois deux ou trois feuilles de feutre épais ; le serrage des boulons de fondation sera fait sur de larges rondelles de fer et par interposition aussi d'épaisses rondelles de feutre entre les rondelles de fer et le plateau à serrer, de façon que la trépidation ne puisse pas se communiquer au sol par les boulons de fixation.

Fig. 260. — Pompe centrifuge électrique à grand débit de M. DUMONT, transportable, pour irrigations et assèchements.

Contrôle des moteurs électriques. — Il faut éviter que les moteurs électriques ne travaillent à une puissance supérieure à celle pour laquelle ils ont été construits : à cet effet, on devra contrôler leur consommation de courant et ne pas la laisser dépasser celle indiquée sur la plaque où sont gravées les

Fig. 261. — Moteur électrique transportable sur chariot, pour batteuses et usages agricoles.

constantes du moteur. (Voir première partie, chapitre V.)

On obtient un contrôle pour ainsi dire automatique de cette consommation en garnissant le coupe-circuit de plombs exactement calculés qui fondront si l'intensité du courant pris par le moteur s'élève outre mesure.

Malgré cela, il est bon, lors de la mise en service d'un moteur, d'interposer un ampèremètre avant le rhéostat et de se rendre ainsi un compte exact du régime du moteur. Ensuite on pourra retirer cet ampèremètre qui servira pour d'autres contrôles.

Il faut aussi se rappeler qu'un moteur électrique dont les balais sont *bien taillés* et *calés convenablement* ne doit pas donner d'étincelles au collecteur, ni s'échauffer en aucun cas au-dessus de 50 degrés centigrades, ce que l'on constate en

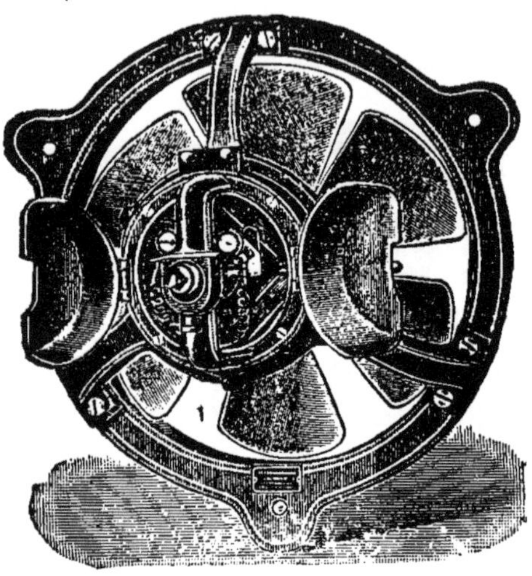

Fig. 262. — Ventilateur électrique pour appartements, écuries, ateliers, etc. Cet appareil s'installe dans une ouverture du mur ou dans une cheminée d'appel

posant la main sur la carcasse ou *stator* du moteur.

L'échauffement provient soit d'une charge exagérée qui entraîne une trop grande dépense de courant, soit d'une tension exagérée de la courroie, soit enfin d'un serrage excessif des coussinets du *rotor*.

Examinez d'où provient cet échauffement anormal et faites-en disparaître *au plus tôt* la cause.

CHAPITRE V

APPLICATION DE L'ÉLECTRICITÉ AU TRAVAIL DE LA TERRE

Le système de travail de la terre par l'électricité nous semble devoir prendre de grands développements à mesure que se créeront les usines pour l'utilisation des forces motrices naturelles des chutes d'eau, la force électrique étant susceptible d'être transportée à de longues distances par l'emploi des courants alternatifs à très haute tension ; malheureusement cette question ne fait en France que des progrès bien lents, elle comporte cependant la solution du problème de la force motrice la meilleur marché et la plus pratique à la campagne.

Il existe déjà, dans quelques rares régions agricoles, des secteurs de distribution d'électricité, dont l'origine est une chute d'eau ; ces services publics permettent aux cultivateurs d'avoir la force motrice la plus pratique qui soit, à un prix très réduit. Il est utile de remarquer que cette utilisation des forces naturelles pour le travail de la terre et de ses produits pourrait être faite dans une quantité de localités, où passe un cours d'eau qu'il est presque toujours possible de capter, en vue de l'installation d'une usine hydro-électrique ; il y a donc tout à faire encore dans cette voie tracée par les exemples que nous venons de citer, mais ceci ne peut être réalisé que par l'association des propriétaires en vue de la création d'usines locales de force motrice et d'électricité. C'est aux grands fermiers et propriétaires fonciers de prendre l'initiative de ces associations ou de favoriser la création et le développement de sociétés d'exploitation des chutes d'eau qui sont toujours largement rémunératrices des capitaux employés.

Le labourage électrique s'effectue au moyen de treuils électriques auxquels le courant est amené par une ligne aérienne.

Ces treuils se composent d'un chariot sur lequel est montée la dynamo-moteur ; celle-ci actionne, par l'intermédiaire d'engrenages, le tambour en acier sur lequel s'enroule le câble de traction, qui passe sur une poulie fixée à l'opposé du champ.

Le moteur électrique doit être disposé pour tourner dans un sens ou dans l'autre ce qui s'obtient au moyen d'un *inverseur* et d'un *rhéostat de démarrage* placés sur le chariot.

M. H. de Graffigny cite, dans son livre *l'Electricité pour tous*, les essais de labourage électrique faits dès 1879 par M. Félix, à Sermaize (Marne) et il continue ainsi :

« En 1891, le comte de Asarta organisa une ferme électrique à Fraforéano (Frioul). La force motrice fut fournie par une roue hydraulique, genre Poncelet, donnant environ 20 chevaux et qui commandait une génératrice débitant 18 ampères sous 720 volts. La réceptrice actionnant le treuil développait environ 12 chevaux. Le rendement fut donc de 66 pour cent. La charrue, du type Howard à trois socs, pouvait labourer trois hectares à la profondeur de 22 centimètres en dix heures, avec une vitesse d'avancement de 70 mètres par minute. Grâce à la disposition donnée à la canalisation, qui se composait d'une ligne mobile pouvant se déplacer perpendiculairement tout le long d'une ligne fixe traversant la propriété en son milieu, la surface qui pouvait être labourée de cette manière était de 565 hectares.

« En 1895, M. Zimmermann, mécanicien à Halle-sur-Saale (Allemagne), commençait des expériences avec une charrue à touage électrique, qui montrèrent que l'on pouvait ainsi labourer de deux à quatre hectares de glaise compacte en 10 heures. La dépense qui eût été de 62 fr. 50 avec la traction par des bœufs, ne s'éleva qu'à 25 fr. 65 par hectare, prix très voisin de celui indiqué par Brutschke qui avait évalué le prix de revient du labourage électrique à 23 francs, tandis que le labourage à vapeur coûte 50 francs par hectare ».

M. de Graffigny cite ensuite les labourages électriques faits par M. Prat dans son domaine d'Enguibaud (Aisne).

« Le moteur est une turbine de 26 chevaux avec vannag

réglé par un régulateur à force centrifuge. Cette turbine commande deux dynamos, l'une servant à l'éclairage de la ferme et du château, l'autre donnant le courant à 375 volts envoyé dans la ligne de transport de force, en fil nu, de 1800 mètres de longueur.

« Le treuil sur lequel s'enroule le câble qui tire la charrue est

Fig. 263. — Treuil électrique de la *Cie Œrlikon.*

actionné par une réceptrice montée avec lui sur un chariot qui peut se déplacer peu à peu sur des rails formés de poutrelles en fer. Une poulie de renvoi est placée de l'autre côté du champ. La charrue à un seul soc permet de labourer 4/10e d'hectare par journée de travail de 10 heures, avec une profondeur de raie de 60 à 70 centimètres. L'énergie absorbée correspond à une puissance de 15 chevaux et le rendement industriel atteint 71 pour cent. La force motrice électrique est appliquée dans cette ferme à toutes sortes d'autres instruments, notamment une scie à ruban ».

Le même auteur signale l'installation de M. Vergnes à Montlaur (Aveyron) avec turbine hydraulique de 70 chevaux et machine à vapeur de secours, où le labourage est fait par treuils électriques à raison de 25 francs l'hectare ; l'installation de Ben-Salah, près de Boufarick (Algérie), où M. Abel

Fig. 264. — Groupe électrogène transportable construit par la Société l'*Aster* pour fournir le courant électrique aux treuils de labourage, aux moteurs agricoles en général et pour l'éclairage.

Pilon utilise l'électricité pour le labourage des vignes ; l'installation de M. Cureyras à Lamoricière (Algérie), qui utilise une chute d'eau de 42 m. 50 de hauteur pour produire de l'électricité à 950 volts employée, avec un treuil électrique, à la manœuvre d'une charrue double à bascule du poids de 3 tonnes, effectuant un défoncement qu'il serait impossible de faire avec des animaux *quel qu'en fût le nombre.*

D'autre part, dans le journal *La Nature* du 19 mars 1904,

M. Guarini fait une intéressante étude des treuils électriques appliqués au labourage et rend compte de nombreux travaux exécutés en Allemagne et en Hongrie : il s'agit surtout de défonçages profonds sur des sillons de 300 à 500 mètres de long. La force est fournie soit par des chutes d'eau, soit par une puissante machine à vapeur ou moteur à gaz pauvre actionnant des dynamos génératrices qui envoient le courant électrique aux moteurs installés sur les treuils à roues, se déplaçant tout le long des champs à labourer. Le courant employé est de l'alternatif à haute tension (550, 1 000 et 1 500 volts) et le résultat du labourage profond est une augmentation de 20 pour cent pour le blé, 26 pour cent pour les betteraves et 35 pour cent pour l'orge, quoique les frais de labourage ne soient pas plus élevés que ceux du travail par traction animale ; seuls les premiers frais d'établissement des machines sont considérables mais susceptibles d'être amortis rapidement par la meilleure utilisation de la terre.

Les moteurs électriques s'appliquent aussi avantageusement à la traction sur rails ou sur routes pour les grands travaux de terrassement : M. Albert Maumené en cite un intéressant exemple dans un long article très documenté, paru dans le journal *La Nature* du 9 mai 1903 ; il s'agit de l'aménagement d'un parc et de jardins de deux hectares et demi à Ostende (Belgique). Les travaux d'enlèvement des sables incultivables et d'apport des terres végétales et du fumier, nécessitaient le déplacement de plus de 40000 mètres cubes de matériaux : ces travaux ont été faits par des entrepreneurs de Berlin au moyen de 28 wagonnets et de deux locomotives électriques circulant sur des voies de 0 m. 60 de diamètre. Ce matériel est analogue à nos *Decauville*. Le même travail exécuté par des chevaux eût nécessité 120 wagonnets et 20 chevaux et occasionné un grand encombrement ; cet inconvénient fut évité par la rapidité des locomotives électriques de 10 chevaux pesant chacune 1 400 kilogrammes et fournies de courant à 250 volts que les machines prenaient avec un *trolley* sur des câbles nus aériens comme le font les tramways de nos villes. La longueur des voies était de 2 500 mètres et le prix global du déplacement des matériaux, y compris ouvriers et surveillants, n'a pas dépassé 0 fr. 80 centimes par mètre cube : il eut été, dit l'auteur, le double si la traction animale avait été employée.

Le courant électrique était fourni par une usine à vapeur actionnant deux dynamos génératrices qui fournissaient aussi l'éclairage nocturne des travaux.

Enfin, au commencement de décembre 1909, M. Fillet a expérimenté à Mitry, près de Paris, des treuils électriques servis par une génératrice fournissant le courant alternatif à 550 volts. Ces treuils, placés à chaque extrémité du champ à labourer, développaient une puissance de 50 chevaux et tiraient une charrue à 4 socs pesant 4000 kilogrammes et creusant sur une largeur de 1 m. 60 quatre sillons d'une profondeur de 32 centimètres. L'installation du moteur à vapeur, de la génératrice, des deux treuils et de leurs accessoires, des poteaux et lignes aériennes pour amener le courant aux treuils coûte 80000 francs, mais elle permet de labourer 4 à 5 hectares par jour à la profondeur de 0 m. 30 avec une dépense de 34 francs par hectare, y compris l'amortissement du capital. Un même travail effectué par des bœufs coûterait au moins 60 francs. Les appareils de M. Fillet sont donc fort intéressants pour de grandes exploitations ou pour des syndicats agricoles capables de faire la dépense d'achat du matériel.

Nous avons résumé ces expériences si pratiques et si probantes pour montrer ce que l'on est en droit d'attendre à la campagne du précieux concours de l'électricité transformée en force motrice.

Encore une fois, c'est à nos agriculteurs de syndiquer leurs intérêts pour créer les usines productrices de l'électricité qui remplacera à meilleur marché les faibles forces des hommes et des animaux.

CHAPITRE VI

APPAREILS DE CHAUFFAGE

Ces appareils se branchent sur des prises de courant au moyen de câbles souples à deux conducteurs ; mais, avant de brancher un appareil de chauffage sur une prise de courant quelconque, il faut s'assurer que les fils de dérivation, qui aboutissent à cette prise de courant, sont assez forts pour alimenter l'appareil de chauffage en question.

La consommation en *watts*, et par conséquent en *ampères*, varie considérablement selon l'appareil de chauffage : tandis qu'une petite bouilloire ou un petit fer n'exigent qu'un ou deux ampères, les grosses bouilloires, les marmites et les grands radiateurs demandent 5, 10, 15, 20 ampères et même davantage (sous 110 volts).

Dans la plupart des cas, il sera donc nécessaire d'établir des dérivations spéciales en *assez gros fil*, pour desservir les appareils de chauffage, car les dérivations, faites pour les prises de courant destinées à une ou deux lampes électriques, sont généralement établies en fil de 9/10e ou 12/10e de millimètre et ne peuvent supporter plus de deux ampères. Brancher sur ces prises de courant de lampes un appareil de chauffage quelque peu important constituerait donc une grave imprudence qui pourrait se traduire par un échauffement et la combustion des fils de la dérivation.

Tout appareil de chauffage doit être précédé d'un coupe-circuit garni de plombs fusibles de la grosseur appropriée à la consommation électrique de l'appareil.

CHAPITRE VII

VENTILATEURS ÉLECTRIQUES

Ces appareils, trop connus pour avoir besoin d'être décrits, rendent d'utiles services à la campagne pour l'aération des appartements, caves, écuries, etc. On les branche généralement sur une prise de courant de lampe, lorsqu'ils sont de petit modèle et portatifs. Les gros appareils à poste fixe doivent être alimentés par une dérivation spéciale de force suffisante pour l'ampérage du moteur qui fait tourner les ailettes du ventilateur.

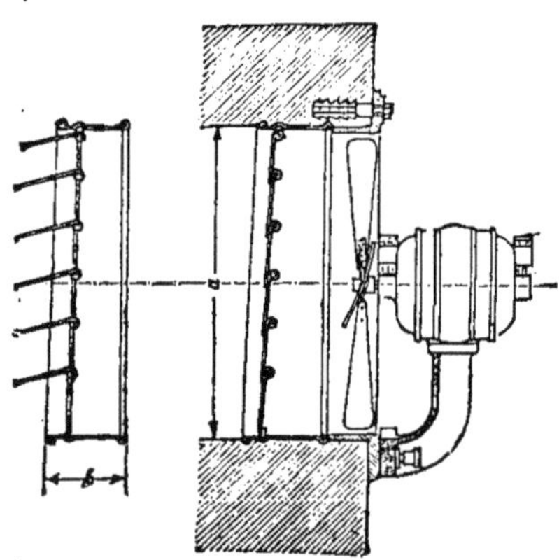

Fig. 265. — Installation d'un ventilateur électrique dans une ouverture d'un mur. Un dispositif spécial de persiennes mobiles s'ouvre sous la poussée de l'air refoulé par le ventilateur et se referme automatiquement dès que le ventilateur s'arrête.

Il faut remarquer que les ventilateurs placés dans l'intérieur d'une pièce ne font que déplacer l'air de cette chambre sans le renouveler, tandis que les ventilateurs placés dans une ouverture du mur extérieur ou d'un vitrage aspirent l'air vicié du local et l'évacuent au dehors ; cet air vicié est naturellement remplacé par de l'air pur entrant par les portes, fenêtres ou prises d'air quelconques.

Le problème de la ventilation rationnelle des appartements et locaux de travail est intimement lié au problème du chauffage, nous n'avons pas ici l'intention d'en faire une étude complète, car il existe sur ce sujet des ouvrages spéciaux. Nous dirons seulement que l'air chaud et vicié monte vers le plafond des chambres, le ventilateur doit donc être placé en haut d'un vitrage dont on a enlevé un carreau, ou bien dans une ouverture circulaire faite en haut d'un mur donnant au dehors ; ceci pour l'été, car en hiver le tirage des cheminées aère suffisamment les appartements.

Le ventilateur électrique, combiné avec le chauffage électrique, permet d'alimenter les appartements d'air pur chauffé par passage sur des plaques chauffantes installées dans les canaux où circule l'air soufflé par le ventilateur. Cette solution du problème du chauffage électrique par circulation d'air chaud pourra être utilisée toutes les fois que le courant électrique sera fourni en abondance par une force naturelle gratuite, c'est-à-dire qu'il ne coûtera que fort peu.

Il est superflu de faire remarquer que ce mode de chauffage est le plus luxueux et le plus hygiénique qui soit. Il supprime les risques d'incendie, les fumées et l'air vicié ; il serait possible de l'appliquer dans bien des endroits si l'on se donnait la peine d'utiliser rationnellement les forces motrices naturelles qui se rencontrent un peu partout.

CHAPITRE VIII

MONTAGE DES SONNERIES ÉLECTRIQUES

Nous avons fait, dans la première partie de ce livre, une description des piles, sonneries et relais employés dans les habitations, il nous reste à exposer le mode de montage de ces appareils. En principe, la sonnerie doit être réunie au bouton d'appel et à l'un des pôles de la pile, l'autre pôle de la pile étant réuni au bouton d'appel : ce dernier peut être remplacé par une pédale, un contact de porte, de fenêtre, de serrure de coffre-fort ou tout autre dispositif permettant de fermer le circuit formé par la pile et la sonnerie, dans lequel circuit l'appareil d'appel joue le rôle d'un simple interrupteur.

L'installation des fils pour sonneries électriques (ou téléphones) se fait suivant les mêmes principes et en observant les mêmes précautions que pour le montage des lignes de lumière électrique à basse tension.

Ici l'on n'a pas à redouter les courts-circuits au point de vue de la destruction des fils, mais il faut cependant isoler les fils entre eux et aussi les isoler de la terre, afin que le courant des piles ne se perde pas en route.

Pour les lignes intérieures, on emploie du fil de cuivre de 9/10e de millimètre de diamètre, isolé à la gutta-percha et recouvert de coton. On vend ce fil sous le nom de *fil sonnerie* en bobines de 100 mètres environ. On le pose sur des isolateurs en os fixés dans les murs avec de petits clous, ou bien on l'attache contre les murs avec des crochets en fer recouverts d'émail et appelés *crochets vitrifiés.* Ces crochets doivent être enfoncés avec précaution dans les murs ou dans les tampons en bois, car l'émail dont ils sont recouverts se fend facilement et tombe sous le choc du marteau. On met deux ou plusieurs fils ensemble sur les mêmes isolateurs ou dans les mêmes crochets.

Pour reconnaître facilement les fils allant dans diverses directions, on prend des fils de différentes couleurs ; on sait ainsi que les blancs vont dans le salon, les bleus dans la salle à manger, les rouges dans le fumoir, les bruns à l'office, etc.

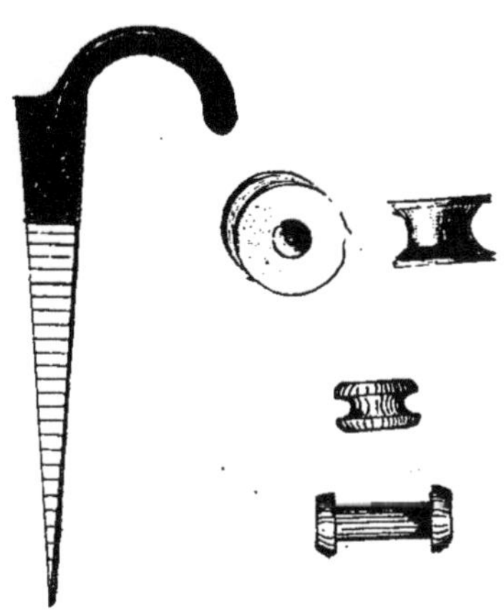

Fig. 266. — Crochet vitrifié et petits isolateurs en os pour la pose des fils des sonneries électriques et des lignes téléphoniques.

L'installation comporte généralement plusieurs sonneries, un grand nombre de boutons d'appel et une seule batterie de piles desservant toutes les sonneries. Quand plusieurs boutons d'appel placés dans différentes pièces doivent commander la même sonnette, placée par exemple dans la cuisine, il est nécessaire de poser, à côté de cette unique sonnerie, un *tableau indicateur* sur lequel des chiffres apparaissent indiquant dans quelles pièces de la maison on a pressé les boutons d'appel.

Quand une sonnerie est distante de plusieurs centaines de mètres du point d'appel, on fait usage du *relais* que nous avons décrit dans la première partie de ce livre.

Ceci posé, tout le problème de la pose des sonneries électriques se réduit à des schémas de montage des fils sur les divers appareils : pile, sonnerie, appel, relais et tableau indicateur.

Nous donnons ci-après quelques schémas montrant les cas les plus fréquents dans les installations à la campagne.

Disons encore que, lorsque la ligne entre le bouton d'appel et le relais est très longue, on peut constituer cette ligne par un seul fil et obtenir le retour du courant *par la terre* ; à cet effet, l'un des pôles de la pile et l'une des bornes du relais sont reliés à une pièce métallique quelconque profondément enfon-

ACCESSOIRES DE MONTAGE DES SONNERIES ÉLECTRIQUES

Fig. 267.
Poire d'appel.

Fig. 268.
Bouton d'appel

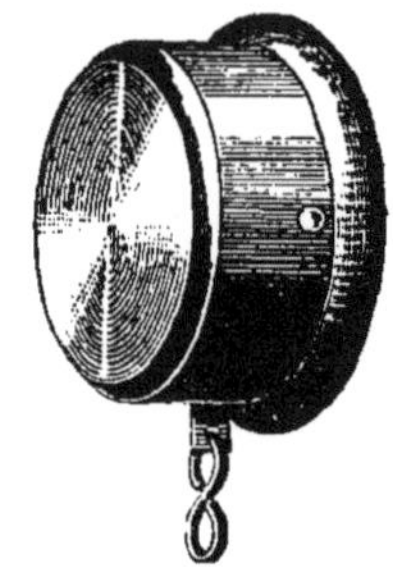

Fig. 269.
Contact d'appel
à cordon de tirage.

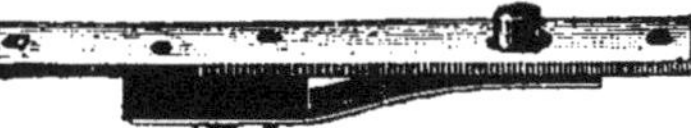

Fig. 271. — Contact de porte ou fenêtre.

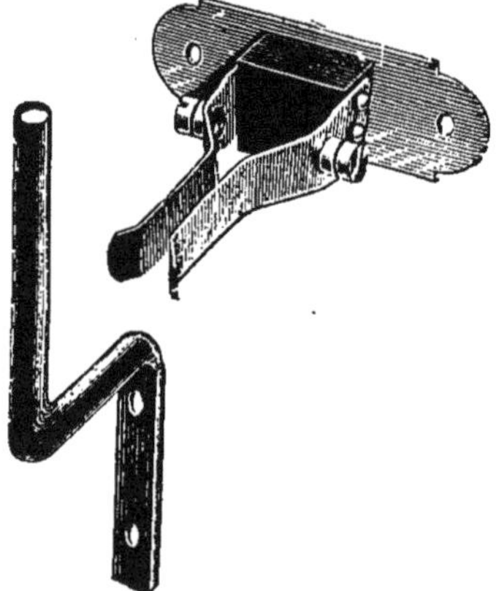

Fig. 272. — Contact de porte.

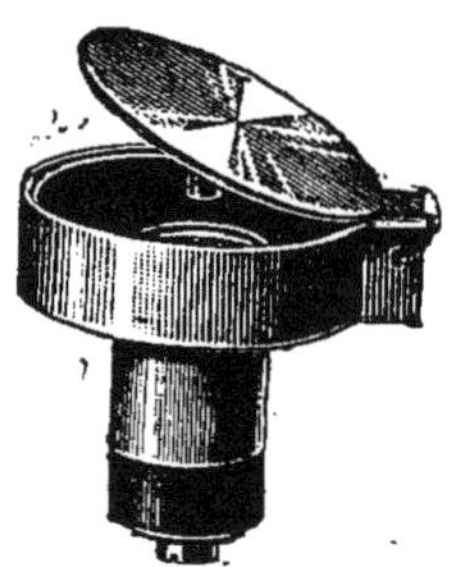

Fig. 273. — Pédale d'appel pour parquet.

Fig. 274. — Commutateur pour appeler sur plusieurs sonneries successivement.

Fig. 275. — Tableau indicateur. Vue du mécanisme par électro-aimants qui font apparaître les numéros.

cée dans le sol humide, par exemple à un tuyau d'eau ou de gaz s'enfonçant dans la terre. Voir à ce sujet ce qui a été dit à propos des parafoudres des tableaux de distribution (deuxième partie, chapitre IV).

Fig. 276. — Montage d'une seule sonnerie avec un seul bouton d'appel.

Si les installations de sonneries ou de téléphones comportent des lignes aériennes extérieures, il faut placer sur ces fils des parafoudres *spéciaux pour téléphones et sonneries* avant l'entrée

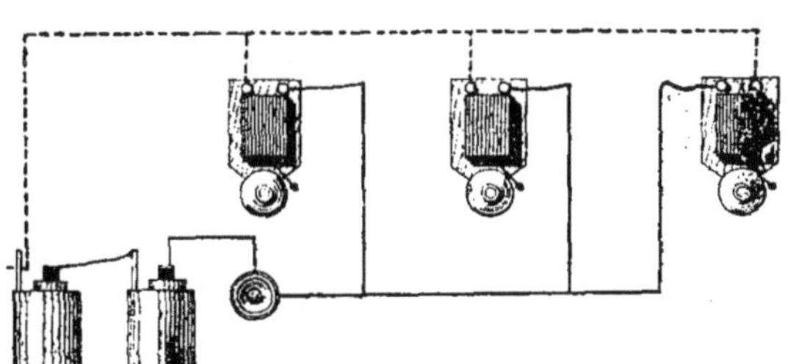

Fig. 277. — Montage de plusieurs sonneries actionnées ensemble par un même bouton d'appel.

dans les bâtiments, car la foudre peut fort bien tomber sur les lignes aériennes des sonneries et téléphones. Ces parafoudres sont analogues à ceux décrits pour les lignes de lumière, mais en plus petit, leur installation se fait exactement de la même façon que pour ces derniers.

Accidents aux sonneries électriques. — Le mauvais fonctionnement ou l'arrêt d'une sonnerie peut provenir de la pile qui est insuffisante ou épuisée ; de la ligne qui est coupée, mal serrée sur les bornes des appareils, ou qui présente un contact avec un tuyau métallique gaz ou eau, ou avec la terre, par où

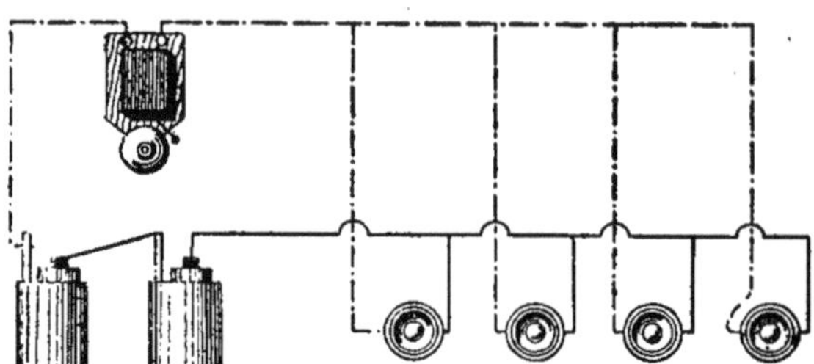

Fig. 278. — Montage d'une sonnerie que l'on peut actionner de divers endroits par quatre boutons d'appel.

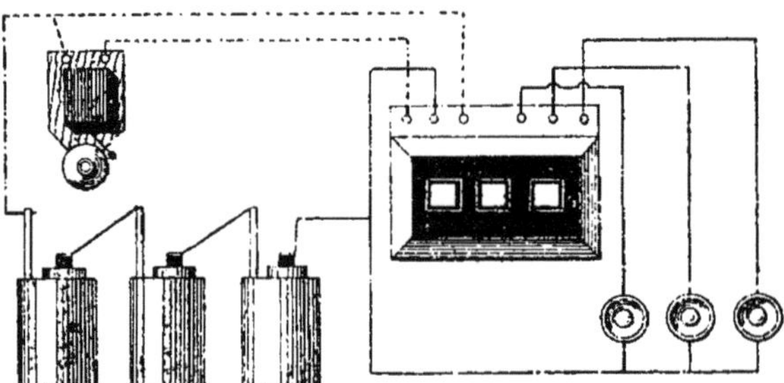

Fig. 279. — Montage d'une seule sonnerie avec tableau indicateur et trois boutons d'appel

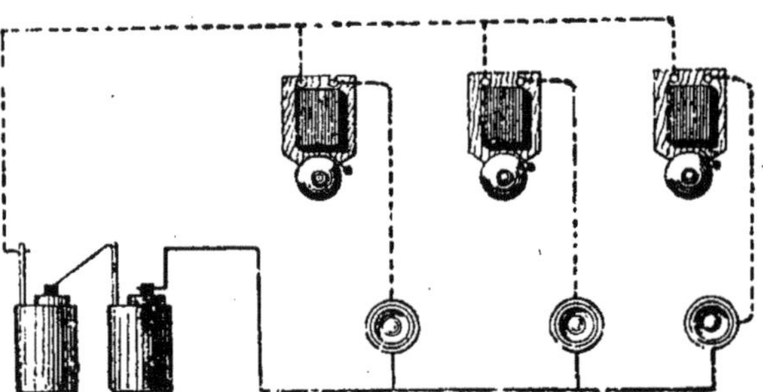

Fig. 280. — Une seule pile desservant trois sonneries actionnées chacune par un bouton d'appel spécial.

se dérive le courant ; de la sonnerie elle-même dont le mécanisme est déréglé ; enfin du bouton d'appel.

Voir d'abord si la pile donne du courant, ce qui se vérifie en plongeant les deux fils, zinc et charbon, dans un verre d'eau salée ; si le courant passe, on voit se dégager de nombreuses bulles de gaz au fil zinc (*négatif*) ; on peut aussi employer pour

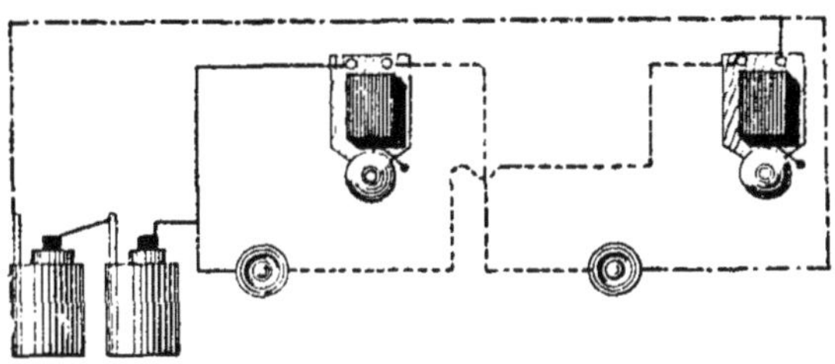

Fig. 281. — Deux sonneries installées pour *appel* et *réponse* : Le bouton d'appel placé près d'une des sonnettes actionne la sonnerie éloignée.

cette vérification un petit galvanomètre ou un ampèremètre de 15 ampères, ou encore au moyen d'une sonnerie électrique ordinaire. Si la pile fonctionne bien, la relier aux fils de la ligne et procéder aux mêmes vérifications au bout de la ligne : si le

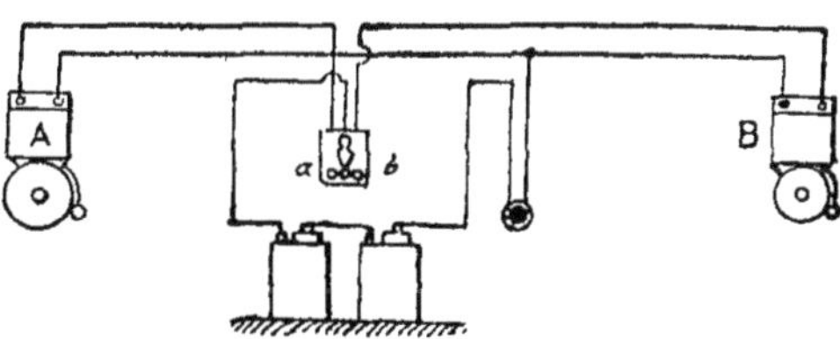

Fig. 282. — Un seul bouton d'appel actionne à volonté l'une ou l'autre des deux sonnettes ci-dessus au moyen d'un petit commutateur *a b* placé à proximité du bouton d'appel.

courant n'y arrive pas, c'est que le défaut provient des fils de la ligne ou du bouton d'appel qui ne donne pas bien le contact ; en ce cas, vérifier la ligne et régler le bouton d'appel.

Si le courant arrive bien au bout de la ligne quand on appuie sur le bouton d'appel, c'est que le défaut réside dans la sonnerie ; celle-ci se règle par la vis de contact qui limite le mouvement de la palette de fer doux : régler la vis et nettoyer le contact ; régler le marteau qui frappe sur le timbre.

Quelquefois la palette de fer doux se *colle* sur l'électro-aimant et ne s'en détache plus, à cause d'un léger *magnétisme rémanent* du fer de cet aimant : on pare à cet inconvénient en collant sur la face de la palette de fer une feuille de papier qui empêche le contact direct du fer de l'aimant avec la palette.

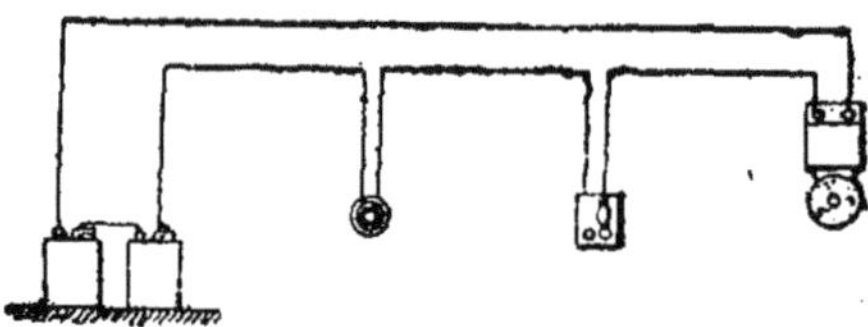

Fig. 283. — Interrupteur installé près du bouton d'appel pour empêcher à volonté le service de la sonnerie.

Voir aussi s'il n'y a pas de court-circuit dans la sonnerie et si la boîte en bois ne gêne pas le mouvement du marteau.

Quand les sonneries sonnent sans raison, c'est qu'un dérangement s'est produit dans les boutons d'appel ou bien qu'il y a un court-circuit direct entre deux fils de ligne ; il est facile de trouver l'endroit défectueux en démontant les couvercles des boutons d'appel et, au besoin, en inspectant minutieusement les fils sur toute leur longueur.

Sonneries et cloches pour l'extérieur. — Les appareils pour l'extérieur doivent être construits spécialement pour que leur mécanisme soit à l'abri de l'eau et que leur construction générale puisse résister aux intempéries. On devra donc se procurer des appareils spéciaux pour placer dans les cours, parcs, etc., de même que dans les endroits très humides, tels que buanderies, écuries, salles de bains, etc.

(Voir dans la première partie de ce livre les gravures représentant ces appareils).

Sonneries électriques fonctionnant sur le courant d'éclairage. — On trouve dans le commerce des sonneries électriques employant le courant à 110 et 220 volts ; ces sonneries sont construites spécialement et avec des résistances suffisantes pour supporter ces courants élevés ; elles donnent un appel strident beaucoup plus fort que celui des sonneries fonctionnant au moyen de piles. Nous ne les conseillons pas pour l'intérieur des maisons d'habitation, car elles nécessitent des circuits et un appareillage beaucoup plus coûteux que celui des sonneries à piles : il faut en effet que l'isolement de leurs fils adducteurs de courant et de leurs boutons d'appel soit en rapport avec la tension élevée du courant. Mais elles peuvent rendre d'utiles services à l'extérieur car elles s'entendent de fort loin : il suffira de construire leurs lignes de dérivation de la même manière et avec les mêmes soins que les lignes de lumière.

En les commandant au constructeur, avoir soin de spécifier le voltage du courant qui sera employé.

CHAPITRE IX

INSTALLATION DES TÉLÉPHONES DOMESTIQUES

La construction des appareils de téléphonie domestique est aujourd'hui très simplifiée et l'installation de ces utiles instruments peut être faite par n'importe quel amateur aussi facilement que celle d'une sonnerie électrique.

Certains de ces appareils peuvent même se brancher à volonté sur n'importe quel circuit de sonneries électriques ; il suffit pour cela de remplacer le bouton ou la poire d'appel de la sonnerie électrique par un bouton ou poire d'appel spécial muni d'une prise de courant dans laquelle on introduit la fiche de contact du téléphone domestique. Tel est le *citophone*, dont nous représentons le mode de montage (fig. 284), qui ne coûte que 27 francs la paire d'appareils y compris les boutons ou poires d'appel spéciaux avec prise de courant.

Pour la pose des appareils téléphoniques domestiques des modèles courants, fixes ou mobiles, le circuit de la ligne s'établit exactement comme pour une sonnerie électrique avec deux fils conducteurs du courant. Les appareils téléphoniques à bobine d'induction portent sept bornes marquées comme suit :

CS — *Charbon et sonnerie* de la pile.
Z — *Zinc* de la pile.
CM — Charbon de la pile et *microphone*.
T, L } qui sont les bornes des fils de la ligne.
S, S } qui sont reliées aux bornes de la sonnerie.

La borne Z est reliée au zinc de la pile, la borne CS à la der-

SCHÉMAS D'INSTALLATIONS TÉLÉPHONIQUES PRIVÉES

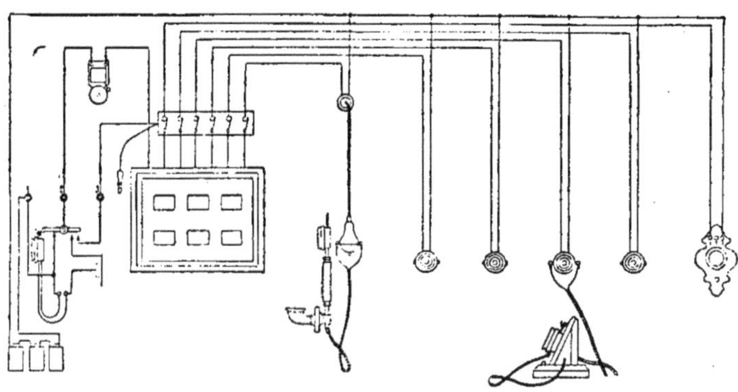

Fig. 284. — Installation de téléphones domestiques sur un réseau de sonneries électriques, avec tableau indicateur d'appel et distributeur de communications.

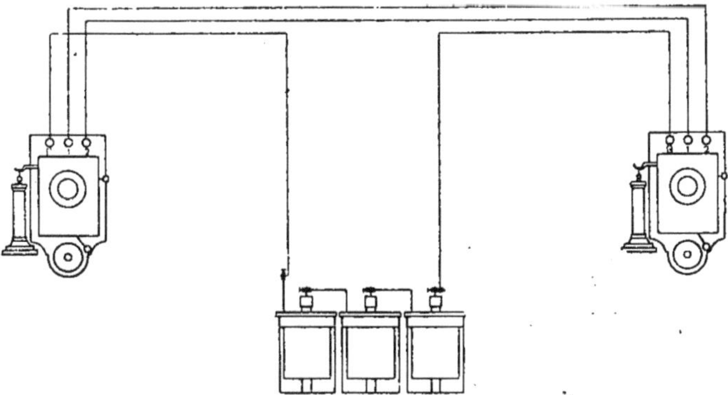

Fig. 285. — Installation de deux postes desservis par une seule pile et une ligne à trois fils.

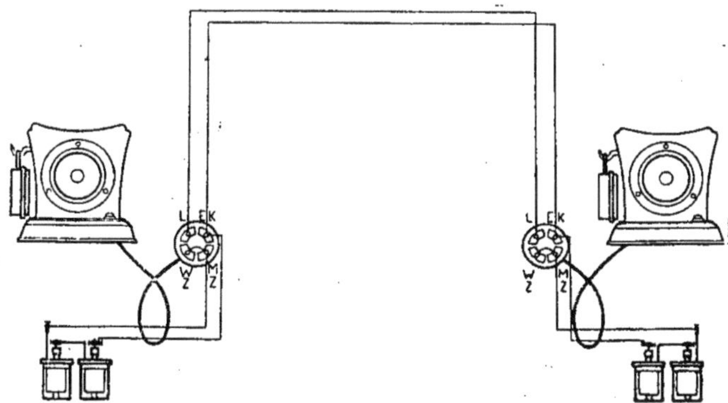

Fig. 286. — Installation de deux postes desservis par deux batteries de piles et une ligne à deux fils.

nière tête de charbon de la batterie et la borne CM à la tête du charbon du deuxième élément de la batterie qui comporte généralement 4 à 6 éléments Leclanché ou à sac selon la longueur du circuit et ainsi qu'il a été dit à propos des sonneries électriques dans la première partie de ce livre.

Ainsi toute la batterie actionne la sonnerie et deux éléments seulement servent pour le microphone, c'est-à-dire pour la transmission de la voix. Il y a une batterie à chaque extrémité de la ligne.

Les postes à bobine d'induction sont employés pour les longs circuits et dans ce cas les sonneries sont pourvues de relais qui mettent en service une batterie de piles spéciale à chaque sonnerie.

Pour les postes destinés à la communication dans l'intérieur d'un même immeuble ou d'immeubles voisins les uns des autres, on se sert de téléphones dits *microphoniques* sans bobine d'induction. Ces appareils portent seulement quatre bornes marquées :

C	qui signifie	Charbon de la pile.
S	—	Sonnerie.
L	—	Ligne.
CM	—	Charbon et microphone.

Pour les deux appareils :

Les deux bornes LL sont reliées par un fil de ligne, les deux zincs des piles extrêmes sont reliés par l'autre fil de ligne, les deux bornes S à chacune des sonneries, les deux bornes C au charbon des deux batteries de piles, les deux bornes libres des sonneries aux zincs des piles, enfin la borne CM d'un des appareils est reliée au *charbon* de la pile de cet appareil et la borne CM de l'autre appareil est reliée au *zinc* de la pile qui se trouve près de cet appareil.

Les schémas de montage des sonneries électriques et des téléphones varient à l'infini selon le nombre des postes à desservir, nous avons signalé ici les cas les plus usuels ; pour le surplus, nous prierons nos lecteurs de se reporter aux ouvrages de G. Bénard (1) qui sont les plus pratiques et les plus complets sur ces sujets.

Dérangements aux lignes téléphoniques. — Ces accidents sont identiques à ceux des sonneries électriques et ils se recherchent et se réparent de la même manière. Si le dérangement provient de l'appareil téléphonique, il faut en ouvrir le corps en dévissant les vis qui maintiennent la plaque recouvrant le mécanisme intérieur ; s'assurer alors que les contacts et ruptures du levier commutateur se font bien ; voir s'il n'y a pas de fil cassé ou de court-circuit dans l'appareil ; enfin vérifier si le courant y passe bien, car un fil intérieur à la bobine d'induction aurait pu se trouver brûlé par un coup de foudre sur une ligne extérieure ; vérifier les contacts aux bornes et vis qui serrent les fils.

Les bruits anormaux et la faiblesse de la voix proviennent toujours du mauvais état des piles ou de la ligne.

(1) La pose des sonneries électriques et des tableaux indicateurs. Paris, H. DESFORGES. 1901. *Prix, 4 fr. 50.*
L'essai, l'entretien, la réparation des sonneries électriques et des tableaux indicateurs. Paris, H. DESFORGES, 1901. *Prix, 4 fr. 50.*
La téléphonie domestique; essai, pose et réparation des appareils. Paris H. DESFORGES, 1902. *Prix, 4 fr. 50.*

CHAPITRE X

INDICATEUR D'INCENDIE

Système Schoeppe. Cet ingénieux appareil est basé sur la dilatation des corps par la chaleur.

Construction. — Il consiste en un ressort de matière et de construction spéciales au centre duquel se trouve un cadran divisé en degrés centigrades marqués de 10 en 10 jusqu'à 100.

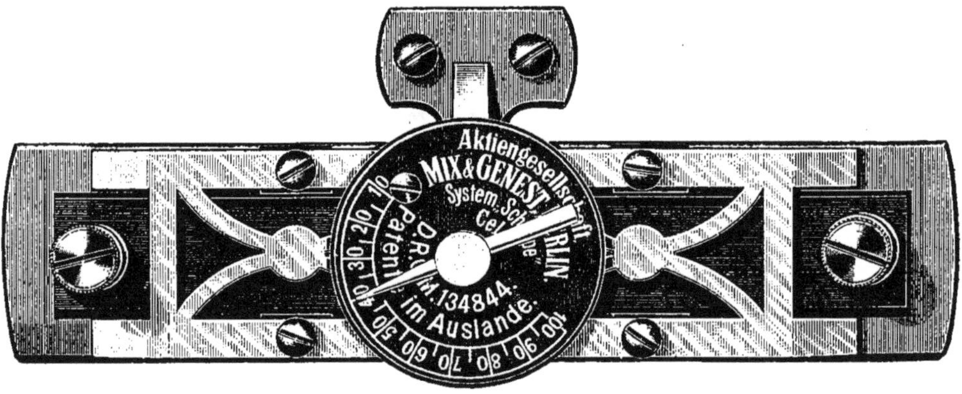

Fig. 287. — Avertisseur à dilatation pour l'incendie.

Une aiguille permet de marquer le nombre de degrés que l'on désire voir signaler par l'appareil. A chaque bout du ressort se trouve une borne de connexion qui permet d'intercaler l'appareil dans un circuit de sonnerie.

Fonctionnement. — L'appareil placé dans une pièce, en mettant l'aiguille du cadran sur 30°, par exemple, on peut être assuré que, lorsque la température arrivera à s'élever dans la pièce à 30°, le ressort se dilatant mettra en fonction la sonnerie installée dans le circuit et préviendra ainsi par sa mise en marche de l'élévation subite de la température à l'endroit où est installé l'avertisseur.

On voit de suite les services que peut rendre un appareil semblable dont l'emploi est tout indiqué dans les appartements, magasins, réserves, greniers, caves, ateliers, fabriques, salles de machines, pensions, hôtels, et spécialement à la campagne dans les greniers à foin où il préviendra de la fermentation.

L'avertisseur Schoeppe fonctionne également avec un tableau indicateur.

Dans un grand établissement, on peut donc être averti immédiatement de l'endroit où le feu vient de se déclarer, puisque l'avertisseur Schoeppe fonctionne comme un simple bouton de sonnerie sans arrêt.

L'avertisseur Schoeppe peut également rendre de grands services dans tous les endroits où l'on a besoin de connaître l'élévation brusque de la température.

Nous avons décrit cet appareil comme exemple des nombreux avertisseurs d'incendie, qui sont tous basés sur la dilatation des corps lorsque ces appareils sont construits avec une précision suffisante, une variation de température de quelques degrés suffit pour actionner les sonneries d'alarme.

CHAPITRE XI

INSTALLATION DES PARATONNERRES

Les paratonnerres, imaginés par Franklin, sont d'une grande et incontestable utilité à la campagne où la foudre tombe de préférence sur les bâtiments isolés formant une éminence sur le sol environnant.

Les paratonnerres ont pour effet de prévenir et d'empêcher la chute de la foudre et, au cas où le tonnerre tombe, d'éviter les dégâts qu'il produit d'ordinaire.

Leur principe consiste dans l'emploi d'une ou plusieurs pointes métalliques dirigées vers les nuages chargés d'électricité et en communication intime avec la terre. Ces pointes agissent d'abord en déchargeant les nuages du fluide électrique dont ils sont imprégnés et ensuite en écoulant dans le sol cette électricité dès qu'elle vient sur le paratonnerre. Pour réaliser ces deux actions sur les nuages, il suffit que le paratonnerre soit pourvu d'une pointe fine en métal bon conducteur et peu fusible et que cette pointe soit reliée d'une façon parfaite avec le sous-sol humide et par conséquent bon conducteur de l'électricité.

On admet que la limite de protection d'un paratonnerre sur les édifices environnants est une circonférence ayant pour rayon deux fois la hauteur du paratonnerre au-dessus du sol, la zone protégée étant un cône dont cette circonférence est la base et la pointe du paratonnerre le sommet.

Afin d'augmenter l'importance de la zône protégée, on a d'abord construit les paratonnerres au moyen de hautes tiges en fer, de cinq à six centimètres de diamètre à la base et de cinq à sept mètres de hauteur, terminées par une ou plusieurs pointes fines en platine ou simplement en cuivre rouge. Ces longues tiges en fer sont très lourdes et offrent une grande prise au vent ; elles fatiguent beaucoup les faîtages ou les poinçons des charpentes auxquelles elles sont boulonnées ; d'autre part, la visite des pointes est très difficile. C'est pourquoi on préfère maintenant disposer tout autour et au-dessus des immeubles à protéger un certain nombre de petites tiges de paratonnerre réunies toutes ensemble et mises *à la terre* par plusieurs conducteurs descendants : la zone protégée est

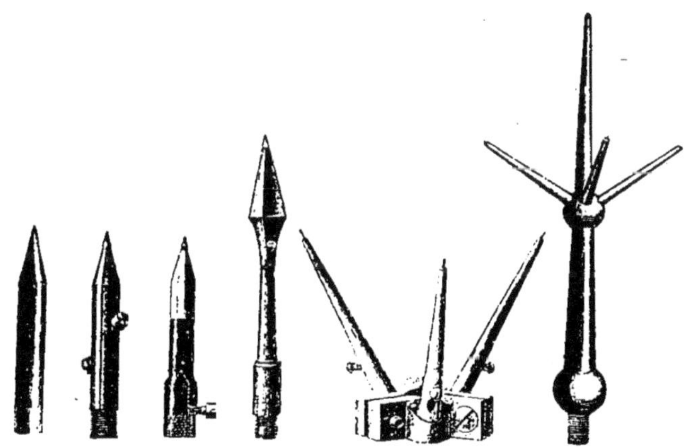

Fig. 288. — Pointes de paratonnerres.

ainsi fort étendue et l'effet de ces nombreux paratonnerres est plus certain que celui d'un seul, fût-il beaucoup plus élevé.

Voici les règles fondamentales qui doivent conduire l'installation des paratonnerres :

1° Il faut que la tige du paratonnerre ainsi que les conducteurs qui la relient à la terre aient un diamètre d'au moins 17 millimètres s'ils sont en fer galvanisé (pour empêcher la rouille) et d'au moins 8 millimètres s'ils sont en cuivre rouge, ou bien une section égale aux cercles de ces diamètres.

2° Il faut qu'il y ait continuité métallique parfaite, sans lacune ni oxydation aux joints des barres du conducteur, depuis la pointe jusqu'à la terre humide du sous-sol.

3° Réduire autant que possible le nombre des joints sur toute la longueur des conducteurs ; ne pas faire faire à ceux-ci de coudes à angle vif ni en retour, mais leur donner au contraire une direction aussi rectiligne que possible avec peu de coudes très arrondis.

4° Souder à l'étain tous les points sur un contact d'au moins 10 centimètres carrés et consolider ces soudures par des boulons ou des manchons de serrage.

5° Ne pas amincir outre mesure la pointe du paratonnerre ;

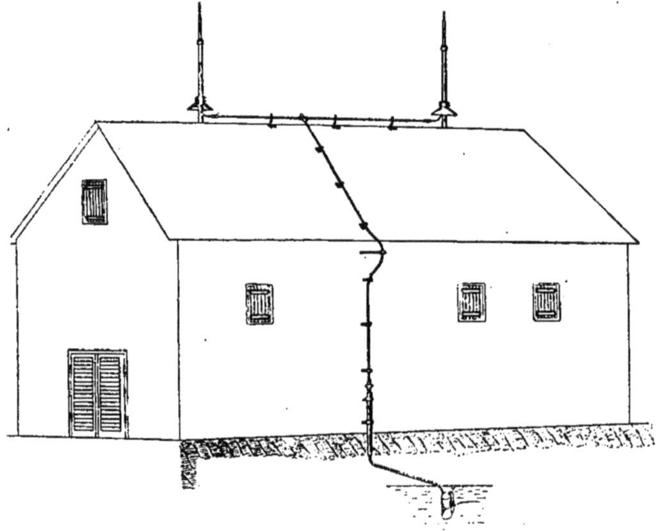

Fig. 289. — Installation d'un double paratonnerre sur un grand bâtiment de ferme.

elle doit avoir au moins 2 centimètres de diamètre à sa base et être formée d'un cône avec angle de 60 degrés au sommet, en cuivre rouge ou mieux en platine.

6° Mettre en bonne communication avec les conducteurs du paratonnerre, au moyen de fils ou de lames de cuivre rouge soudées sur eux, les chêneaux, gouttières, plombs et zincs des toitures, planchers en fer et généralement toutes les masses métalliques importantes du bâtiment, afin d'éviter que la foudre ne fasse étincelle avec ces parties métalliques voisines au lieu de suivre le conducteur.

7° Enfouir verticalement le conducteur dans le sol, puis le replier horizontalement et le faire suivre en *traînée* dans la partie profonde et humide du sol jusqu'à un puits ou une nappe d'eau, ou encore jusqu'à une large plaque en tôle plombée de 2 mètres carrés de surface et de 3 à 5 millimètres d'épaisseur sur laquelle il sera rivé, puis soudé. Cette plaque sera recouverte de coke et enterrée dans le sol humide ou mise sous l'eau.

8° Ne pas faire passer les conducteurs des paratonnerres dans les endroits où peuvent se trouver des personnes, car l'électricité atmosphérique pourrait fort bien tuer les individus à proximité du conducteur au moment de la chute de la foudre.

9° Les supports des conducteurs des paratonnerres peuvent être scellés dans les murs sans aucune précaution spéciale.

10° Relier ces conducteurs par des soudures aux canalisations d'eau et de gaz souterraines passant à proximité.

11° N'employer pour les conducteurs souterrains que du fer galvanisé ou étamé ou du cuivre, mais ne jamais peindre ces conducteurs, ce qui nuit à leur contact avec la terre humide qui doit absorber l'électricité.

En observant les règles très précises que nous venons d'énumérer ci-dessus, on voit que la pose convenable des paratonnerres peut être faite par un plombier quelconque, ceci d'autant plus que l'on trouve dans le commerce les pointes, les tiges, les conducteurs à la terre, leurs supports et les plaques de contact à la terre tout prêts à poser. Nous représentons dans nos gravures ces diverses pièces de paratonnerre, ainsi que l'ensemble d'une installation avec la perte à la terre.

TABLE DES MATIÈRES

QUATRIÈME PARTIE

Montage et conduite des appareils d'utilisation du courant électrique.

Orléans, imp. H. Tessier, 56, rue des Carmes

www.ingramcontent.com/pod-product-compliance
Ingram Content Group UK Ltd.
Pitfield, Milton Keynes, MK11 3LW, UK
UKHW020310230726
13925UKWH00001B/320